暮らしと人を見守る水センシング技術

Smart Water Sensing for Human Life Support

監修：暮らしと人を見守る水センシング技術研究調査委員会
Supervisor : Research Committee on Smart Water Sensing
for Human Life Support

シーエムシー出版

巻　頭　言

水，それは空気と共に，地球にとって重要な物質である。この広い宇宙の中で，生命が宿る惑星という意味で必要不可欠な物質と言われており，この水が液体で存在するかどうかが天体の生命の有無を判断する条件，つまり，生命居住可能領域（ハビタブルゾーン）と定義されている。われわれの普段の生活の中でも，朝起きてから就寝するまでに，飲料，食事，運動（汗），排泄，入浴などすべて水が関与している。水があるのは当たり前の普段の生活であるが，例えば大震災などで，ひとたび水の供給が止まると多大な影響があることも身をもって経験された人も多いと思われる。地球上には多くの水が存在するものの，ひとの生活で容易に使用可能な水の量は有限である。地球上の人口が今後も増加し続ける状況を考えると，食糧同様，この利用可能な水についても，すでに争奪が始まっている。

ひとが水を必要としている主な目的は生命維持である。産業面では動力源，エネルギー源として必要不可欠である。水を科学的に見ると，水素原子と酸素原子が反応してできた分子である。構造も比較的単純で，状態も固体，液体，気体へと容易に変化する。ただ，現在の科学でも説明や解明ができていない水の特性等も数多く存在している。このように，水は不思議な物質の一つでもある。台風や地震など自然災害に水が伴うことによって，人命も巻き込む重大災害に陥ることもある。また，急激に体内の水分量が減ると脱水状態にもなり，生命の危険が生じることもある。このように，我々にとって水は「必要不可欠な物質」であると同時に，事象などによっては「無用の長物」にもなる両局面の性質がある。いずれの面においても，その状態を正しく計測して，判断する必要がある。身近な存在の水について，様々な分野で様々な計測要求があり，センサ開発は今後も重要なことから，主にケミカルセンサを中心として，そのあるべきセンシング技術の方向性と内容を明らかにする必要がある。

本書では，暮らしとひとに関する水センシングの動向を中心に，現状と諸課題，今後の展開も含めて調査と取りまとめを行った。基本的には，ケミカルセンサ分野を中心に調査を行いまとめる形としたが，現状ではフィジカルセンサを中心とした機器やシステムが圧倒的に多い状況である。このような中で，環境・自然分野では汚染物質の早期検知などで，また医療・健康分野では疾病などの早期診断に関して，フィジカルセンサよりもケミカルセンサの方が得意で有利な課題も数多く存在している。昨今の IoT や AI といった新しい技術の流れから，システム，データもキーワードとして総合的な技術開発が重要となっている。各センサの基本原理などについては数多くの類書があることから，本書ではできるだけ重複と偏りがないようなまとめ方と実例などを取り入れ，従来の書籍とは一線を画す形式とした。

本書の構成は，5章30項とコラム4項からなっている。

「第1章　水センシングを取り巻く状況」では，イントロダクションとして現在の状況，本書での水センシングについての定義と背景などについて概説した。また，ここでは調査対象とした分野の項目，内容の分類を定義して，次の章へと導いている。

「第2章　環境にかかわる水センシング」では，特に川，海，雨水などに着目して，水に関するポジティブな側面だけではなく，災害の要因にもなるネガティブな事象についても調査を行っている。このように，幅広い視点からセンシングを検討すると，数多くの様々な情報が不可欠であり，IoTなどセンシング技術が重要な要素である。一方，大気中や物質の表面や内部に吸着している水分などは，ミクロな領域でのセンシング技術が重要である。排水中に存在する汚染物質も，水そのものの測定よりも，水に溶解している状態での物質を計測するが，本章ではこのような計測も含めている。

「第3章　自然にかかわる水センシング」では，気候変動や人口増加などにより世界各地で水資源に関する問題が生じていることから，限られた水をいかに上手に使用するかなど，資源としての水にスポットを当てて調査した。水の有効かつ安全な利用のために，水位，流量，水温，電気伝導率，水素イオン指数（pH），溶存酸素量，濁度，比重，塩分など様々な要素をセンシングできるデバイスおよびシステムが求められており，その内容を中心にとりまとめた。

「第4章　生活にかかわる水センシング」では，特にひとが生活する内容の中で，水道水や井戸水など上水道・飲料について重点的な調査を行った。さらに，最近では生命の危険を感じるような降雨（ゲリラ豪雨）など，自然災害にも注目し，それに付随するインフラなど安心・安全な生活を送る上での水との関わりを中心にとりまとめた。

「第5章　医療・健康にかかわる水センシング」では，ひとの体液を中心に調査を行った。特に，体液を単に計測する側面だけではなく，ひとが生きていく上で重要な健康状態を把握するという側面を中心に調査した。さらに，ひとの寿命を延伸するために，現在および将来必要なセンシングデバイス・システムも含めている。この分野でも，最近のIoT，スマートセンサ技術が実用化されつつあり，特に加速度センサなどフィジカルセンサの小型化・高性能化が進み，スマートウオッチに代表されるウェアラブルデバイスの普及と利用が目覚ましい状況である。ケミカルセンサは，特に血液，尿，汗，唾液中のバイオマーカーや水分状態を把握するためセンサのニーズが高いことから，これらを中心にとりまとめた。

この他，各章に関連する内容で読者に分かりやすい形で現状や展望を執筆したコラムも加えて，親しみやすいように努めた。

今回，本書を世に送り出すために多大なご協力を頂いた25名にのぼる執筆者の方々，関係研究者として各種資料や情報提供を頂いた電気学会センサ・マイクロマシン部門会員のみなさま，また本書の出版に際して終始ご尽力とご協力を頂いた㈱シーエムシー出版の方々に，監修者として感謝の意を表するものである。

最後に，本調査を含めたケミカルセンサ開発への熱い情熱とともに，半世紀以上に渡り研究を重ね，さまざまな成果を残され，ケミカルセンサに関する各種情報を御教授頂いた，故　勝部昭明　埼玉大学名誉教授に感謝の意を表します。

2019年6月10日

著者を代表して

野田和俊

執筆者一覧（執筆順）

野田和俊
(国研)産業技術総合研究所　環境管理研究部門　環境計測技術研究グループ　主任研究員

◇　1992 年　通商産業省工業技術院　資源環境技術総合研究所　安全工学部に転任
　　2001 年　組織再編により（独)産業技術総合研究所　環境管理研究部門に移行
　　2015 年　組織再編により（国研)産業技術総合研究所に移行
　　2005 年　北海道大学にて博士（工学）取得，現在に至る
◇　専門領域：応用計測。ガスセンサ開発（主に QCM）
◇　電気学会　センサ・マイクロマシン部門　水センシングに関わる調査専門委員会委員長
◇　巻頭言，第 1 章の執筆を担当

安藤　毅
東京電機大学　工学部　電子システム工学科　助教

◇　2012 年　埼玉大学大学院　理工学研究科　博士後期課程　理工学専攻修了，博士（工学）
　　　同年　同大学大学院　理工学研究科　産学官連携研究員
　　2013 年　東京電機大学　工学部　電気電子工学科　助教，現在に至る
◇　専門領域：電子計測，半導体工学，植物生体計測
◇　電気学会　センサ・マイクロマシン部門　水センシングに関わる調査専門委員会幹事
◇　2.1，2.5，2.6 節の執筆を担当

原　和裕
東京電機大学　工学部　電気電子工学科　教授

◇　1977 年　東京大学大学院　博士課程修了，工学博士
　　　同年　東京電機大学　講師
　　1992 年　同大学　教授，現在に至る
◇　専門領域：環境計測用センサ，ガスセンサ，においセンサ，湿度センサの開発
◇　2.2 節の執筆を担当

海福雄一郎
㈱ガステック　品質保証室室長　技術部開発次長，環境計量士（濃度関係）

◇　1995 年　横浜国立大学　工学部　物質工学科　卒業
　　　同年　㈱ガステックに入社，同社　技術部にて勤務
◇　専門領域：検知管，捕集管，標準ガス，分析支援製品の開発，研究機関との共同研究
◇　2.3 節の執筆を担当

小島啓輔
清水建設㈱　技術研究所　環境基盤技術センター　自然環境グループ　副主任研究員
◇　2007 年　広島大学大学院　工学研究科修了
　　2010 年　東京大学大学院　工学系研究科修了，博士（工学）
　　　同年　同大学大学院　工学系研究科附属　水環境制御研究センター
　　　　　　特任研究員
　　2012 年　清水建設㈱入社，現在に至る
◇　専門領域：水環境工学，環境浄化（建設業に係わる土壌浄化や排水処理）
◇　2.4 節の執筆を担当

大藪多可志
NPO 法人　日本海国際交流センター　主任研究員
◇　1973 年　工学院大学大学院　工学研究科　修士課程修了
　　1975 年　早稲田大学　第二文学部　英文学科　卒業
　　　　　　金沢星稜大学　経済学部　教授，
　　　　　　㈻国際ビジネス学院学院長を経て 2017 年より現職，工学博士
◇　専門領域：センサシステム，ヘルスケアシステム，観光戦略
◇　2 章，4 章の各コラムの執筆を担当

山口富治
東京電機大学大学院　工学研究科　助教
◇　2009 年　岡山大学大学院　自然科学研究科　産業創成工学専攻修了，博士（工学）
　　　同年　岡山大学　工学部　電気電子工学科　非常勤講師
　　2010 年　東京理科大学　基礎工学部　電子応用工学科　助教
　　2015 年　東京電機大学大学院　工学研究科　助教，現在に至る
◇　専門領域：ガスセンサ，環境計測用センサの開発
◇　3.1，3.8，3.10 節の執筆を担当

竹井義法
金沢工業大学　工学部　ロボティクス学科　教授

◇　2001 年　九州大学大学院　システム情報科学研究科　博士後期課程
　　　　　　（電気電子システム工学）単位取得後退学，同大学　工学部　助手
　　2002 年　博士（工学）取得（九州大学），同年，金沢工業大学　高度材料科学研究
　　　　　　開発センター　特別研究員
　　2003 年　金沢工業大学　工学部　講師
　　2008 年　金沢工業大学　工学部　准教授
　　2015 年　金沢工業大学　工学部　教授，現在に至る。この間，2018 年 8 月～ 11 月
　　　　　　英国 University of Warwick, Visiting Professor
◇　専門領域：化学センサシステムとその応用
◇　3.2 節（3.2.1 ～ 3.2.3 項）の執筆を担当

平澤一樹
金沢工業大学　工学部　ロボティクス学科　准教授

◇　2003 年　芝浦工業大学　工学部　電子工学科　卒業
　　2005 年　芝浦工業大学大学院　電気工学専攻修了
　　　同年　日清製粉㈱　入社
　　2012 年　芝浦工業大学にて博士（工学）取得，現在に至る
◇　専門領域：センサ信号処理
◇　3.2 節（3.2.4，3.2.5 項）の執筆を担当

長谷川有貴
埼玉大学大学院　理工学研究科　准教授

◇　2001 年　埼玉大学大学院　教育学研究科　修了
　　2002 年　同大学　工学部　情報システム工学科　助手
　　2005 年　博士（工学）（埼玉大学）
　　2008 年　同大学大学院　理工学研究科　助教を経て，2014 年より現職
　　2016 ～ 17 年　スウェーデン　リンショーピン大学　Visiting Researcher
◇　専門領域：植物生体計測，味覚センサ，ガスセンサ
◇　電気学会　センサ・マイクロマシン部門　水センシングに関わる調査専門委員会幹事
◇　3.3 節の執筆を担当

南戸秀仁
金沢工業大学　大学院工学研究科　高信頼ものづくり専攻　教授
◇　1980 年　大阪大学大学院　工学研究科　原子力工学専攻　博士課程修了（工学博士）
　　1988 年　金沢工業大学　工学部　電子工学科　教授
　　1989 年　マサチュセッツ工科大学　エレクトロニクス研究所　客員研究員（1 年）
　　2007 年　応用物理学会フェロー表彰
　　2012 年　金沢工業大学　研究部長（4 年）
　　2013 年　同大学　高度材料科学研究開発センター　所長（4 年間）
◇　専門領域：放射線物性工学，機能材料工学，放射線やにおいセンサの開発に従事
◇　3.4 節，コラムの執筆を担当

二川雅登
静岡大学　学術院工学領域　電気電子工学系列　准教授
◇　2002 年　豊橋技術科学大学大学院　工学研究科　電気・電子工学専攻修了
　　　　　　修士（工学）
　　　同年　㈱東芝　ディスクリート半導体事業部　入社
　　2008 年　豊橋技術科学大学　GCOE 研究員
　　　同年　同大学大学院　工学研究科　博士課程　入学
　　2011 年　同大学大学院　工学研究科　博士課程修了，博士（工学）
　　　同年　同大学　テーラーメイド・バトンゾーン教育推進本部　特任助教
　　2014 年　静岡大学大学院　工学研究科　電気電子工学専攻　准教授，現在に至る
　　2018 年　オランダ　デルフト工科大学　上席客員研究員　兼務（2 年間）
◇　専門領域：半導体工学，集積回路工学，センサ工学
◇　3.5 節の執筆を担当

小松　満
岡山大学大学院　環境生命科学研究科　准教授
◇　2000 年　岡山大学　自然科学研究科　博士課程　生産開発科学専攻修了，博士（工学）
　　　同年　同大学　工学部　環境理工学部　助手
　　2004 年　米国コロラド鉱山大学　客員研究員　兼任（1 年間）
　　2009 年　岡山大学大学院　環境学研究科（現：環境生命科学研究科）　准教授
　　　　　　現在に至る
◇　専門領域：地盤工学，地下水工学
◇　3.6 節の執筆を担当

不破　泰
信州大学　総合情報センター　センター長・教授
◇　1983 年　信州大学　工学部　助手
　　1992 年　名古屋工業にて大学博士（工学）を取得
　　　同年　信州大学　工学部　助教授
　　1994 年　米国 Boston 大学　在外研究員
　　1996 年　ポーランド Bialystok 大学　研究員
　　2003 年　信州大学大学院　工学系研究科　教授
　　2010 年　同大学　総合情報センター長，現在に至る
◇　専門領域：ネットワークプロトコル，情報システム，教育工学
◇　3.7 節の執筆を担当

藤田夕希
オランダ KWR 水循環研究所　水文生態学チーム　研究員
◇　2010 年　ユトレヒト大学　地球科学研究科　環境科学専攻修了　博士（環境学）
　　　同年　KWR 水循環研究所　水文生態学チーム　研究員，現在に至る
◇　専門領域：植物生態，生態系サービス
◇　3.9 節の執筆を担当

南保英孝
金沢大学　理工学域電子情報学系　准教授
◇　1999 年　金沢大学大学院　自然科学研究科　電子情報科学専攻修了，博士（工学）
　　　同年　同大学　工学部　電気・情報工学科　助手
　　2002 年　同大学　工学部　情報システム工学科　講師
　　2015 年　同大学　理工学域　電子情報学系　准教授，現在に至る
◇　専門領域：人工知能，福祉工学，センシングシステム
◇　電気学会　センサ・マイクロマシン部門　水センシングに関わる調査専門委員会幹事
◇　4.1，4.2，4.5 節の執筆を担当

石垣　陽（いしがき　よう）
ヤグチ電子工業㈱　取締役ＣＴＯ
電気通信大学大学院　情報理工学研究科　特任助教（兼務）
◇　専門領域：環境計測，参加型センシング
◇　4.3.1, 4.3.2 項の執筆を担当

中島広子
(国研)防災科学技術研究所　気象災害軽減イノベーションセンター
連携推進マネージャー（特別技術員）
◇　2006 年　(独)国立環境研究所　環境リスク研究センター　アシスタント・フェロー
　　2009 年　(一財)茨城県科学技術振興財団
　　2011 年　(独)科学技術振興機構
　　2015 年　(国研)防災科学技術研究所　現在に至る
◇　専門領域：リスク・コミュニケーション，産学官連携
◇　4.3.3，4.3.5 項の執筆を担当

島崎　敢（しまざき　かん）
名古屋大学　未来社会創造機構　モビリティ社会研究所　特任准教授
◇　2008 年　早稲田大学　人間科学学術院　助手
　　2009 年　同大学にて博士（人間科学）取得
　　2011 年　同大学　人間科学学術院　助教
　　2015 年　(国研)防災科学技術研究所　特別研究員
　　2019 年より現職
◇　専門領域：認知心理学，リスク認知と行動，安全教育
◇　4.3.4 項の執筆を担当

池沢　聡
東京農工大学　工学府　機械システム工学専攻　特任助教
◇　2009 年　早稲田大学にて博士（工学）取得
　　2009 年　同大学　情報生産システム研究センター　研究助手
　　2010 年　同大学　大学院情報生産システム研究科　助手
　　2011 年　同大学　理工学術院　情報生産システム研究科　助教
　　2017 年　九州大学　味覚・嗅覚センサ研究開発センター　特任准教授
　　2019 年より現職
◇　専門領域：MEMS 加工技術，分光分析，レーザー計測，機能性界面材料開発
◇　4.4 節の執筆を担当

小野寺　武
九州大学　大学院システム情報科学研究院　情報エレクトロニクス部門　准教授
◇　2001 年　金沢大学　大学院自然科学研究科　博士後期課程修了，博士(工学)
◇　専門領域：センサ工学。匂いセンサや化学物質の超高感度センシングに関する研究
　　　　　　を行っている
◇　5.1 節，5.2.1，5.2.3 項，5.4，5.8 節，コラムの執筆を担当

遠藤達郎
大阪府立大学　大学院工学研究科　物質・化学系専攻　准教授
◇　2006 年　北陸先端科学技術大学院大学　材料科学研究科　機能科学専攻
　　　　　　博士後期課程修了，博士(材料科学)
◇　専門領域：バイオセンサ工学，生体情報工学，現在はナノ構造より発現される光学特性を利用したバイオセンサの開発を行っている
◇　5.2.2 項，5.3 節の執筆を担当

鶴岡典子
東北大学　大学院工学研究科　助教
◇　2015 年　東北大学　大学院医工学研究科　博士課程修了，医工学博士
　　　同年　同大学　大学院工学研究科　助教，現在に至る
◇　専門領域：微細加工技術を用いた医療・ヘルスケアデバイス
◇　5.2.4，5.2.5 項，5.5 節の執筆を担当

平野　研
(国研)産業技術総合研究所　健康工学研究部門　主任研究員
◇　2001 年　豊橋技術科学大学　大学院工学研究科　環境・生命工学専攻
　　　　　　博士後期課程修了，博士(工学)
◇　専門領域：バイオナノサイエンス，現在はマイクロ・ナノ流体デバイスによる単一細胞・生体高分子 1 分子の操作・計測用デバイスの開発研究を行っている
◇　5.2.6，5.2.7 項，5.6 節の執筆を担当

外山　滋
国立障害者リハビリテーションセンター研究所　生体工学研究室長
◇　1992 年　東京工業大学　大学院理工学研究科　化学工学専攻　博士後期課程修了，博士(工学)
◇　専門領域：センサ工学，生物工学，現在は障害者用機器のためのセンサや生体電極の開発を行っている
◇　5.7 節の執筆を担当

目　　次

第1章　水センシングを取り巻く状況　野田和俊

第2章　環境にかかわる水センシング

第3章　自然にかかわる水センシング

第4章　生活にかかわる水センシング

第5章　医療・健康にかかわる水センシング

第1章　水センシングを取り巻く状況

野田和俊*

1.1　はじめに

地球に暮らす動物，植物，われわれひとにとって，水は空気と同じように，最も重要な物質の一つである。宇宙の中の地球にとっても，生命が宿る惑星という意味で必要不可欠な物質となっている。この水が液体で存在するかどうかが天体の生命の有無を判断する条件，つまり生命居住可能領域（ハビタブルゾーン）[1]と言われている。

地球上にはおおよそ14億km^3の水があると言われている[2]。この14億km^3のうち，海水が13.5億km^3，割合としては約96.5％に達し，ほとんどが海水と言っても過言ではない。このような量の海水から，大気との間で，蒸発・凝縮が一定の条件下で繰り返されることになる。その結果として，降雨（雪）が大地（大陸）を水で潤すことにもなっている。ただ，大気中の水の量は，約1万4000km^3，約0.001％と言われており，海水の量と比べると非常に僅かとなってしまう。それ以外の残り約0.5億km^3が陸地部分に存在していると言われている。このように地球の水は海水がほとんどを占めているが，海水は塩水でもあり，その塩分濃度は約3.5％程度である

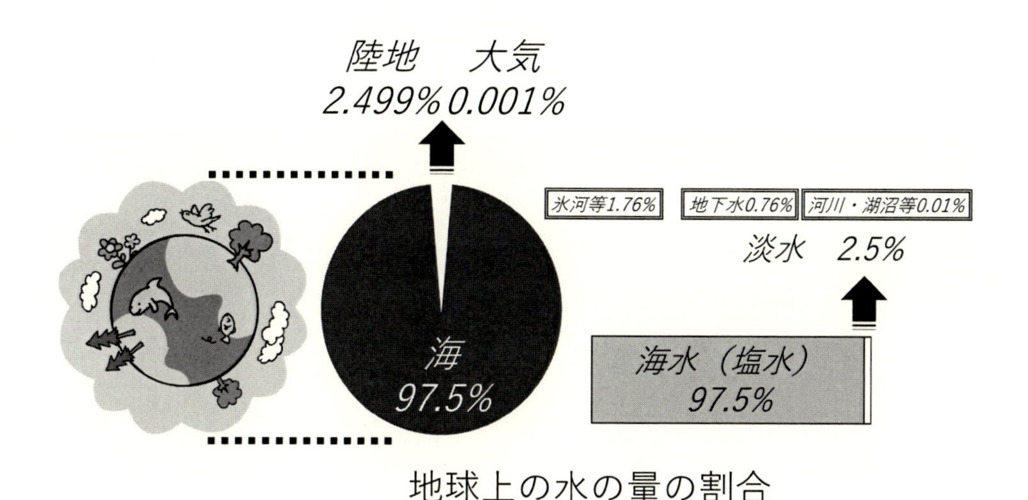

図1.1　地球における水の存在[2]

*　Kazutoshi Noda　（国研）産業技術総合研究所　環境管理研究部門
環境計測技術研究グループ　主任研究員

ことから，魚類などを除く多くの動物や植物，またひとの飲料には適さない状態である。ひとを含めて多くの動植物は，生命を維持するためには淡水が必要であるが，その割合は地球全体の水の量の約2.5%にすぎず，氷河等を除くとわずか0.8%にも満たない[2]（図1.1）。このように地球上には多くの水が存在するものの，人間の生活で容易に使用可能な水の量は有限である。地球上の人口が今後も増加し続ける状況を踏まえると，食糧同様，この利用可能な水資源の争奪がすでに始まっている[3]。これから，使用可能な水資源の確保と新たな開発，安全な淡水を生産する技術などの開発と普及は喫緊の課題である。

1.2 ひとと水との関わり

さて，ひとの身体でみると，体重の約60～70%が水（水分）で占められている[4]。新生児は約75%程度，逆に老人では50～55%と言われている。ひとに限らず，動物，例えば犬や猫などもひとと同じような60～70%の割合と言われている。植物も葉菜類などで90%を超えるものが多い。このように，生命を維持するためにも水は必要不可欠である。ただ，体液はいわゆる真水ではなく，約0.9%程度の塩分濃度となっており，生物として生命を維持するためには水の電解質濃度が重要となっている。

ひとが生命維持のために必要な水の目的の一つとして，飲料がある。現在，日本においては通常上水道を利用する機会が多く，水資源が豊富で安全な地域であれば地下水などの利用も多い。日本人にとって「蛇口をひねって水を飲用する」行為は当たり前となっているが，このような環境の国は世界的に見ても多くはない。国毎に水質に関する規制が異なっていることもあり，一律に定義して比較することはできないが，水道水をそのまま飲用できる水質の国は，十数ヶ国程度と言われている。特にアジア圏では日本以外の国は非常に少ないと言われている[2]。我が国においては，比較的飲料に適した淡水が自然界に豊富にあり，さらに浄水場などで行う濾過や消毒などにより比較的低コストで安全な品質の上水を得ることができる環境が整っている。ただ，都市部への一極集中，国全体として人口減の傾向となっていることから，従来の市町村レベルの公共機関が中心となって実施していた水道事業は，広域化，民営化が進められる状況へと変化している。法律によって，水質基準は守られると考えるが，コスト，災害時の対応，インフラ整備（改修）等の課題も指摘されている状況である。また，近年では上水の他，下水の利用も増えている。上水の普及率は全国平均ではおおよそ98%程度であるが，全国の下水道普及率も約80%弱程度（下水道利用人口／総人口）[5]である。このように，日本では生活環境の面でも水は重要な資源として利用されていることが分かる。

次に産業面での水の関わりについて検討した。いわゆる四大文明も大河と肥沃で広大な大地から栄えたと言われているように，水は太古から重要であった。さらに近代まで遡ると，革新的な産業の始まりは，ワットが発明した蒸気機関がその一つと言われているが，これも水が必要不可欠となっている（図1.2）。当初は直接の動力源として用いられていたが，その後は電気エネル

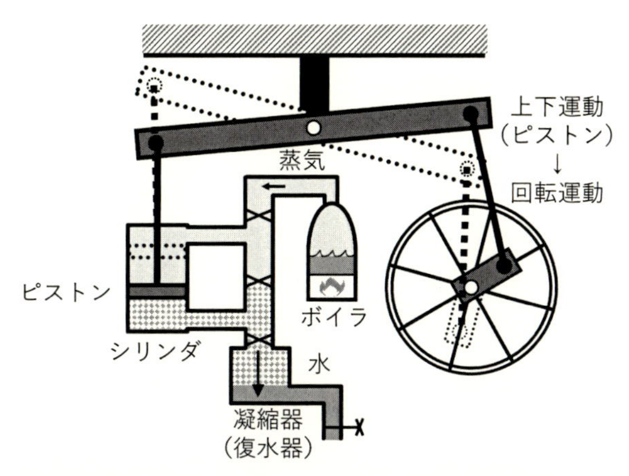

図 1.2　ワットの蒸気機関原理図の一例[(6)]と現在でも利用されている代表としての蒸気機関車

ギーに変換して利用されるようになった。つまり，水の位置エネルギーを利用した水力発電，熱エネルギーも活用する火力・原子力による発電などである。このように，水自体のエネルギーを直接利用しているわけではないが，現在の社会で最も利用しやすい形の「電気」エネルギーは，元を正せば水につながっている。

このように，生物，ひと，地球にとって重要な物質の一つである水であるが，科学的に見ると，水素原子と酸素原子が反応してできた分子である。その構造は，数多くの化合物の中でも比較的単純な構造となっている。このようなことから，容易に水を合成することも，また水を水素と酸素に分解することも可能である（図 1.3）。さらに，状態（形態）についても，簡単に固体，液体，気体へと変化することが可能である。このような特性をひとは様々な場面で利用しており，例を挙げるときりがない状況である。このように身近な物質であり，状態変化も明瞭に分かる特性に注目して，科学的な基準や標準などを決める際の指標にもなっている。例として，最も我々に密接で重要な基準としては，温度を表す単位「℃」がある。1700 年代半ばにスウェーデンの天文学者セルシウスが，水の融点と沸点の間の温度を 100 等分して定義したのが始まりとい

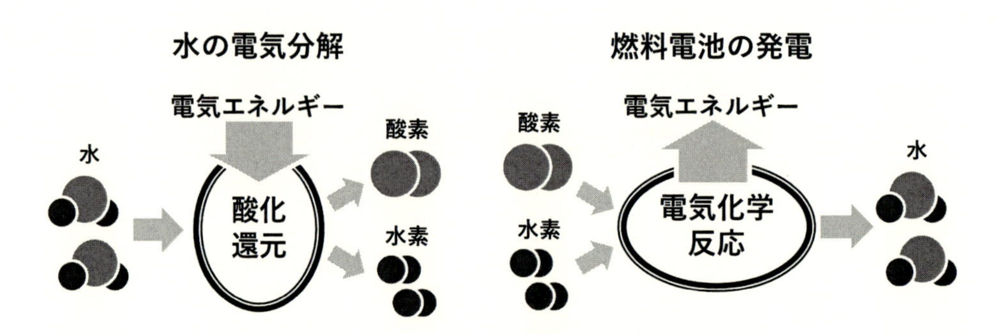

図 1.3　水の電気分解と発電（燃料電池）

われている[6]。また，常温常圧における水 1000mL（1L）は，ほぼ 1000g（1kg）であることから，生活の中での身近なものを使った簡易的な基準の値として用いることもある。

科学的には単純な構造の水ではあるが，現在の科学でも説明や解明ができていない水の特性等も数多く存在している。このように，水は不思議な物質の一つでもある。

ひとや地球にとって重要な水ではあるが，台風や地震など自然災害に水が伴うことによって，人命も巻き込む重大災害に陥ることもある。例えば，水没などの水害，土砂崩れ，土石流，津波などがその一例である。また，ひとなど哺乳類は水中では呼吸ができず窒息してしまう。この他，疾病や高温環境下での活動，さらに激しい運動などによって，急激に体内の水分量が減ると脱水状態にもなり，生命の危険が生じることもある。各種機器や施設でも，水と他の要因が関与することによって，腐食や化学変化，さらに水そのものが電気エネルギーを使用する機器やその回路を動作不能（ショート，漏電等）にすることもある。

このように，我々にとって水は「必要不可欠な物質」であると同時に，事象などによっては「無用の長物」にもなる両局面の性質がある。いずれの面においても，その状態を正しく計測して，判断する必要がある。これから，目的に合った各種計測技術の開発と改良を進めることは重要である。水は，古くから身近にあるため，様々な測定（計測）が行われている。それ自身の量を計るもの，質を計るもの，特性を計るものなどである。さらにこれらの技術は，時代とともに進歩しており，小型，軽量，高スペックなセンサデバイスの登場，一般家庭や社会にネットワーク環境も広く普及し，IoT（Internet of Things）の時代[7]となり，様々なセンサからの情報を AI（Artificial Intelligence）で処理して，最適な回答を求めることも現実的となってきている。

このような状況を踏まえ，様々な分野で様々な計測要求があり，センサの種類やアプリケーション，スペックなどについて，使用分野やその環境，さらに今後の展開や必要性などを分かりやすく系統立てて分類した資料の必要性は高い。上水道施設や工場排水などリアルタイムに，目的の計測を行う測定器やセンサなど，一部は実用化され市販されているが，測定要求は非常に多く，まだまだ開発研究が必要な状況でもある。

1.3　水センシングの定義と背景

このような背景から，水に関する分野におけるセンサ開発は今後も重要である。その中で，水そのものの特性に関する計測の要求が高く，これらの問題を解決するためには，主にケミカルセンサを中心として，そのあるべきセンシング技術の方向性と内容を明らかにする必要がある。

水に関する分野は非常に広く，測定する内容も多種多様であるため，水センシングを一義的に定義することは困難である。そこで，本書では「水センシング」について，

水そのものの質（水質），また水とほかの物質が結びつくことによって生じる特長，われわれが生活する上で水と接して感じる特性，さらにひとの身体に関係する体液や味などを計測するための，主にケミカルセンサを中心とした各種センサ，およびスマートセンサ（IoT），システムなどを用いたセンシング技術（全体）（図1.4）

として，基本的な定義を行うものとする。

一般的に水そのものを計測する場合，基本的には温度，重量（質量），容積などについて測定することが主である。このような測定は，主にフィジカル（物理）センサを使用する。これらの項目は，水に限った内容ではなく，ほかの物質でも同様に測定する共通な項目である。従って，これらのセンシングについては，水に特化したセンサに限ったものではない。

それと比較して，ケミカルセンサ・システムを活用した計測項目や対象は基本的には液体や気体が中心であるため，これらの多くは水が関与していることから，このセンサ・システムを中心としたセンシング技術を主な対象とした。なお，フィジカルセンサ・システムを活用した計測項目や対象も幅広く存在するため，フィジカルセンサも必要に応じて調査内容に含めている。

次に，調査分野についても前述したように非常に広範囲である。すべての項目と内容を網羅することは困難であることを理解しつつ，便宜上，次の4分野に大別して調査内容をまとめることとした。

図1.4　水センシングの定義イメージ図

1）環境分野

2）自然分野

3）生活分野

4）医療・健康分野

なお，必ずしもこれらの分野に大別できずに複数の分野に共通するキーワードも存在するため，そのような場合は必要に応じて各分野において記載することとした（土壌，植物，災害等）（図 1.5）。

環境分野では，主に川，海，雨水などに着目して，水に関するポジティブな側面だけではなく，災害の要因となるネガティブな面についても調査を行いまとめた。

自然分野では，資源としての価値も含めた，水そのものの状況を中心に調査を行いまとめた。

生活分野では，自然分野と類似しているものの，特にひとが生活する場面における内容を中心に調査を行いまとめた。

医療・健康分野では，体内を巡る体液としての水を中心に調査を行いまとめた。

水に関わる専門書は数多く出版され，分かりやすく，詳細なデータなどが紹介されている。今回，われわれは特にセンシング技術に注目して，分野毎に内容をまとめることとした。すなわち，

- 今後必要となるセンシングデバイス・システム開発に向けた指針
- 次世代の水センシング技術に必要なものの明確化

を見据えて調査を行ったものである。

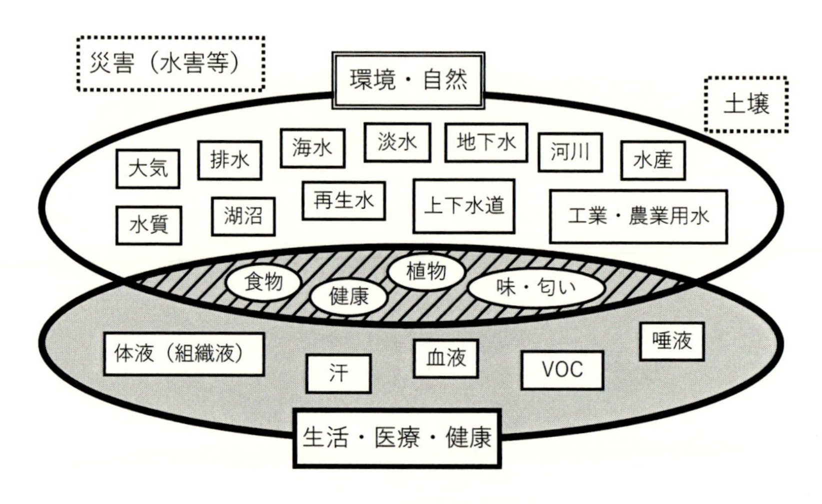

図 1.5　水センシング調査対象分野の一例

1.4　まとめ

暮らしとひとに関する水センシングの動向を中心に，現状と諸課題，今後の展開も含めて調査を行い，取りまとめを行った。基本的には，ケミカルセンサ分野を中心に調査を行いまとめる形式としたが，実際には今現在，フィジカルセンサを中心とした機器やシステムが圧倒的に多い状況である。このような状況の中で，環境・自然分野では汚染物質の早期検知などで，また医療・健康分野では疾病などの早期診断に関して，フィジカルセンサよりもケミカルセンサの方が得意で有利な課題も数多く存在している。ケミカルセンサとしての重要性と研究開発は今後増すことが考えられる。また，従来は単にこれら対象物に対するセンサデバイスの必要性が高かったが，IoTやAIといった新しい技術の流れから，システム，データも重要なキーワードとして，総合的に技術開発を進めなければならない。

水に関する諸課題の中で，近年「資源としての水」が注目を集めている。エネルギー問題同様に国際的な問題に発展しつつあり，一部の地域では「water war」とも言われている。各種エネルギーの国内資源量がわずかな日本であるが，「水」に関してはそれとは異なり，水資源立国と言われることもある。日本国内では，このような資源面の利益を感じていないと思われる表現の一つとして，「水はタダ」ということもあるが，そろそろそのような考えを改める時期が来ている。

日本人の平均寿命は2017年時点で80歳を超えている[8]が，健康寿命が伴っていない面もある。ひとの体重の約60～70％が水の割合である状況を踏まえると，毎日直接または間接的に摂取している水自体の質にも目を向ける必要がある。これから，ますますこの分野のセンシング技術の重要性は増すものと考える。

参考文献

(1)　阿部豊，〈フロンティアセミナー・テキスト〉ハビタブルプラネットの起源と進化　第1回，日本惑星科学会誌，Vol.18，No.4，pp.194-215 (2009)
(2)　国土交通省　水管理・国土保全局　水資源部，「平成30年版　日本の水資源の現況」，p.140 (2018)
(3)　国際連合広報センター「水の国際行動の10年－2018-2028 世界的な水危機を回避するために」プレスリリース　18-014-J　2018年03月21日：http://www.unic.or.jp/news_press/features_backgrounders/27687/ (確認日2019年4月8日)
(4)　厚生労働省「健康のため水を飲もう」推進運動：https://www.mhlw.go.jp/stf/seisakunitsuite/bunya/topics/bukyoku/kenkou/suido/nomou/index.html (確認日2019年4月8日)

(5) 公益社団法人日本下水道協会　都道府県別の下水処理人口普及率：
https://www.jswa.jp/sewage/qa/rate/（確認日 2019 年 4 月 8 日）
(6) 例えば，岩波 理化学事典 第 5 版（1995）
(7) 野田和俊，「環境・福祉分野におけるスマートセンシング動向」，平成 28 年電気学会全国大会企画シンポジウム，S23-1（2016）
(8) 厚生労働省平成 29 年簡易生命表の概況：
https://www.mhlw.go.jp/toukei/saikin/hw/life/life17/index.html（確認日 2019 年 4 月 8 日）

第2章　環境にかかわる水センシング

2.1　はじめに

安藤　毅*

人の生活環境周辺には，河川水，雨水，下水，汚水，水蒸気など，水は様々な形で存在する。河川水や雨水等，単純に目に見える状態で存在するものは，古典的にはフロート，ますなどを利用して物理量として検知，検量されてきた。現在においても，その信頼性の高さから基本的な原理として利用されている場合も多い。ひとたび降雨が集中し豪雨となると，河川水の増大を招き水害の要因となる。そのため，これらは広域的かつ網羅的にセンシングし監視する必要があり，IoT化した水センサの活躍の場である。一方，大気中の水蒸気が物質の表面や内部に吸着している水分など，目に見えない水も数多い。それらは逆に，ミクロな領域でのセンシングが必要不可欠であり，目的に応じて物理的，化学的な原理のセンサが利用され，MEMS技術が利用される場合もある。また，排水の中に存在する汚染物質も，目に見えない水の状態のひとつであり，重要な監視，管理対象である。加えて，情報技術の進歩により，水を直接センサで捉えるのではなく，画像処理やビッグデータ処理などによって評価する試みもなされている。

本章では，このような環境中に存在する水のセンシング事例について，具体的例を挙げて紹介する。2.2節では，大気中の湿度や半導体プロセス等に混入する微量水分，農作物などに含有される水分など，目に見えない水に対するセンシング技術について述べる。2.3節では，下水の水位や汚染物質について広域的，継続的にモニタリングする，多機能マンホールの例を挙げて議論する。2.4節では，水処理施設の汚染物質のセンシング事例と，それを応用した水処理装置の制御などに着目し解説を行う。2.5節では，わが国の河川水監視の現状を紹介し，洪水や降水を検知する様々なセンシング技術について，水に非接触な手法や情報技術を活用した手法も含めて議論する。

---

*　Ki Ando　東京電機大学　工学部　電子システム工学科　助教

2.2　気相の水（水蒸気）と様々な形態の水のセンシング

原　和裕*

水は海や河川だけではなく，地球上の至るところに存在する。たとえば，大気中には気相の水，すなわち，水蒸気として存在し，我々の暮らしや産業活動に様々な影響を与える。たとえば，その量が多い場合には結露を引き起こし，少ない場合にはドライアイ等の身体的な症状を引き起こす。工業分野においても，食品や化学材料等の製造過程における水蒸気の影響はきわめて大きい。

大気中の水蒸気は，雨や雪，雹の元ともなる。近年では，ゲリラ豪雨と呼ばれる短時間に局地的な大雨が降ることによる河川の氾濫や，竜巻等が頻発し，大きな社会的問題になっている。この予知には雨の源である水蒸気の分布の把握が必須である。

また，高層大気中の水蒸気も，温室効果に関わり，対流圏の大気循環の駆動源となる他，雷雲を始めとする様々な雲や雨，雪の元となり，航空機や飛行船等の安全に直接関わるだけでなく，地上や海上の気象にも大きな影響を及ぼす。

この他に，工業の分野では，半導体プロセス用ガスに含まれる微量の水蒸気は半導体製品の品質や信頼性に大きな影響を及ぼす。

また，食品・農産物，木材・竹，繊維・衣類，段ボール・紙，ゴム・プラスチック，金属材料，建築材料・コンクリート，油，燃料電池，土壌等に含まれる水分も，それらの品質に多大な影響を与える。

したがって，水蒸気や水分の量を計測することが，我々の暮らしの面においても工業分野においても重要である。

一般に，空気中に含まれる水蒸気の量は，湿度として表現されるが，湿度の表し方はいくつかある。最も良く使用されるのが，相対湿度（relative humidity）である。空気が水蒸気として包むことができる水分の最大量（飽和水蒸気量）に対しての空気中の水分量の比率を相対湿度と呼び，単位として一般にパーセント（%）が用いられるが，%RH が用いられることもある。一方，絶対湿度（absolute humidity）は，空気に含まれる水蒸気量を表す容積絶対湿度（volumetric humidity）のことであり，単位はグラム毎立法メートル（g/m^3）である。しかし，重量絶対湿度（混合比）（mixing ratio, humidity ratio）も用いられることがあり，これは乾燥空気に含まれる水蒸気の量を乾燥空気に対する重量比で表したものである。単位はキログラム / キログラム（kg/kg）である。また，1 気圧に換算した水蒸気の体積を 1 気圧の空気の体積に対する比で表した体積分率も用いられる。単位は%あるいは ppm が用いられることが多い。

＊　Kazuhiro Hara　東京電機大学　工学部　電気電子工学科　教授

2.2.1　空気中の湿度のセンシング

1)　湿度のセンシング方式

空気中の湿度のセンシングに用いられる素子は湿度センサと呼ばれ，古くから各種の湿度計測方法が考案され実用化されてきた[(1)]。古くから用いられる乾湿計（乾湿球湿度計ともいう）は，家庭用から，気象計測用までさまざまなものがある。毛髪湿度計は，長期にわたる湿度の変化を用紙に記録する自記湿度計に用いられることが多い。冷却式露点計は高精度であるが，仕組みが複雑で高価なものが多く，工業用として用いられる。電気式湿度計は，近年，性能の良いものが開発され，デジタル表示の湿度計として用いられるほか，建物における空調設備や，加湿器，乾燥機，エアコン等に内蔵され，広く普及している。

2)　湿度センサ

各種の湿度計のうち，湿度を計測することができる電子部品を湿度センサと呼ぶ[(2)]。これにも各種の方式があるが，最も広く普及している湿度センサは，有機高分子膜の吸湿に伴う静電容量あるいは電気抵抗の変化を検出し，湿度に換算する方式である。原理的な構成は，図 2.2.1 に示すように，多孔質感湿材料の両端に電極を付けた構造である。多孔質感湿材料として，ポリイミドや PMMA（polymethyl methacrylate；ポリメチルメタクリレート）等の有機高分子材料が用いられることが多い。有機高分子の代わりに多孔質セラミックスや金属酸化物の微粒子が用いられることもある。静電容量あるいは電気抵抗を計測するための２枚の電極のうち，少なくとも一方の電極は，水蒸気を通しやすい多孔質構造あるいはメッシュ構造となっている。一般にこれらの湿度センサは，塵埃の付着を防止するために，フィルター等でカバーされていることが多い。

その他の湿度センサも，用途に応じて使用されている。熱伝導度式湿度センサは，その出力が通常用いられる相対湿度ではなく，空気に含まれる水分量の絶対値に対応するため，絶対湿度センサと呼ばれることがある。また，各種の光学式湿度センサは，応答速度が速い等の特徴があり，工業，農業分野を中心に用いられる。さらに，吸湿材料を塗布した水晶振動子の湿度による共振周波数の変化から湿度を計測する水晶振動子式もある。また，アンテナが印刷されたラベルに吸湿材料を塗布したものをセンサとし，電波を用いて離れた場所で湿度を計測する方式などが研究されている[(3)]。後者はたとえば，衣類や建築物の内部に置いて湿度を計測できる。さらに，

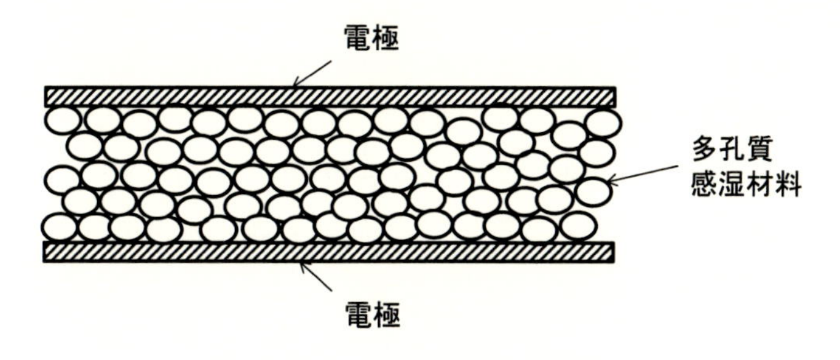

図 2.2.1　静電容量式および電気抵抗式湿度センサの断面図

各種の感湿材を塗布した光ファイバー中の光の減衰量や位相の遅延から，湿度を求める光ファイバー式も開発されている。

これらの湿度センサは，計測湿度範囲の拡大，応答速度の向上，信頼性の改善を目指して，各メーカーにより改良が進められている。また，新しい原理・方式の湿度センサも研究開発されている。

湿度センサは，通常，その電気的出力を処理する電子回路や湿度を表示するディスプレイを組み込んだユニット，あるいは，デジタル湿度計などの製品として市販される。また，湿度センサの特性は一般に温度の影響を受けるので，温度センサと組み合わせてユニットや製品に組み込まれることが多い。そのため，温度と湿度の両者を表示するようにしたものが多い。市販の製品の一例を示すと，センシリオン㈱の SHT30 は湿度 10 ～ 90％RH を ± 2％RH の精度で測定でき，温度測定範囲は 0 ～ 65℃である[4]。同社は湿度測定範囲を 0 ～ 100％RH に，温度測定範囲を －40 ～ 90℃に広げた製品も出している。

また，湿度センサを製品本体に組み込んだものが一般的であるが，センサ部を測定したい場所に設置するものもある。一般に，リアルタイムで湿度を表示する製品が一般的であるが，湿度の最大値あるいは最小値を指示する機能を持たせたものもある。また，一定期間の湿度の変化を記録し，必要に応じて読み出せる製品が，データロガーあるいはロガー機能付湿度センサとして商品化されている。

3) 湿度センサの使用上の注意

湿度センサおよびそれを組み込んだ製品は，現在広く普及しつつあるが，使用上注意しなければならない点が多い。

第一に，市販されている製品には，検定を受けた湿度センサを用いているものや，1 台ずつ校正されているものは少ないことである。そのため，誤差やバラツキが多く，表示に数％の誤差が含まれることが一般的であり，特に安価な製品では，湿度 30％RH 以下の低湿度と湿度 90％ RH 以上の高湿度で，正しい値が表示されないか，または，誤差が非常に大きくなる点に注意が必要である。

また，一般に，湿度が増加した場合と減少した場合で，表示値に数％の誤差が生じるヒステリシス特性（履歴特性）にも注意が必要である。さらに，湿度 90％RH 以上の高湿度に長期間置くか，あるいは，結露させると，その表示値が大きくなる傾向があり，また，湿度 30％RH 以下の低湿度に長期間置くと，その表示値が小さくなる傾向がある。また，使用できる温度範囲が限られている。湿度の変化に対する応答速度は 10 から 30 秒程度のものが多い。また，ハウスダストやタバコの煙，暖房器具やエンジンの燃焼排ガスに含まれる微細な塵埃が付着したり，消毒用アルコール等の有機溶剤の蒸気やアンモニア，フェノール等の蒸気により，その特性が徐々に劣化し，正しい湿度を表示しなくなることがある。さらに，一般に電源が必要であり，電池式のものでは，定期的な電池交換が必要である。

湿度センサを置く場所にも注意が必要である。通常，湿度センサはそれが置かれた場所の湿度を表示する。日光が当たる窓際や暖房器具からの熱風が当たる場所では，センサの温度が上昇することにより，室内の湿度より低い値が表示される。一方，冬季に窓際や断熱材が入っていない冷えた壁の近くに置くと，センサの温度が低下することにより，室内の湿度より高い値が表示される。

2.2.2　大気中の水蒸気量のセンシング

広範囲に亘る水蒸気の分布の観測は，従来，パラボラアンテナを機械的に動かす気象レーダが用いられてきた。しかし，急激に変化する気象に対して，その時間分解能は不十分であるため，フェーズドアレイ気象レーダが新たに開発され，積乱雲の高速三次元観測に関する研究運用が開始されている(5)。

この他に，最近，地上デジタル放送波を用いた新しい水蒸気量の推定手法が開発された(6)。この方法では，レーダに必要な強力な電波を発生する発信機が不要となり，受信機のみで良いため，大幅なシステムの簡略化と小型化，コストダウン，およびそれに伴う近い将来の多地点展開が期待される。

その原理を以下に述べる。一般に，電波の伝搬速度は空間に含まれる物質の量により変化する。したがって，大気中に存在する水蒸気により，電波の伝搬速度は遅くなる。大気中の水蒸気量が1％RH増加すると，5 kmで約17ピコ秒遅れる。地上デジタル放送の電波塔から離れた位置に受信機を設置し，この微小な電波の遅れを計測することにより，原理的にその間の水蒸気量を推定することができる。一方，地上デジタル放送を反射するビル等の反射体があると，受信機には電波塔からの直接波と反射体からの反射波の2種類の電波が受信されるが，両者を同時に観測することにより，放送局の電波と受信機との間の同期が不要となり観測精度が向上する。

2.2.3　高層大気中の湿度のセンシング

高層大気中の湿度の計測にも湿度センサが用いられる。しかし，高層では，地上と比べ温度が低いことが多く，湿度センサとしては，低温における特性が求められる。一般に，多孔質感湿材料を用いた静電容量式湿度センサが用いられる。また，それらは，ラジオゾンデ（Radiosonde）と呼ばれる観測機器に搭載されるのが一般的である。

ラジオゾンデは，地上からおよそ高度30kmまでの上空の高層気象データ（気温，湿度，気圧）を観測するために，ゴム気球により飛揚される無線機付き気象観測機器のことである(7)。

このような高層気象観測機器はラジオゾンデと総称されるが，最近では，風向や風速も観測できるレーウィンゾンデや，風速・風向・気圧をGPS測位技術により得られた移動速度と高度をもとに演算されるGPSゾンデなどの観測機器も多く用いられる。

通常，ラジオゾンデには観測結果を伝送するための無線送信機が装備されており，観測結果は地上に無線で送信される。ラジオゾンデを地上から飛揚させた場合，およそ90分で上空30km

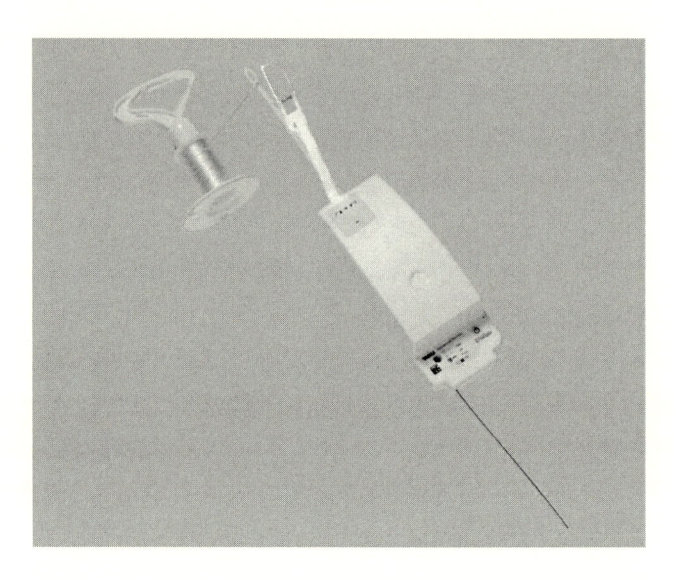

図2.2.2　ヴァイサラ社ラジオゾンデRS41-SG（ヴァイサラ㈱提供）

程度に達する。すると，気球内部の気体の膨張によりゴム気球が破裂し，その後，パラシュートによってゆっくりと落下する。

日本から飛揚させた場合，そのほとんどは偏西風によって東に運ばれ，太平洋上へ落下することが多い。しかし，稀に，地理的な条件や気象などにより，陸地に落下する場合もある。

ラジオゾンデには計測機器と無線送信機の回路基板とセンサ類，データ送信用アンテナ，電池が内蔵されているが，最近の製品は小型・軽量である。電池は一般に小型のリチウム電池が用いられる。ラジオゾンデの多くは使い捨てとなるため，環境負荷の少ない部品が選定・使用されている。一例として，ヴァイサラ社のラジオゾンデ RS41-SG の外観を図 2.2.2 に示す[8]。本体の寸法は 155 mm × 63 mm × 46 mm と小さく，質量は 80 g と軽い。

日本では，全国 16 箇所の気象台・測候所および昭和基地（南極）に加えて，自衛隊，大学などの研究機関，日本気象協会などが観測を実施している。気象台・測候所では，通常 1 日に 2 回飛揚させている。人手で飛揚させる所と，自動放球装置により飛揚させる所がある。船舶から飛揚させる場合や，航空機から投下する場合もある。

なお，最近では，天気予報を正確に行うためには，各国の観測だけでは不十分であり，全世界の大気の情報が必要であることが認識されている。このため，世界気象機関（WMO；World Meteorological Organization）の枠組みの下で，各国が観測データを提供し，その情報を共有し始めている。上記のラジオゾンデによる観測や地上観測に加え，人工衛星による大気成分の観測も行われている[9]。

2.2.4　微量水分のセンシング

1)　微量水分とは

半導体プロセス用ガス中の微量水分は，半導体デバイスの品質と信頼性に大きな影響を与える。窒素ガスおよびアルゴンガス中では，5 ppb 以下の微量水分が問題となり，酸素ガスおよびヘリウムガス中では，10ppb 以下の微量水分が問題となる。また，有機 EL 素子のバリア層の水分透過性の計測にも，微量水分の計測が必要である。これらの計測には，これまで多くの方法が開発されてきた[(10)]。鏡面冷却式露点計[(11)]や，TDLAS（Tunable Diode Laser Absorption Spectroscopy；波長可変半導体式レーザ光吸収分光法）[(12)]，五酸化リン式水分計[(13)]等が開発・実用化されているが，ここでは，最近の進歩が著しい CRDS（Cavity Ringdown Specroscopy）微量水分計[(14)]およびボール SAW センサ[(15)～(17)]を採り上げる。以下に CRDS 微量水分計およびボール SAW センサの詳細を述べる。

2)　CRDS 微量水分計による大気中の微量水分の計測[(14)]

光を用いて大気中の微量成分気体を計測する場合，測定対象分子の持つ固有の光吸収スペクトルに基づいて計測する方法があり，これを光吸収法と呼ぶ。この方法は，原理的にすべての原子・分子に適用可能であり，分子の光吸光係数が既知であれば，標準濃度気体の測定を参照用として行わなくても濃度を算出できるという利点を持っている。一方，光吸収測定法は一般に感度が低いという問題点があるため，微量気体の計測には不向きであると考えられてきた。しかし，最近，新しい吸収分光法であるキャビティリングダウン分光法（CRDS）が応用されるようになって，低感度という問題が解決された。

図 2.2.3 にパルスレーザーを用いた CRDS 装置の概略図を示す。レーザーからのレーザー光パルスを 2 枚の高反射率ミラー（R ＞ 0.9999）で構成された光学キャビティへ注入し，ミラー間でレーザーを何回も反射させ，レーザー光をキャビティ内に閉じ込める。片方のミラーから微弱なレーザー光が漏れ出すが，これを光電子増倍管などの光センサで検出する。キャビティ内に，レーザー光を吸収する物質が存在すると，漏れ出した光の強度は，光パルスがオフになった後，

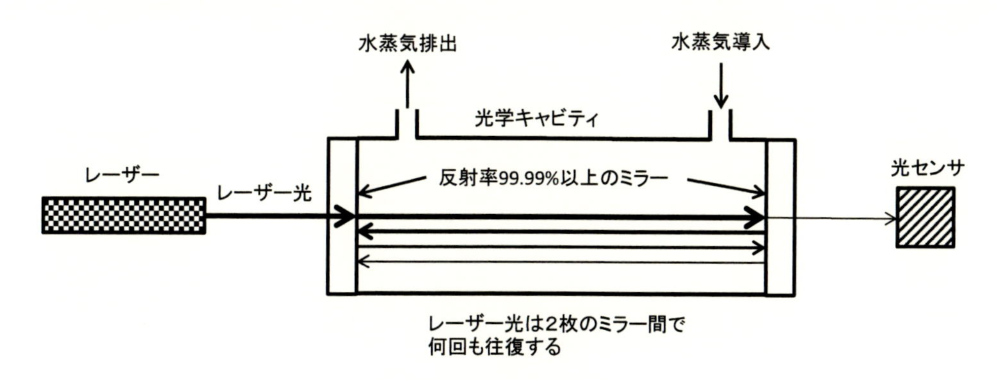

図 2.2.3　CRDS 法による微量水分のセンシング原理

時間に対して指数関数的に減衰する。この減衰の時定数（リングダウンタイム）が物質の濃度により変化することを利用し，吸収物質の濃度を測定する。一般的なCRDS法は，数10cm長の光学キャビティを用い，その間で光パルスを数千から数万回往復させ，数km～数10kmに及ぶ実効光路長を得ることにより高感度化を実現している。CRDS法は，原理的にレーザー光強度のゆらぎに依存しないことも，高感度計測が可能となる要因の1つである。CRDS法は一種の吸収分光法であるため，濃度の絶対値が求まることから，装置の感度校正が不必要であるという利点がある。CRDS法を用いることにより，高感度で高い時間・空間分解能での計測が可能となる。計測対象は，大気中の微量水分の他，NO_2，NO_3，IO，CH_4，CO_2，CO，NH_3などのガス分子の計測が試みられている。

3） ボールSAWセンサによる微量水分の計測[(15)～(17)]

この方式は，図2.2.4に示すように，球状の水晶のような圧電結晶球の表面にすだれ状電極（IDT; Interdigital Transducer）を付けると，そこから励起された弾性表面波（SAW; Surface Acoustic Wave）が球の大円に沿って，表面を何回も周回し，その間に感応膜に含まれる水蒸気の影響を受けて，その量に応じて遅延時間が増大することを利用するものである。平板上に構成された一般的なSAWセンサと比べて，ボールSAWセンサでは，弾性表面波が多重周回するのに伴い遅延時間が大きくなるため，微量水分に対する感度が非常に大きくなる。感応膜としては，ゾルゲル法によって作製した非晶質性を備えたSiOx膜を使用している。

この方式では，微量水分の検出限界はノイズレベルとの比較から0.2ppbと見積もられる。680ppbの微量水分の変化に対する応答速度は約30秒であり，前節で述べたCRDS微量水分計が約108秒であるのと比べて速い。

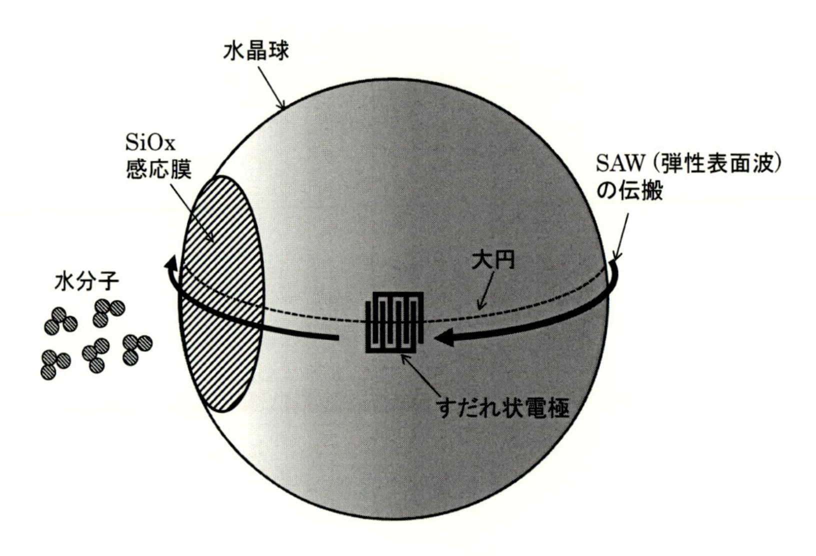

図2.2.4　ボールSAWセンサによる微量水分のセンシング原理

このように，ボールSAWセンサは，微量水分に対する感度と応答速度の点で優れるだけでなく，装置全体を小型・軽量・安価に製作することができる利点もある。

なお，ボールSAWセンサは，微量水分計としての用途だけでなく，ガスセンサとしての応用の可能性もある。たとえば，水素ガス，水およびアルコールなどに応答することが知られているPdNi合金薄膜を感応膜として用い，遅延時間と振幅の両方の応答を観測することにより，これらを識別・計測できることが示されている。

2.2.5　農林水産物の水分含有量のセンシング[18]

農林水産物や食品に含まれる水分量は，糖度や酸度，塩分量と並んでその栄養素や味覚，品質に大きく影響する。したがって，その計測は重要であるが，従来，米等の穀類の水分量の計測法は，少量のサンプルを抜取ってつぶした試料の電気抵抗や静電容量を測定する方法が用いられてきた。しかし，この方法は，破壊方式であるため，対象の全数検査をすることが困難である。

一方，非破壊方式の方法として，マイクロ波の減衰量を測定して水分量を評価する方法が用いられてきた。この方法では，容器に米などの試料を入れ，マイクロ波を照射して試料表面からの表面反射波，あるいは，試料を通過して容器底面から反射する透過反射波の振幅を測定することにより，振幅と水分量の間の関係から非破壊で水分量を推定できる。しかし，振幅の変化量は規定の容器に試料を充填する際の体積充填率のばらつきによって変化する。したがって，水分量の正確な測定は容易ではない。また，サンプルを規定の容器に充填して測定する必要があるため，リアルタイム測定が困難である。

これらの従来手法は，測定対象の農産物を容器に封入するなどして，対象を一つ一つ測定する静的計測手法である。したがって，基本的に，わずかな量のサンプリング検査しか行えない。

非破壊でリアルタイムに大量の農産物を全数計測可能な方法として，電波を用いた新たな計測法が開発された[18]。この方式では，対象が不定形，あるいは，不均一であっても水分量を非破壊で測定できる。また，測定対象が移動していても測定が可能なことから，穀類などをリアルタイムに全数検査することが可能である。

その原理は，図2.2.5に示すようなマイクロストリップ線路と呼ばれる電磁波の伝送線路をセンサとして使用する。測定対象を伝送線路に近づけると，伝送線路上を伝搬する電磁波の振幅と位相が変化するが，この変化量は測定対象の電磁気的な特性に依存する。そこで，この振幅と位相の変化を測定し，さらにこれらの相関を演算することにより，測定対象の水分量を求めることができる。

一例として，周波数3 GHzのマイクロ波をマイクロストリップ線路に入力し，水分量が異なる米について，ベクトルネットワークアナライザを用いて伝送特性を測定して水分含有量を求めた。すると，米の水分量を非破壊で測定することができ，かつセンサ上を対象が移動していても計測が可能であることが実証された。

さらに，この方法は，米の水分量以外に，肥料の水分量の計測や，砂糖入り飲料と人工甘味料

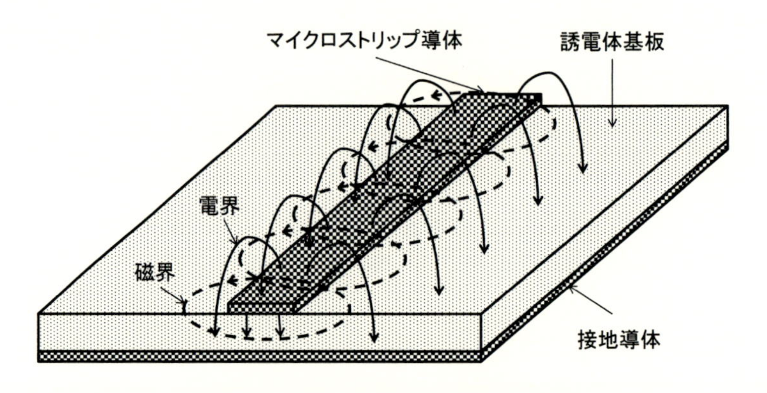

図 2.2.5　マイクロストリップ線路の概要図

飲料の識別に適用できる。一方，肉の赤身と脂肪の比率の計測や，セラミックの種類の分別，食品中の糖度と酸度の計測，食品中の異物混入の検出等の幅広い用途に拡張可能であることが示されている。

2. 2. 6　その他の水分量のセンシング

木材チップの含水率の測定は，試料の電気抵抗を測定する方式と静電容量を測定する方式とがあり，どちらも実用化されている[19]。

同様に，青果物の水分量の計測には，これらの試料の電気的インピーダンスを測定し，その結果から水分含有量を求める方式も用いられるが，試料を加熱した前後の質量変化から求める加熱乾燥式水分計も用いられる[20]。

段ボールの吸水は，時間とともにつぶれて，積み重ねた時に崩れる原因となる。その含水率の測定には，一般にその電気抵抗を計測する接触式紙水分計が使用される[21]。この方法は，段ボール以外に，クラフト紙，ライナー紙，コピー用紙などの多様な紙の水分測定ができる。電気抵抗を測定する方式以外に，加熱乾燥式や，電気抵抗式，静電容量式，水素ガス圧式の他，非接触測定ができる紫外可視分光式や赤外線式等も開発されている。

透湿性や防水性の機能を持たせた衣類を透過する水蒸気量の測定は，透過した水蒸気を塩化カルシウム等の吸湿剤に吸収し，その重量変化から算出する方法が用いられる。

様々な産業機器に用いられる油の中に混入する水分は，機器の劣化や絶縁性の低下を招く。そのため，油中の水分を計測する高分子式センサが各種開発されている[22]。

参考文献

(1) 上田政文：「湿度と蒸発－基礎から計測技術まで」，コロナ社（2000）
(2) Okada C.T. ed.：Humidity Sensors：Types, Nanomaterials and Environmental Monitoring, New York, Nova Science Pub. Inc. (2011)
(3) X. Wang, O. Larsson, D. Platt *et al.*：An all-printed wireless humidity sensor label, Sensors and Actuators B：Chemical, Vol.166-167, pp.556-561 (2012)
(4) センシリオン社デジタル温湿度センサー「SHT3x」HP：
https://www.sensirion.com/jp/environmental-sensors/humidity-sensors/digital-humidity-sensors-for-various-applications/
(5) プレスリリース　日本初「フェーズドアレイ気象レーダ」を開発　NICT-情報通信研究機構 HP：
http://www.nict.go.jp/press/2012/08/31-1.html
(6) Seiji Kawamura *et al.*：Water vapor estimation using digital terrestrial broadcasting waves, *Radio Science*, Vol.52, pp.367-377 (2017)
(7) 気象庁　ラジオゾンデによる高層気象観測 HP：
https://www.jma.go.jp/jma/kishou/know/upper/kaisetsu.html
(8) RS41　ラジオゾンデ　Vaisala 社 HP：
https://www.vaisala.com/ja/products/instruments-sensors-and-other-measurement-devices/soundings-products/rs41
(9) Space Programme, World Meteorological Organization PROGRAMMES HP：
http://www.wmo.int/pages/prog/sat/globalplanning_en.php
(10) 天野みなみ：「ガス中微量水分の計測と標準に関する調査研究」，産総研計量標準報告，Vol.8，No.3，pp.311-331 (2011)
(11) 鏡面冷却式（クールド・ミラー式）露点計 ミッシェルジャパン HP：
http://www.michell-japan.co.jp/water_analyzer/a2.html
(12) TDLAS 式露点水分計　製品一覧　神栄テクノロジー㈱ HP：
https://www.shinyei.co.jp/stc/products/humidity/moisturemeter.html
(13) 五酸化リン式水分計 MEECO 社 愛知洋行社取扱製品 HP：
http://aichicorp.com/meter/gosankarin.html
(14) 阿部恒：「高感度ガス中微量水分計の開発」，産総研 TODAY，Vol.15，No.01，p.21 (2015)
(15) 山中一司・赤尾慎吾・竹田宣生・辻俊宏・大泉透・福士秀幸・岡野達広・塚原祐輔：「ボール SAW センサを用いた微量水分測定の最近の進展」，学振 150 委第 154 回委員会資料（2018）
(16) 山口泰博：「「ボール SAW」が好き過ぎて起業 東北大学発ベンチャー ボールウェーブ株式会社」，産学官連携ジャーナル，2017 年 10 月号（2017）：
https://sangakukan.jst.go.jp/journal/journal_contents/2017/10/articles/1710-03/1710-03_article.html
(17) 赤尾慎吾・岡野達広・竹田宣生・辻俊宏・大泉透・福士秀幸・菅原真希・塚原祐輔・山中一司：「ボール SAW センサによる微量水分の高速・定量分析」，第 66 回応用物理学会春季

学術講演会　講演予稿集，9p-W834-3 (2019)

(18) 昆盛太郎・堀部雅弘・加藤悠人：「電磁波による農産物水分量の非破壊動的計測手法の開発とその応用」，第33回「センサ・マイクロマシンと応用システム」シンポジウム，平戸，24pm3-B-5 (2016)

(19) Schaller社製品HP：
http://www.humimeter.com/bioenergy/

(20) メトラー・トレドの水分分析計HP：
https://www.mt.com/jp/ja/home/products/Laboratory_Weighing_Solutions/moisture-analyzer.html

(21) ㈱ケツト科学研究所　紙水分計製品HP：
http://www.kett.co.jp/products/c_2/16.html

(22) テクネ計測　オイル中水分計HP：
http://www.tekhne.co.jp/products/oilfluid/index.html

2.3　悪臭，腐食性物質のセンシングアプリケーション

海福雄一郎*

2.3.1　下水道処理施設の悪臭，腐食問題

上下水道施設は普段は我々が見ることがほとんどないが，人々の生活に密接に関係しているインフラであり，様々な水センシング技術が用いられている。

2020年に開催が予定されている東京オリンピックに向け新国立競技場，各競技施設の建設，道路整備などの様々な準備が進められている中，各下水道施設の悪臭・老朽化問題への対応も行われている。生活排水から発生する気体状物質はアンモニア，硫化水素，二酸化炭素，メタンなどがあるが，悪臭・腐食の原因となるのは硫化水素のみであり，マンホールの段落ち部，ピルピット排水の流入部，管内貯留を利用し流量調整運転を行うポンプの周辺部等，数多く報告されている。

2.3.2　硫化水素の発生メカニズムと対策

硫化水素の生成及びコンクリート腐食のメカニズムを図2.3.1に示す。主に滞留した下水が嫌気状態になることで硫酸塩が硫酸塩還元細菌により還元され発生する。発生した硫化水素は換気の充分でない下水道施設において濃縮，コンクリート壁面上の結露中に溶解する。溶解した硫化水素は気相の好気状態下で硫黄酸化細菌により酸化され硫酸を生成，コンクリートのpHが低下することで主成分である水酸化カルシウムが変質する。

硫化水素の発生源対策としては下水の流れが乱れないように施設改善し，下水中の硫化水素の気相中への放散量抑制や，気相中に放散したガスを効率的に排気・換気処理することが挙げられる。そのためにも硫化水素ガスの発生状況，処理施設の稼働タイミング，雨水（水位）状況のデータを得ることが重要となる。

$SO_4^{2-} + 2C + 2H_2O \rightarrow H_2S + 2HCO_3^-$	嫌気性・細菌にて硫化水素発生
$H_2S + O_2 \rightarrow H_2SO_4$	結露中に再溶解，好気性・細菌にて硫酸生成
$Ca(OH)_2 + H_2SO_4 \rightarrow CaSO_4 \cdot 2H_2O$	pH低下にて硫酸カルシウムが生成
$3CaSO_4 \cdot 2H_2O + 3CaO \cdot Al_2O_3 + 26H_2O \rightarrow 3CaO \cdot Al_2O_3 \cdot 3CaSO_4 + 32H_2O$	硫酸カルシウムはセメント硬化体と反応しエトリンガイト生成，膨張，コンクリート崩壊

図2.3.1　硫化水素によるコンクリート腐食のメカニズム

*　Yuichiro Kaifuku　㈱ガステック　品質保証室室長　技術部開発次長

2. 3. 3　多機能マンホールを使ったリアルタイム測定

下水道処理施設の維持管理においてマンホールは大きな役割を担っている。施設の管理目的に留まらず，今では洪水時の水位測定や内部の腐食性ガス，悪臭対策の拠点（入口）となっている。これまではそれぞれのデータをピンポイントで人が測定していたが，水位上昇やガス濃度の変化のタイミングは場所により様々で捉えにくく，管理上の課題となっていた。また過去にはマンホールに入った作業者が，急激なガス濃度上昇により中毒事故を起こした労働災害問題も発生している。さらに汚水ますの測定においては機器の汚れや作業者への臭気の付着があり，現場作業を終了した後の機器洗浄，作業着の着替え，入浴など多くの手間がかかる。

こうした中，IT インフラの発展に伴い，遠隔地からの調査や管理が可能な「多機能型マンホール蓋」が一部の自治体で使用され始めている。図 2.3.2 に示すようにマンホール蓋に水位計やセンサ式測定器等の機能や通信機能を付加することで，蓋を開けることなく施設内の状況がインターネット網を通じてリアルタイムに把握できるものである。こうしたツールを使用することによりタイムリーに各測位データを採取することができるだけでなく，作業効率，作業負荷の低減が期待される。一例として東京都下水道局は民間企業と共にこうした多機能型マンホール蓋の開発・実証事業を継続しており，実際に多くの硫化水素計が現場で使用されている[(1), (2)]。

2. 3. 4　多機能マンホールの構造・機能

多機能マンホールの外観図を図 2.3.3，仕様を表 2.3.1 に示す。構造は，既存のマンホール蓋と同じ寸法・規格（主に直径 60cm が多い）の蓋表面に通信用アンテナ，裏側にはバッテリーを組み込み，樹脂製カバーで保護している構造のものが多い。

設置は既設のマンホール蓋を交換するのみで給電や通信のための配管，配線の必要はない。

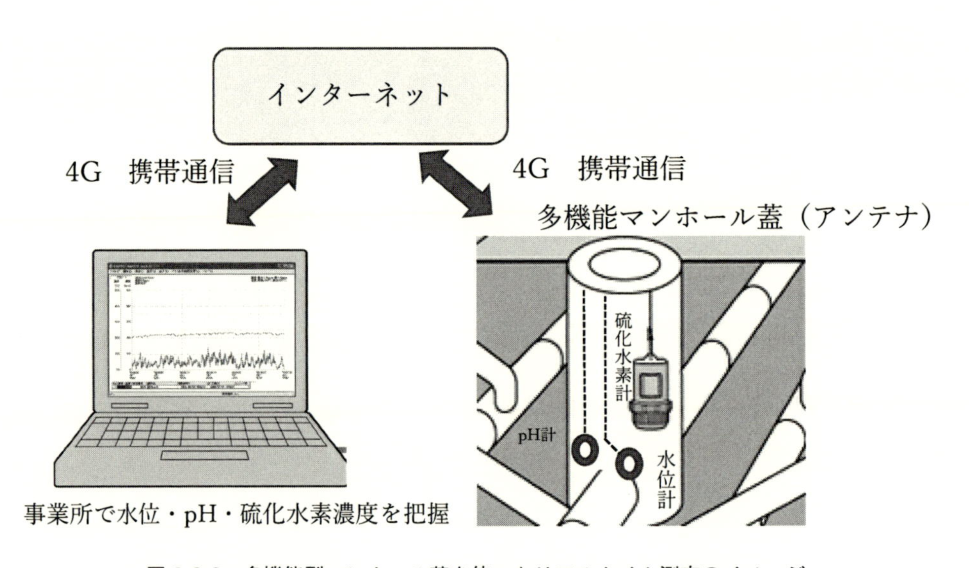

図 2.3.2　多機能型マンホール蓋を使ったリアルタイム測定のイメージ

図 2.3.3　多機能型マンホール蓋[3]

表 2.3.1　多機能型マンホール蓋の仕様[3]

項目	仕様
使用目的	平常時及び降雨時の水位の把握
測定周期	10 秒～ 24 時間　通信周期 1 分～ 24 時間
バッテリー寿命（通信装置のみ）	2 か月（通信周期：1 分）12 か月（通信周期：10 分）5 年（通信周期：60 分）遠隔地からの周期変更可能（測定・通信の周期は個別に設定）
測定対象	水位，pH，硫化水素濃度，その他計測器

このマンホール蓋に水位計や pH 計，硫化水素計を組み合わせることでリアルタイムに各測位データを把握することができる。通信には 4G などの携帯電話通信網を使用する。通信状態にもよるが概ね 1 年程度は連続測定（送信）が可能である。

2. 3. 5　多機能型マンホールで使用できる硫化水素計

工場や温泉施設などにおいて使用される硫化水素計は数多く上市されているが，設置環境が過酷な下水道施設で使用される硫化水素計にはさらに多くの機能が求められる。

図 2.3.4 に下水道処理施設で使用される硫化水素計の外観図，表 2.3.2 に仕様例を示す。

測定レンジは 0-3000 ppm までの数種類の測定範囲から選択する。これは各施設によりガス濃度が異なるためである。多機能マンホールを通じてモバイル通信するために有線，もしくは無線にてデータを送付する。長期間ロギングするためにデータは 90000 個以上採取できる。これは 3 分ごとにデータ取得した場合に 3 カ月間連続で測定できる仕様である。

電源は単 3 アルカリ乾電池 2 本で約 3 カ月使用できる。ゲリラ豪雨などにより水位が急激に上昇した場合にも対応できるよう防水カバーに入っており，万が一洪水などの場合にも水に浮くことができ故障せずに回収することができる。また，使用後は汚れを水道で洗い流すことができる（図 2.3.5）。

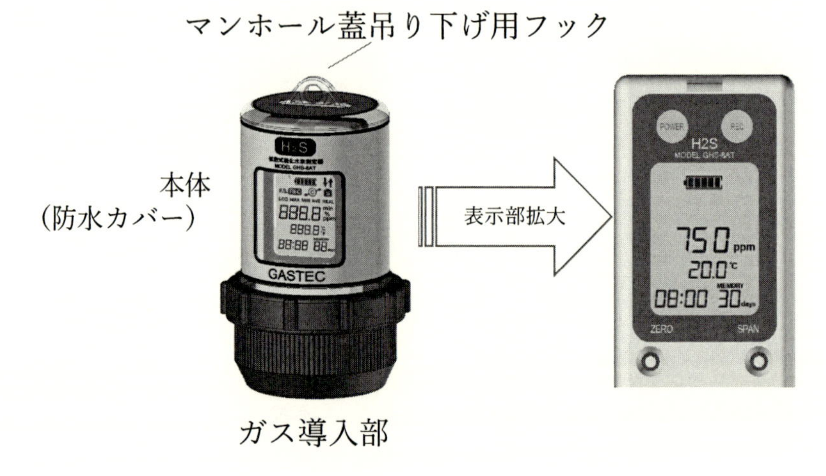

図 2.3.4　硫化水素計（GHS-8AT）の外観図

表 2.3.2　硫化水素計の仕様

項目	仕様
型式	GHS-8AT（防爆仕様，無線仕様あり；㈱ガステック）
外形寸法・重量	148mm(H)×89mm(Φ)，約390g（電池含む）
電源・連続使用時間	単3アルカリ乾電池（2本）約3ヶ月（温度20℃，無通信時）
測定項目	硫化水素／温度　定電位電解式（拡散形センサ）
硫化水素センサ（測定範囲）	5種類（0-10，0-100，0-500，0-1000，0-3000ppm）
測定精度	フルスケール濃度の±5％以内
データロギング	ロギング間隔1分から60分間まで6段階 （1，5，10，15，30，60分；データ数91920個まで）
使用温湿度範囲	0～40℃，相対湿度30-95％（結露なきこと）
耐水性	防水規格IP66／67※　水に浮く
本体表示機能	電池残量，硫化水素濃度，温度，時刻，メモリ記録日数等

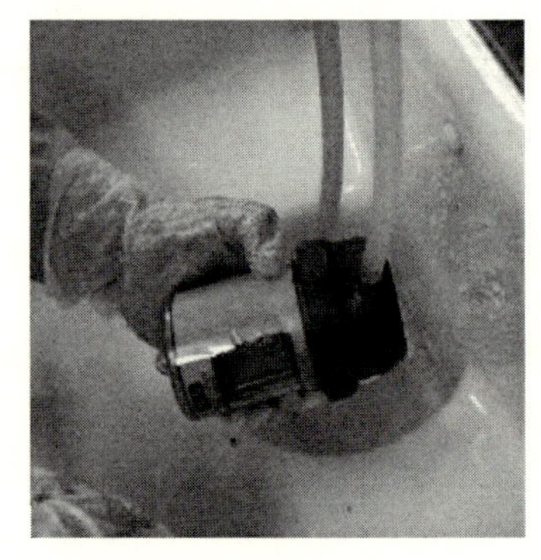

図 2.3.5　硫化水素計と防水・防塵カバー（左）・洗浄風景（右）

また，下水道施設においてはメタンや他の可燃性ガスが発生する可能性がある。センサへの干渉影響もあるが，過去には爆発事故の事例も報告されており，特に海外では硫化水素計に防爆性能を求められる場合もあるため，防爆規格（ATEX 規格）を取得しているバージョンも上市されている[(4)]。

2. 3. 6　センサ

下水道施設で硫化水素ガスを検知するセンサは主に定電位電解式センサである。定電位電解式センサの反応原理を図 2.3.6，構造・写真を図 2.3.7 に示す。ガス透過性膜，作用電極，参照電極，対極，電解質溶液からなり，参照電極に対する作用電極の電位を規制して電解を行い，その時に流れる電解電流を測定してガス濃度を知る方法である。作用電極において(1)式に示す酸化反応が，対極では(2)式に示す還元反応が起こる。全反応は(3)式となる。このとき作用電極と対極に

$$H_2S + 4H_2O \rightarrow H_2SO_4 + 8H^+ + 8e^- \qquad (1)$$
$$O_2 + 4H^+ + 4e^- \rightarrow 2H_2O \qquad (2)$$
$$H_2S + 2O_2 \rightarrow H_2SO_4 \qquad (3)$$

図 2.3.6　定電位電解式センサの反応原理

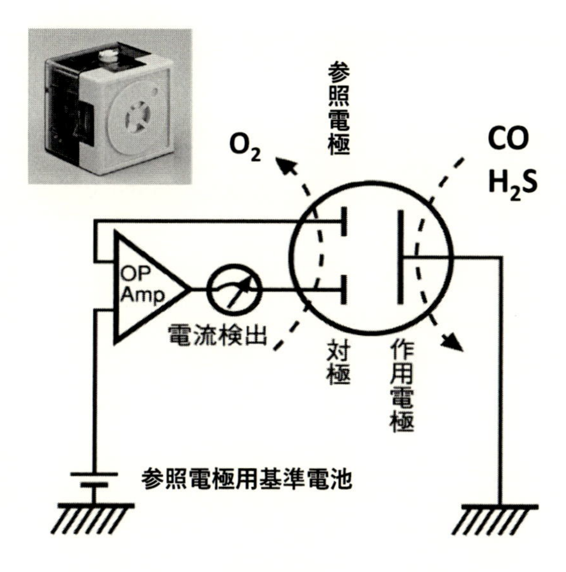

図 2.3.7　定電位電解式センサ構造

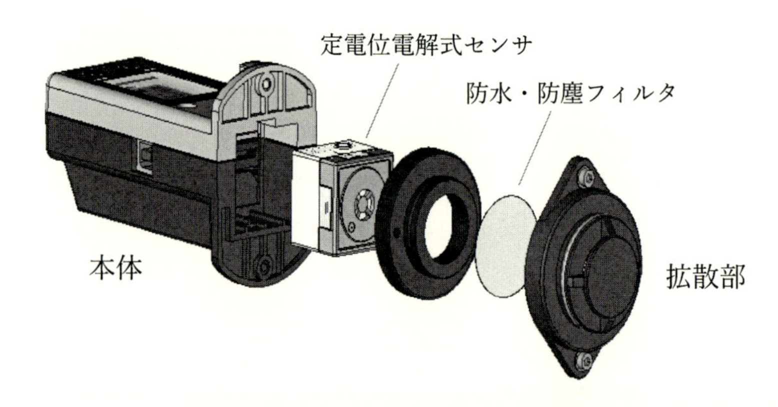

図 2.3.8　硫化水素計へのセンサ取り付け

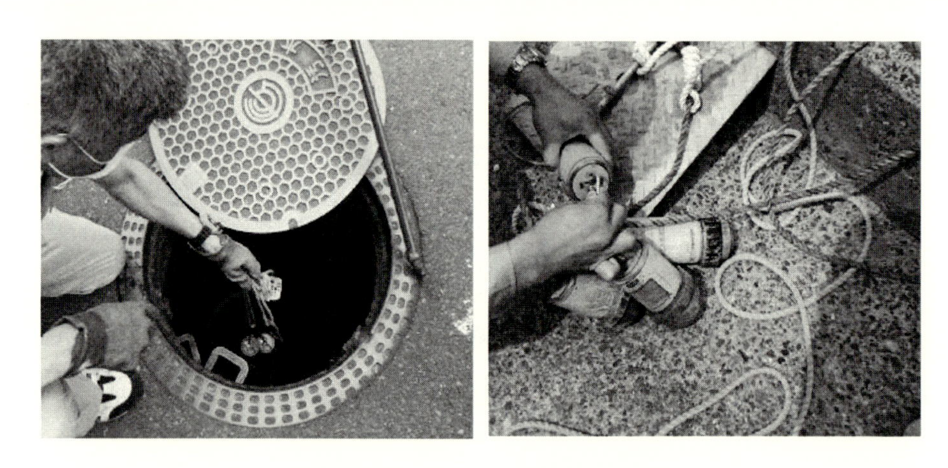

図 2.3.9　マンホールへの機器取り付け

流れる電流は硫化水素濃度に比例する。図 2.3.8 のように硫化水素計本体に取り付け使用する。センサ部分や防水・防塵フィルタは 1-2 年の間に定期的に交換して使用する。

2. 3. 7　マンホールへの機器設置

図 2.3.9 に示すように，多機能型マンホール蓋には pH 計や水位計，硫化水素計などの各測定機器を吊り下げて設置する。作業者は直接マンホール内に立ち入ることなく各計測機器を設置，測定を開始することができる。通常のマンホールを使用した場合には定期的に取り出して各測位データを手動で取り込む。多機能型マンホールを使用した場合には図 2.3.10 に示すように，硫化水素ガス濃度や各測位データが常にマンホール蓋の通信機能により事業所のパソコンに送られ，リアルタイムでデータを観測することができる[5]。

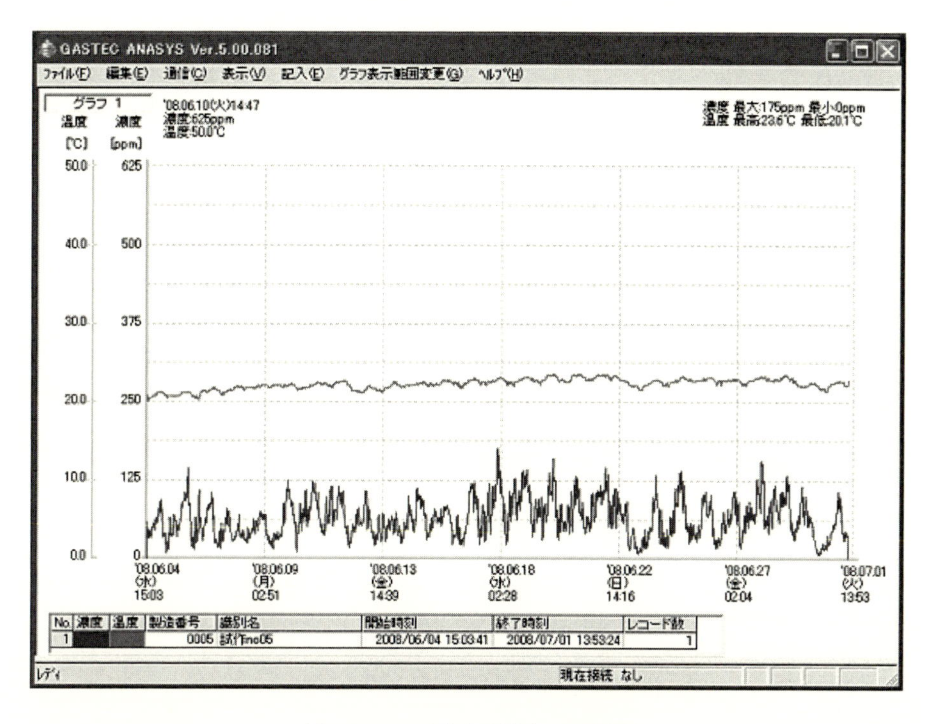

図 2.3.10　硫化水素濃度の測定例

2. 3. 8　多機能型マンホールの維持管理性

東京都下水道局をはじめとした研究グループは実証試験を重ね，装置や電池を搭載し 10 数 kg（全体約 55 kg）の重量が増えた 3 箇所の多機能型マンホール蓋の点検時の影響を調査し報告している(6), (7)。

報告によると点検は月 1 回行い，3 箇所とも点検作業工程に影響を与えるような蓋の開閉の支障はなかった。また，維持管理上必要となる電池の交換作業を行ったが，1 箇所あたり 10 分程度で交換でき，公道上の作業であったが問題なく実施できた。その他，降雨や晴天といった天候や夏・冬の季節，下水道管きょ内の高湿度や腐食性ガス等の環境，周辺を通行する歩行者や車両の振動等，設置した箇所の外的要因に影響されることなく機能を維持できた。

2. 3. 9　まとめ

多機能型マンホールのバッテリーに関して仕様では 1 年強の期間使用が可能であり，実使用上問題ない。硫化水素計についてはフィルタエレメントに汚れや粉じんなどが付着しまうため，概ね 1 カ月から 2 カ月に一度，メンテナンスが必要である。電池寿命は最大 3 カ月である。今後，通信データ容量（5G 導入）などのインフラやリチウムイオン電池の技術開発でさらなる軽量化，点検期間の延長，維持管理性の向上が期待される。

このように，少子高齢化，人手不足，安全性を考慮した多機能マンホール蓋のようなセンシング・通信技術を利用することで，観測データの蓄積，省力化，各事業の安定的な運営に寄与するものと期待されている。

参考文献

(1) 天野亘：「多機能マンホール蓋の開発」，第50回下水道研究発表会 講演集，pp.619-621 (2013)
(2) 天野亘：「多機能型マンホール蓋の開発その2」，第51回下水道研究発表会講演集，pp.742-744 (2014)
(3) 堀口陽子・熱田　孝：「多機能型マンホール蓋を用いた実証　試験の実施について」，東京下水道局技術調査年報　2016，Vol.40, No.1-2-1 pp.50-55 (2016)
(4) ガステックホームページ：https://www.gastec.co.jp/product/detail/id=2148
(5) 熱田孝：「多機能型マンホール蓋の開発と雨水管理への適用について」，第52回下水道研究発表会講演集，pp.428-430 (2015)
(6) 東京都下水道局　ホームページ：
http://www.gesui.metro.tokyo.jp/business/pdf/1-2-1_2016.pdf
(7) 栗原佳弘：「多機能型マンホール蓋を用いた実証試験の実施」，下水道協会誌，Vol.55, No.674, pp.24-26 (2018)

2.4　水処理施設における水センシング

小島啓輔*

上下水道施設などのインフラ設備は，我々の生活に欠かせないものである。この上下水道施設における浄水処理や下水処理においても水センシング技術が用いられており，我々の安全・安心で快適な生活を支えている。本節では，水処理施設における水センシング技術として，凝集センサによる凝集剤注入量を適正に制御する技術やアンモニアセンサを利用した下水処理における曝気風量を適正化した技術，バイオセンサによる毒性物質の検知技術について紹介する。

2.4.1　凝集センサによる凝集剤注入量の自動制御

国内の多くの浄水場では，急速ろ過方式による浄水処理方法が採用され，凝集・沈殿・ろ過の処理工程で構成されている。浄水場の原水は，混和池でPAC（ポリ塩化アルミニウム）などの凝集剤が注入され，急速攪拌することにより原水中の懸濁物質やコロイド粒子などを吸着・凝集し微小なフロックを形成させる。続いて，フロック形成池で緩速攪拌することでフロックを成長させ，後段の沈殿池において成長したフロックを沈殿させる。上澄み水に含まれる沈殿しきれなかったフロックは，ろ過池の砂層にて除去される。最後に消毒のため塩素を注入し，配水池に貯められる。また，沈殿池において沈殿したフロックは，汚泥として排出され脱水処理を経て産業廃棄物として処理されている。

急速ろ過方式では，沈殿処理後の濁度を監視することにより，凝集処理が良好に実施されているかを判断している。したがって，フロック形成池の出口において適切なサイズのフロックが形成されていることが重要であり，すなわち凝集剤が適正に注入されていることが求められている。一般的な浄水場では，凝集剤の注入から沈殿処理されるまでに数時間の遅れがある。そのため，沈殿処理後の濁度の結果を用いてフィードバックし凝集剤の注入量を制御したとしても，既に原水の水質が変わっている可能性があることから，注入率一定制御や過去の実績や経験に基づいたフィードフォワード制御が採用されている。しかしながら，注入率一定制御はもちろん，実績に基づいたフィードフォワード制御では，ゲリラ豪雨に起因する原水の濁度増加など急激な水質変化には対応できず，凝集処理を確実にするため凝集剤の注入量を過剰としている。凝集剤の過剰注入は，薬品コストだけでなく，汚泥量の増加による汚泥処理コストの増加にもつながる。また，砂層の洗浄頻度へも影響を及ぼす。

凝集剤を適正に注入する方法としては，沈殿池における成長したフロックの沈降性と混和池での微小フロックの粒径に相関関係があることを利用した方法[1]がある。凝集剤の注入からの時間遅れが小さい混和池において近赤外部と紫外部の2波長の吸光度の時間変動を凝集・フロック形

＊ Keisuke Kojima　清水建設㈱　技術研究所　環境基盤技術センター
自然環境グループ　副主任研究員

成について解析することで微小フロックの粒径を計測し，凝集剤の注入量制御にフィードバックさせている。また，PACの主成分であるアルミニウムを用いて，アルミニウム残留率と凝集不良に相関関係があることを利用した方法[(2),(3)]もある。混和池において，溶解しているアルミニウムと凝集不良と定義した10 μm以下の微小フロックに含まれるアルミニウムの和を残留アルミニウム濃度とし，PACの注入率（アルミニウム換算）に対するアルミニウム残留率をPACの注入量制御にフィードバックさせている。さらに，顕微鏡電気泳動法によるゼータ電位測定技術を応用した画像処理型凝集センサを用いて，フロックの凝集状態を把握し，最適な凝集剤注入率を自動的に決定する制御方法[(4)]も提案されている。

1）流動電流計を用いた凝集剤注入量の制御

以下は，混和池に流動電流計を設置し，計測される流動電流値を用いて凝集剤の注入をフィードバック制御した例[(5),(6)]である。

図2.4.1は，流動電流計で，水中の粒子の荷電状態の相対値をオンラインで測定できるセンサである。測定部は，両端に電極のついた円筒状のプローブと，上下運動するピストンから構成される。試料水が水平方向からプローブに連続的に流入すると，ピストンの上下運動によりプローブとピストンの僅かな隙間を上下する。ピストン表面に付着した粒子は，各々の荷電状態に応じて移動する。粒子の移動に伴って発生する電流が，粒子の荷電状態を表すゼータ電位の相関値である流動電流値（Streaming Current Value；SC値）として検出される。原水に含まれる懸濁物質の多くは表面電荷が負に帯電し，互いに反発し分散した状態にある。ここに正電荷を持つ凝集剤を加えると表面電荷が中和される。表面電荷が見かけ上0となった懸濁物質は，ファンデルワールス力によって凝集しやすい状態となる。しかしながら，SC値は，凝集反応に直接寄与しない水質の影響を受けるため，pHや導電率などの水質パラメータによる補正が行われる。したがって，流動電流値を用いたフィードバック制御では，必ずしもSC値＝0が凝集剤注入の調整ポイントにはならない（図2.4.2）。

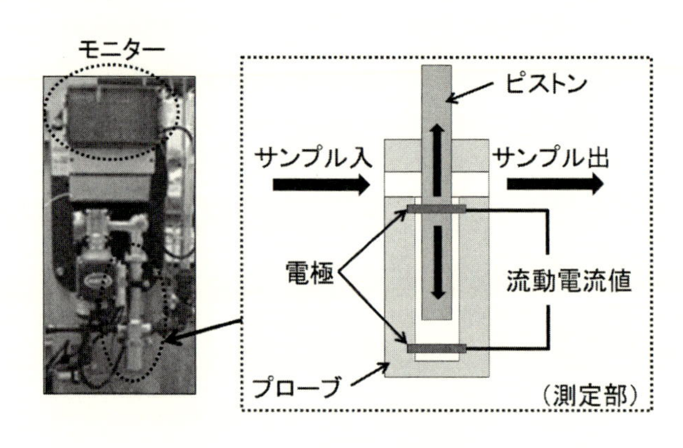

図2.4.1　流動電流計の構造[(5)]

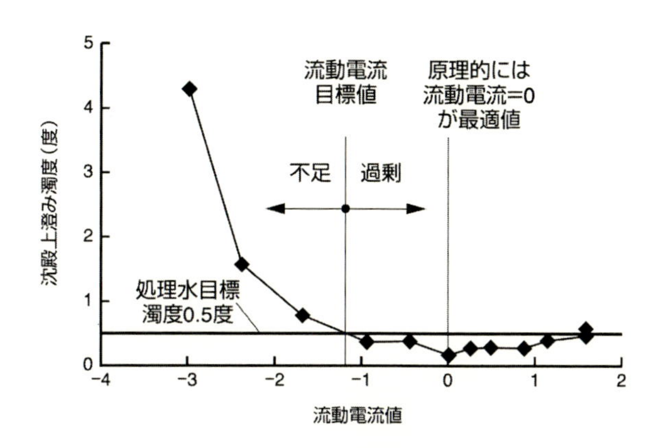

図 2.4.2　流動電流値による凝集剤過不足の把握[6]

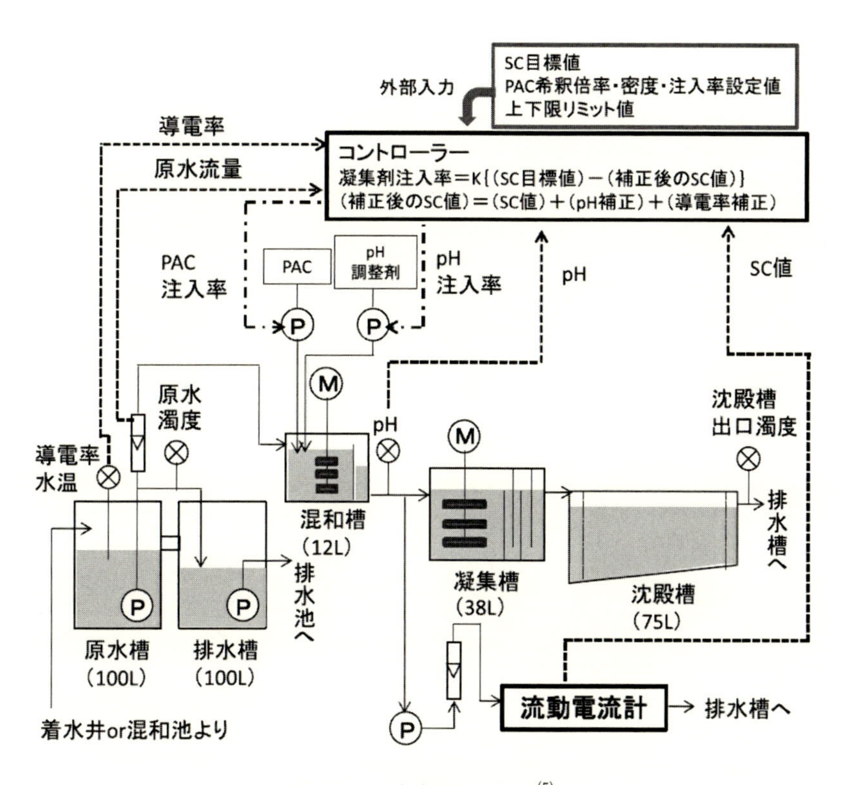

図 2.4.3　試験装置の構成[5]

装置の構成を図 2.4.3 に示す。導電率と水温は原水槽にて計測し，原水濁度は原水槽から混和槽への送水ラインを分岐して計測している。混和槽で PAC と pH 調整剤（水酸化ナトリウムもしくは塩酸）を注入し，急速攪拌する。混和槽から凝集槽への送水途中で pH を計測し，計測地点直後に分岐し流動電流計にて SC 値を計測している。SC 値の計測は凝集剤を注入し攪拌した

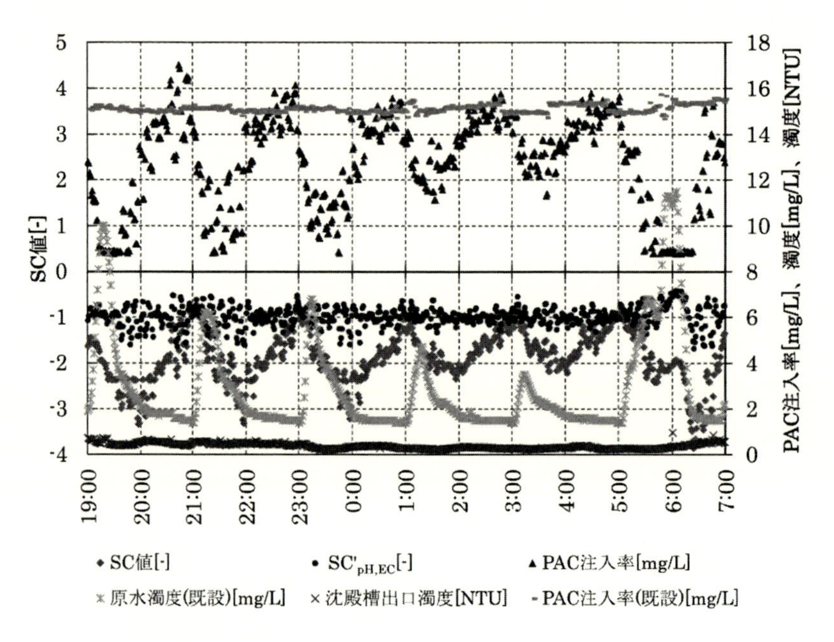

図 2.4.4 凝集制御試験における SC 値，SC′ $_{pH,EC}$，PAC 注入率（R_{PAC}），原水濁度，沈殿槽出口濁度，既設での PAC 注入率設定値の変化[5]

直後に計測しているため，時間遅れが少ないといった特徴がある。SC 値と原水導電率，pH はコントローラーへ出力し，凝集剤注入率を決定するフィードバック制御の演算に用いている。

図 2.4.4 は，凝集制御試験における SC 値，SC′ $_{pH,EC}$，PAC 注入率（R_{PAC}），原水濁度，沈殿槽出口濁度，既設での PAC 注入率設定値（≒ 15mg/L）の変化を示している。SC′ $_{pH,EC}$ は pH と導電率で補正した SC 値であり，SC′ $_{pH,EC}$ が－ 1.0 になるように制御された。この間の沈殿槽出口濁度は平均で 0.40NTU（0.32 度相当）であり，既設の運用上の管理目標値である 1 度以下であったことから，水質に対して PAC 注入率は適正であったと言える。試験期間での PAC 注入率を比較すると，試験期間の既設の PAC 注入率（既設）は平均で 15.1mg/L であったのに対して，SC′ $_{pH,EC}$ を指標とした制御試験では平均で 12.7mg/L であった。注入率一定制御に対する SC′ $_{pH,EC}$ を指標とした制御の凝集剤削減効果は 15.8% であった。

2) 光散乱方式凝集センサを用いた凝集剤注入量の制御

凝集剤を利用した水処理は，浄水処理だけではなく事業系排水処理においても利用されている。事業系排水処理においても短時間に排水の性状が変化することがあり，急激な高い排水処理負荷に対応できるように，凝集剤の注入量を過剰に設定している場合がある。以下は，光散乱方式凝集センサを用いて自動車総合排水処理における，凝集剤の注入量をフィードバック制御した例[7],[8]である。

図 2.4.5 に光散乱方式凝集センサの基本原理を示す。水中に発光された赤色レーザーが排水中

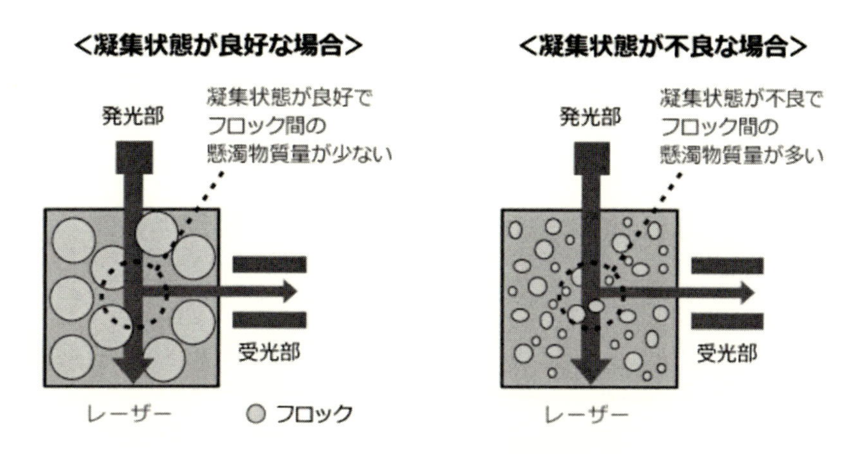

図 2.4.5　光散乱方式凝集センサによる凝集状態計測のイメージ
(栗田工業㈱ HP)[7]

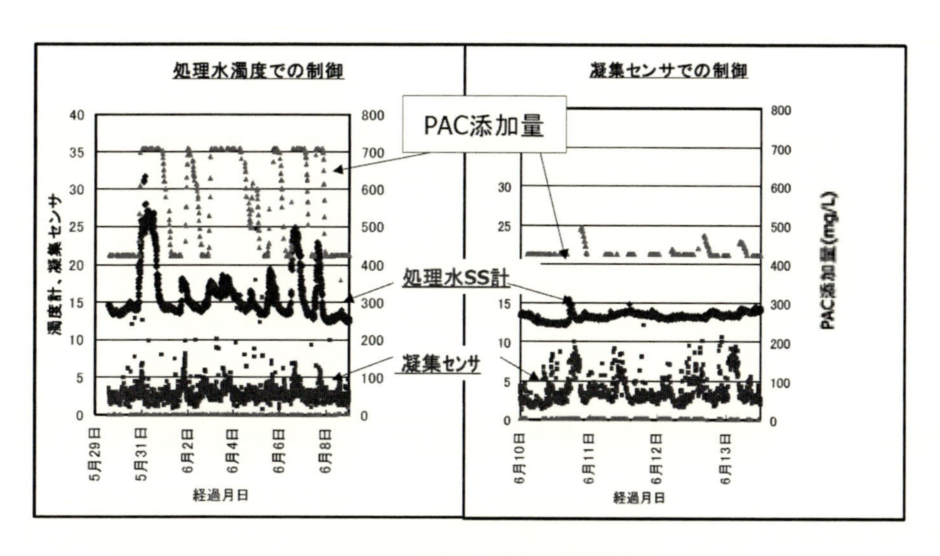

図 2.4.6　凝集剤の制御試験結果
(左：処理水濁度でのフィードバック制御，右：凝集センサでのフィードバック制御)[8]

のフロックによって散乱されたときの散乱光を捉え，その光エネルギーの強弱を電気的なアナログ信号に変換するものである。センサ計測部のレーザーの発光部と，これに直交する方向に配置された受光部（光ファイバー）により構成される。透過光路上に進入したフロックによって散乱された光をこの透過光路に直交する方向に設置した光ファイバーで受光し，その出力を検波回路で連続的に変化する電圧波形に変換する。検波回路でリアルタイムに散乱光強度の変化を得ることで，フロックの形成状態や粒子の分散状態についての情報が得られる。凝集反応槽において計測することで，沈殿槽における上澄み液濁度特性に近い情報が得られ，凝集剤注入量のフィードバック制御が可能となっている。

図2.4.6（右）は，光散乱方式凝集センサを自動車総合排水処理に適用した結果である。PACの注入後，pH調整剤（水酸化ナトリウム）とアニオン系高分子凝集剤を注入して凝集沈殿処理が行われている。高分子凝集剤の凝集反応槽に凝集センサを設置し，凝集センサの計測値が濁度3NTUとなるようにPACの注入量をフィードバック制御した。その結果，従来のPAC注入量を制御しない場合に比べて，PAC，水酸化ナトリウム，高分子凝集剤の使用量がそれぞれ43%，33%，25%削減することができている。また，処理水の濁度については，処理期間は異なるが処理水（沈殿処理の上澄み水）の濁度から制御する方法（図2.4.6（左））に比べると，凝集剤の注入からの時間遅れが少ないために，安定した結果が得られている。

2.4.2　アンモニアセンサによる曝気風量の制御

下水処理場での電力消費量は，全国の電力消費量の約0.7%（約70億kWh）を占めるほど大きいことが知られている。その中でも，下水処理に必要な微生物反応槽へ空気を送る送風機の電力消費量が各下水処理場において30～50%と大きな割合を占めている。

下水処理では，下水中の有機物を微生物の力により分解，浄化を行っている。そのため，微生物反応槽では微生物の活性を維持するための送風機からの空気（酸素）供給が必要となっている。送風機からの空気供給量（曝気風量）が負荷量に対して過剰であれば非効率的であり，逆に過小であれば処理水の水質に影響を及ぼす。そのため，送風機による電力消費量の低減と良好な処理水質を維持するためには，曝気風量を適正に制御することが重要な課題となっている。

曝気風量を制御する方法として，微生物の活性化に必要な溶存酸素（Dissolved Oxygen; DO）を指標とし，微生物反応槽の最下流部においてDO濃度を目標値に維持するDO濃度一定制御が広く適用されている。しかしながら，有機物などの流入負荷が低い場合には，処理水の水質が確保されているにもかかわらずDO濃度を目標値に維持するために曝気風量が過剰となることがある。また流入負荷が非常に高い場合には，曝気風量が不足する場合がある。近年，処理水の排水基準項目の１つであるアンモニア性窒素を用いて曝気風量をフィードバック制御する方法[(9), (10)]が適用されはじめている。下水中のアンモニア性窒素は，下水中の有機物と同様に微生物の力により硝化（酸化）処理される。したがって微生物反応槽の最下流部においてアンモニア性窒素濃度が目標値よりも高いと曝気風量が過小となっていると判断できるという原理である。しかしながら，アンモニア性窒素濃度が目標値よりも低くなった場合，曝気風量が低下し急激な高い流入負荷に対して対応できず水質悪化につながる恐れもある。そこで，DO濃度とアンモニア性窒素濃度を併用したフィードバック制御[(11)]が開発されている。

以下は，国土交通省の下水道革新的技術実証事業で実施されたDO濃度に基づくフィードバック制御に加え，アンモニア性窒素濃度を用いたフィードフォワード・フィードバック制御を併用した事例[(12)]である。図2.4.7は，本制御の原理を示したものである。微生物反応槽の最上流部と中間地点（曝気処理している反応槽の中間地点）にアンモニアセンサを設置し，最下流部にDO

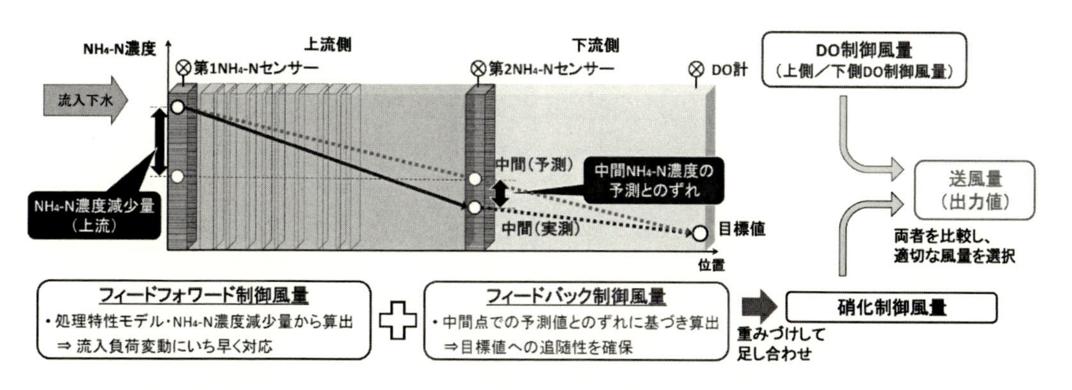

図 2.4.7　アンモニアセンサと DO 計を併用した曝気風量制御のイメージ(12)

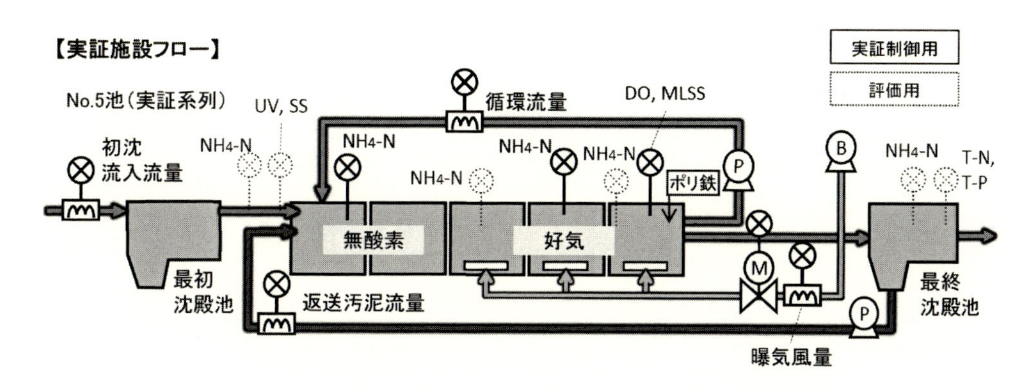

図 2.4.8　実証試験における下水処理フローとセンサ設置位置(12)

計を設置している。まず，最上流部に設置したアンモニアセンサによって，流入してくる負荷変動に対していち早く対応することが可能となっている。次に中間地点に設置したアンモニアセンサによって，曝気風量制御によって予測されたアンモニア性窒素濃度とのずれを評価し，最下流部では DO 濃度を計測することで目標値への達成状況を評価する。このようにセンサを設置することで，上流側の曝気風量制御は，最上流部に設置したアンモニアセンサによるフィードフォワード制御と中間地点に設置したアンモニアセンサによるフィードバック制御が併用されている。また，下流側おける曝気風量制御は，中間地点に設置したアンモニアセンサによるフィードフォワード制御と DO 計によるフィードバック制御が併用されている。すなわち，上流側では，アンモニアセンサを利用し予測する制御を行っており，下流側では，上流側の予測制御とその結果のずれを訂正する制御を行っている。

図 2.4.8 は，実証試験における下水処理フローを示しており，本実証試験では，凝集剤併用型循環式硝化脱窒法を採用している。また，図 2.4.9 は本実証試験の結果である。処理水のアンモニア性窒素濃度を 1.0 mg-N/L 以下とする制御を長期間達成できるかを実証した結果，全 98 日

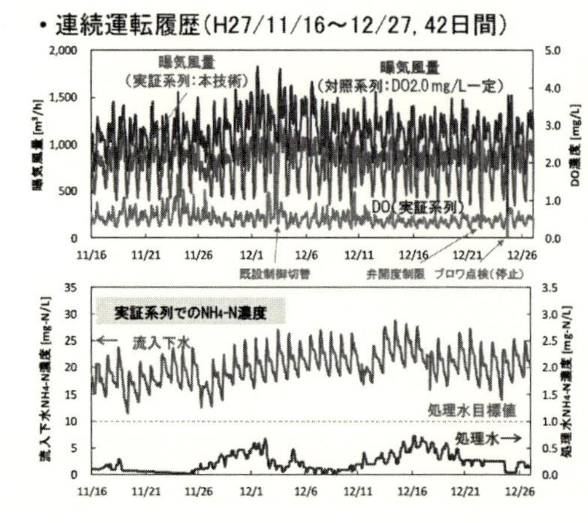

・実証結果まとめ(H27年度)

実証項目	期間(日数)	処理水 NH_4-N [mg-N/L]		DO [mg/L]	風量削減率
		目標値	実測値		
①長期制御性	7/18 - 12/27(98日)	1.0	0.33(平均)	0.47	16.9%
②目標可変性	6/4 - 7/14(38日)	0.1	0.09(平均)	0.85	12.9%
	1/7 - 2/3(19日)	2.0	1.19(平均)	0.70	20.2%

処理水 NH_4-N濃度を目標以下に制御しつつ、風量削減を実現

図 2.4.9　実証試験の結果[12]

間の運転で処理水のアンモニア性窒素濃度条件を達成しつつ，DO 一定による制御と比較して 16.9％の曝気風量削減を示した。また，処理水のアンモニア性窒素濃度目標値を変更した場合においても曝気風量を削減できることを示し，本制御の有効性を確認している。

2. 4. 3　バイオセンサによる水質監視

テロや突発的な水質事故などの予防対策の1つとして，物理センサや化学センサ，バイオセンサを用いて水質を連続的に監視し，水質の異変を早期に検知する手法がある。物理センサや化学センサを利用すると，水温や導電率などの物理量や溶存酸素や油分，シアン，アンモニア性窒素といった特定の物質に関する水質異常を検知することが可能である。一方，バイオセンサは，水質の異常を生物の生体機能を用いて検出するものであり，水質異常の要因特定は困難であるものの，生物の活動に悪影響を及ぼす水質変化や生物に対して急性毒性を持つ毒物について連続監視することが可能である。

現在，東京都では，都内 131 か所に給水栓自動水質計器が設置されており，水道水が安全であることを確認するため，24 時間 365 日自動で水質を監視している。給水栓自動水質計器では，残留塩素や濁度，色度などの様々な項目を測定して水道水の安全を見守っているが，予期していない物質などの測定項目以外の物質による水質事故などに対しては，実害が報告されるまで水質事故の発生を把握できず対応が遅れる恐れがある。このような状況に対して，バイオセンサによる水質監視は，予期していない水質の異常を早期に検知する機能として期待されている。

以下では，水処理施設で活用されている魚類，微生物を用いたバイオセンサの特徴について示す。

1)　魚類をセンサとして用いた水質監視

一般的に，バイオセンサとして利用される魚類としては，コイや金魚，メダカなどが挙げられるが，多くの場合メダカが利用されている。メダカは小型魚類であり化学物質に対する感度が高く，また成長しても体長が25～35mmと個体差が少ないなどといった理由から経済協力開発機構（Organisation for Economic Co-operation and Development, OECD）のテストガイドラインにおいて試験生物に指定されている。そのため，様々な化学物質に対するメダカへの影響に関するデータが豊富に蓄積されている。魚類をバイオセンサとして用いた場合の水質異常検知方法としては，魚類の異常行動によって判断する方法と魚類の活動による電位を測定し判断する方法がある[(13)]（図2.4.10）。

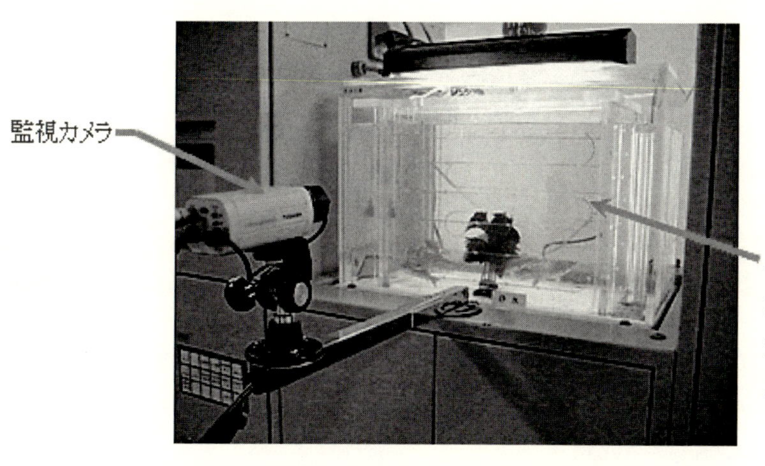

図2.4.10　監視カメラと活動電位測定による監視
（東京都水道局HP）[(13)]

(a) 魚類の異常行動による検知

魚類の行動による判断では，水槽を上面もしくは側面からカメラで監視し，複数の魚類の映像をもとにした行動解析によって異常行動を検知する。具体的には，画像解析により魚類の個体位置分布や移動速度分布などを評価し，鼻上行動や狂奔行動，忌避行動，停止行動などといった異常行動を検知する[(14)]（図2.4.11，図2.4.12）。前述において，バイオセンサの特徴として，原因物質を特定できないとしたが，魚類の異常行動はある程度原因物質に依存するため，原因物質の推測が可能な場合がある。例えば，鼻上行動が観察された場合は，呼吸器系の障害が生じていると考えられシアン化カリウムなどの混入が推測できる。また，狂奔行動が観察された場合は，神経系の障害が生じていると考えられ，スミチオンやフェニトロチオンなどの農薬が混入したことを疑うことができる。

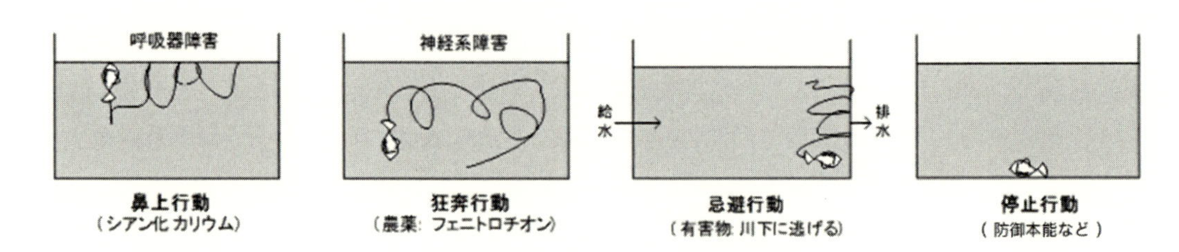

図 2.4.11　魚類の異常行動
（環境電子㈱ HP）[14]

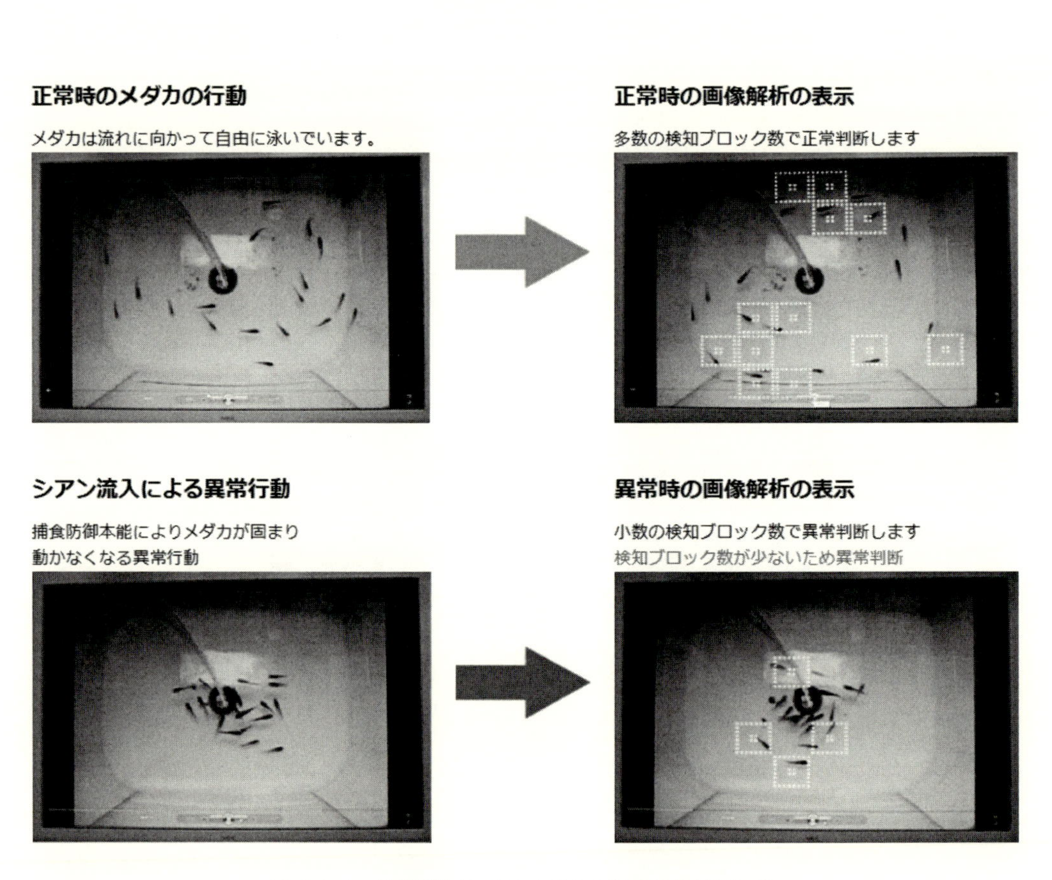

図 2.4.12　画像解析によるメダカの異常行動検知の例
（環境電子㈱ HP）[14]

(b) 魚類の活動電位の変化による検知

鰓など魚類の生体膜では，浸透圧機構により体内と体外をイオンが移動するため電位が生じている。そのため，呼吸に伴う鰓蓋の開閉運動や遊泳に伴う筋肉活動に応じてイオンの移動量が変動することにより微弱な電位（活動電位）の変化が生じている[15]（図 2.4.13）。また，魚類は毒物が混入した場合に狂奔行動などの通常とは異なった行動をとるため，活動電位にも変化が生じ

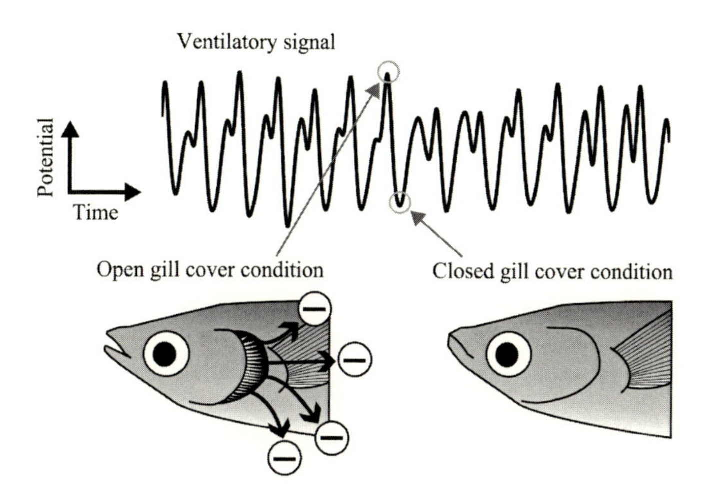

図 2.4.13　鰓蓋の開閉運動とイオン移動の関係[15]

る。例えば，狂奔行動を起こすと活動電位が高くなったり，致死すると活動電位が低くなったりする。このように活動電位を電極により連続測定することで，水質の異常を早期に検知することが可能となる。

2)　微生物（硝化細菌・鉄酸化細菌）センサを用いた毒性物質の検出

微生物を用いたバイオセンサは，生体機能を巧みに利用したものである。以下では，硝化細菌と鉄酸化細菌の呼吸活性を利用したバイオセンサを紹介する。

(a) 硝化細菌を用いた毒性物質の検出

硝化細菌を用いたバイオセンサは，硝化細菌を固定した固定化微生物膜と溶存酸素電極から構成されている[16]（図 2.4.14）。試料水に硝化細菌の基質となるアンモニア性窒素と緩衝液とを混合し，さらにエアレーションにより溶存酸素濃度を一定にした試料水を固定化微生物膜に接触させる。アンモニア性窒素が存在しているため，微生物膜内の硝化細菌の呼吸（アンモニア酸化）により，試料水中の溶存酸素が消費される。この状態で試料水に毒性物質が存在すると，硝化細菌の代謝が阻害され呼吸活性が低下する。したがって，硝化細菌による溶存酸素の消費量が低下したことにより，その低下量に応じた溶存酸素電極からの出力が増加する。この溶存酸素電極の出力変化を連続的に監視することで，毒性物質の流入が検知可能となる。

図 2.4.15 は測定装置の構成図である。必要とする試薬は，アンモニア性窒素を含む緩衝液（リン酸もしくはほう酸緩衝液）と緩衝液，校正用の純水，洗浄のための酸である。毒性物質の監視を実施している際は，アンモニア性窒素を含む緩衝液と試料水を混合し検水としている。毒性物質の流入は，溶存酸素電極の出力変化を酸素消費率として換算して検知する。毎日の校正時に純水と緩衝液を混合し検水として溶存酸素電極の出力を測定している。この際，硝化細菌の内生呼

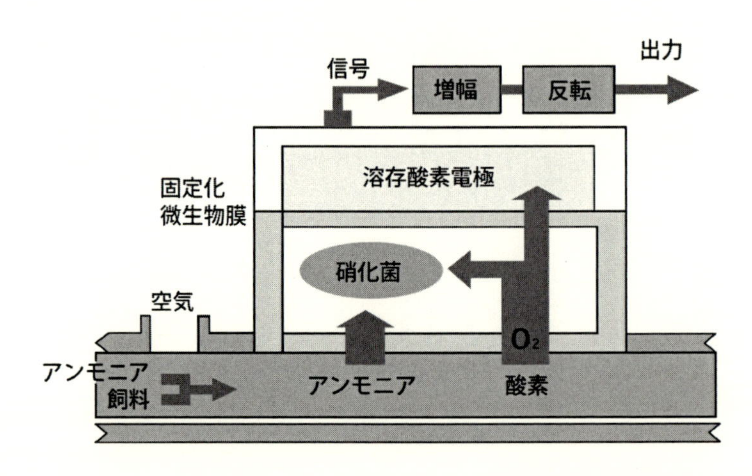

図 2.4.14　硝化細菌を利用したバイオセンサの構造と測定原理[16]

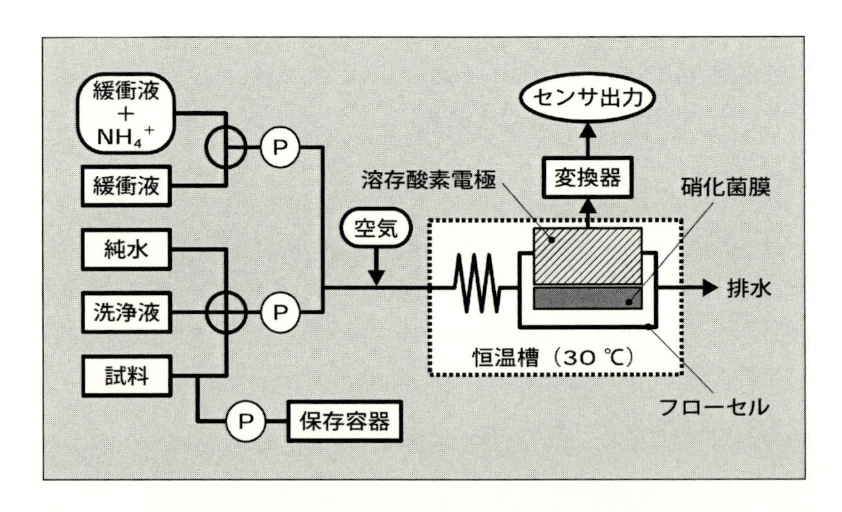

図 2.4.15　硝化細菌を用いたバイオセンサの装置構成[17]

吸により僅かな酸素消費が観測さる。このときの出力値を酸素消費率 0％と設定する。次に，アンモニア性窒素を含む緩衝液を検水とすると微生物膜内の硝化細菌によって酸素が消費され，アンモニア性窒素が過剰であれば，ほぼ一定のセンサ出力が得られる。この出力値を正常な状態（毒性物質が存在していない状態）での酸素消費率 100％（正常レベル）と設定している。また測定する試料の水質に応じて除濁装置を設置する。例えば下水などの濁質を多く含む試料に対しては，除濁装置にて濁質を取り除いた試料を検水とする必要がある[17]。

毒性物質が存在すると，溶存酸素濃度が増加するため溶存酸素電極からの出力も増加するが，酸素消費率としては低下するように表示されている。例えばシアン濃度が 0.02 mg/L，0.12 mg/L の試料水を検水とした場合，図 2.4.16 のように硝化細菌の酸素消費量が急激に減少することで，

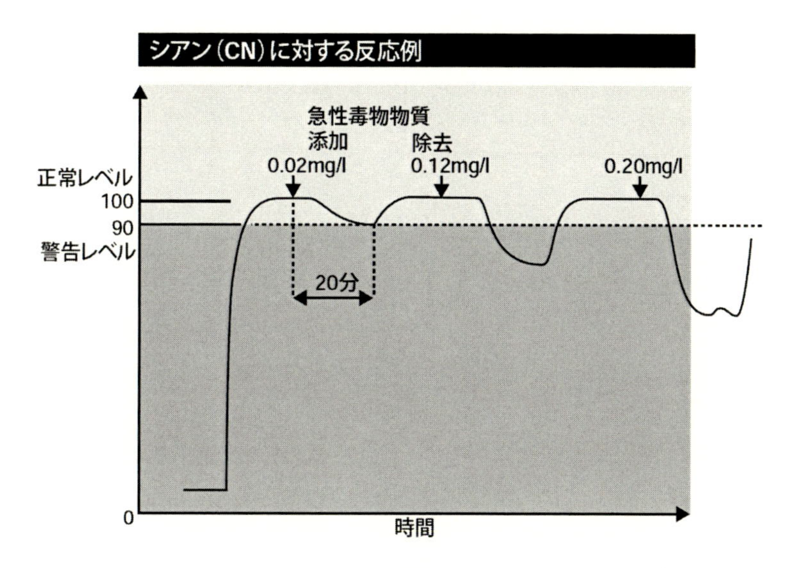

図 2.4.16　硝化細菌の溶存酸素電極に対する出力変化[16]

溶存酸素電極の出力が増加（すなわち酸素消費量が減少）し，毒性物質の流入が検知できる。図2.4.16では，センサの出力が10%以上変化したときに試料中に生物に影響を及ぼす可能性のある毒性物質が混入していると判断している。毒性物質が混入していると判断されると，自動的に試料液が保存され，精密分析を実施することとなる。

硝化細菌の活性低下は，酸素消費率0%と100%のときのセンサ出力値の差の絶対値が小さくなることで把握することができる。十分な精度を保つため，1ヶ月に1回の固定化微生物膜の交換が必要となる。

(b) 鉄酸化細菌を用いた毒性物質の検出

鉄酸化細菌を用いたバイオセンサは，鉄酸化細菌を固定したメンブレンフィルターと酸素電極から構成されており，微生物固定ジグにより酸素電極隔膜と密着している[18]（図2.4.17)。予め中空糸フィルタでろ過した試料水に対して散気ポンプを用いて溶存酸素濃度を一定にし，鉄酸化細菌の基質となる硫酸第一鉄と混合したものを検水として供給する。鉄酸化細菌が第一鉄イオンを酸化することによって溶存酸素が消費されるため，正常な状態においては酸素電極からの出力は低いレベルを維持している。この状態で試料水に毒性物質が混入すると，鉄酸化細菌の呼吸活性が低下し，酸素消費量が減少することを反映して酸素電極からの出力が増加する。すなわち，硝化細菌を用いたバイオセンサと同じ原理であり，鉄酸化細菌の呼吸活性を反映した酸素電極の出力変化を連続的に監視することで，毒性物質を検知する。

測定装置の構成を図2.4.18に示す。必要とする試薬は，硫酸第一鉄水溶液，校正用の純水，洗浄のための酸である。鉄酸化細菌は，酸性環境で生息していることが特徴であるため，緩衝液を

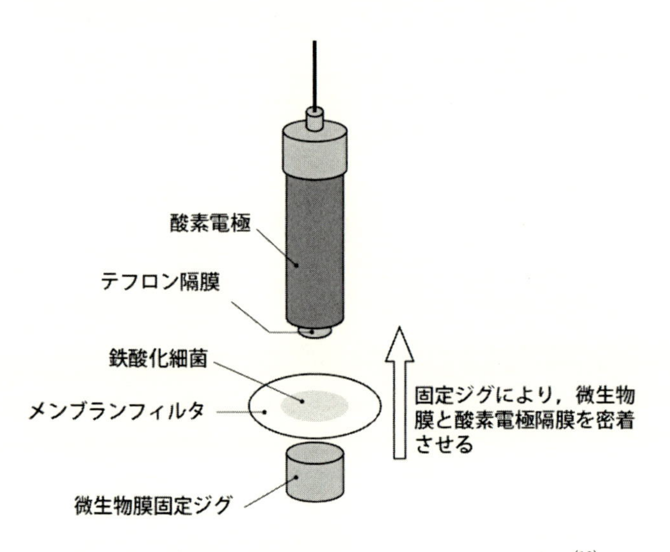

図 2.4.17　鉄酸化細菌を利用したバイオセンサの構造(18)

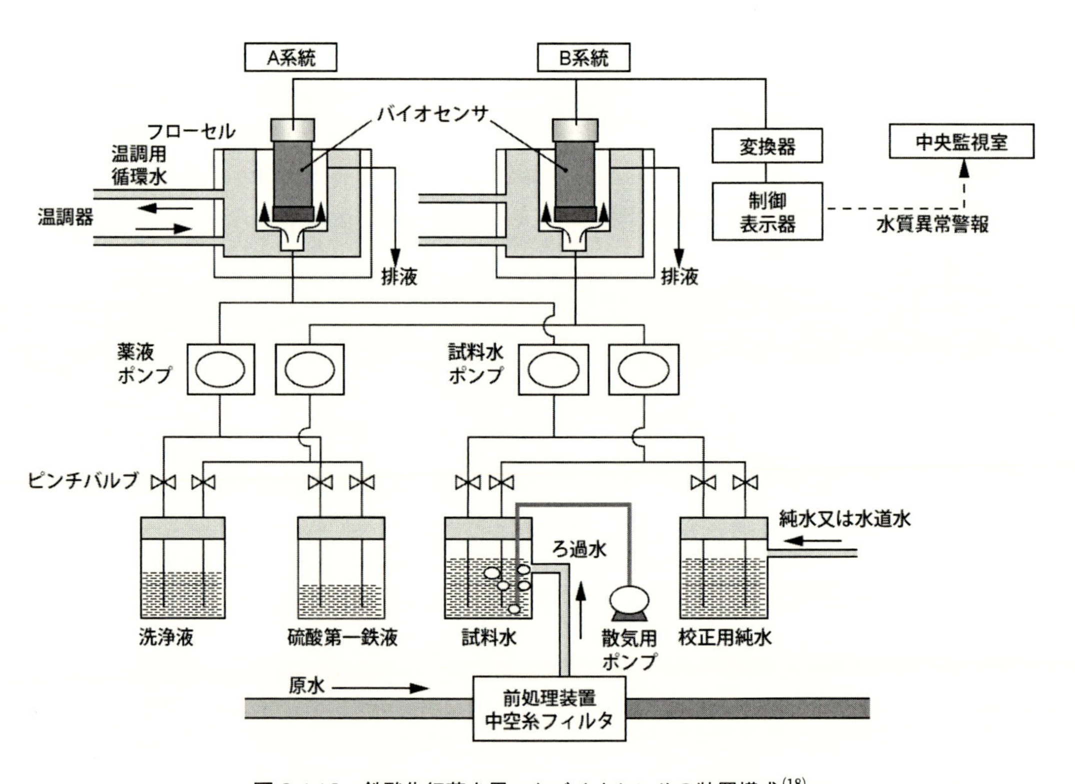

図 2.4.18　鉄酸化細菌を用いたバイオセンサの装置構成(18)

必要としないことが硝化細菌を用いたバイオセンサと異なる点である。毒性物質の検知は，硝化細菌を用いたバイオセンサと同様で，酸素電極の相対的な出力変化を用いる。校正時に純水を流し，硫酸第一鉄の供給を停止したときの電流をスパン電流，硫酸第一鉄を供給したときの電流をゼロ電流とし，これらの電流値を基準とした相対的な電流値を水質指数として定義する。水質指数が設定した警報値を超えた場合に，何らかの毒性物質が混入したと判断する。

スパン電流とゼロ電流との差が小さくなった場合は，メンブレンフィルター上に鉄酸化物が生成したことによるスパン電流の低下や鉄酸化細菌の活性が低下したことによるゼロ電流の増加が考えられ，センサの異常と判断され，鉄酸化細菌を固定したメンブレンフィルターの交換が必要となる。

(c) 検出感度の比較

硝化細菌を用いたバイオセンサ，鉄酸化細菌を用いたバイオセンサともに様々な毒性物質を検出可能である。表 2.4.1 は両バイオセンサの検出可能物質とその検出可能濃度の報告のうち，両バイオセンサにともに例示[(16), (18)]されている物質について比較したものである。シアンおよび四塩化炭素については，硝化細菌を用いたバイオセンサよりも鉄酸化細菌を用いたバイオセンサの感度が高く低濃度の混入まで検知可能である。一方，フェノールについては，硝化細菌を用いたバイオセンサの感度が高い。このように同じ微生物を用いたセンサであっても微生物が異なれば検知できる物質や感度も異なっていることに留意すべきである。

表 2.4.1　硝化細菌および鉄酸化細菌を利用したバイオセンサによる検出可能物質とその検出可能濃度の比較

	硝化細菌を用いたバイオセンサ	鉄酸化細菌を用いたバイオセンサ
シアン	0.05	0.01※1
四塩化炭素	20	9.2※2
フェノール	0.7	94※3

［単位：mg/L］

※1：シアン化カリウムをシアンに換算，ppm = mg/L と仮定
※2：0.06 mM を mg/L に換算
※3：数 mM では応答がみられなかったため，1 mM と仮定して mg/L に換算

2. 4. 4　今後の展望

我々の生活に直結する水処理施設における水センシング技術を紹介した。浄水処理では，安全な水道水を確保するため厳しく水質管理することが求められており，職員の負担も大きくなっている。現在は濃縮→分離→精製→蛍光染色→鏡検といった工程で検査している，クリプトスポリジウムやジアルジアなどの原虫類に対してリアルタイムで検知可能なセンサが開発されると，職員の負担の大幅な削減に寄与できる。また，下水処理においては，これまで計測が不可能であっ

た排水基準項目を検出できる新しいセンサが開発されると，これが直接的な指標となり，さらに適切な曝気処理に寄与できると考えられる。バイオセンサにおいては，検知精度を確保するためセンサのメンテナンスが重要となる。職員の負担だけでなくコスト削減にも寄与する，長期間メンテナンスフリーで利用できるセンサの開発が期待される。

水処理施設においては，新しい処理方法やコスト削減に有用な技術が日々開発され続けている。しかしながら，浄水処理施設や下水処理施設においては，既存の施設を大幅に変更するような技術をすんなりと受け入れることは難しいのが現状である。その点，センサを追加するようなICTによる既存の施設を活かした方法は比較的受け入れやすい。また，現在活躍している熟練職員が引退し，人口減少による職員の総数が減少してきている今，水センシング技術を利用した経験に頼らない施設運用が必要となってきている。さらに，浄水処理や排水処理における凝集剤の注入率の適正化，下水処理における曝気風量の適正化はコストだけの問題ではなくなっており，温暖化ガスの排出抑制にも繋がっている。我々の安全・安心で快適な生活を支えている水センシング技術は，いまや地球環境にも影響を及ぼすものとなっており，今後のさらなる発展が期待される。

参考文献

(1) 松井佳彦・丹保憲仁・阿部和之・大戸時喜雄・財津靖史：「2波長の吸光度変動を利用した凝集過程の検出法に関する研究」，水質汚濁研究，Vol.14 (8), pp.539-546 (1991)
(2) 横井浩人・芳賀鉄郎・三宮豊・田所秀之・舘隆広：「アルミニウムを指標としたPAC 注入制御手法の開発」，EICA, Vol.15 (2, 3), pp.41-44 (2010)
(3) 三宮豊・横井浩人・田所秀之・舘隆広：「アルミニウムを用いたPAC 注入制御方式の実証」，EICA, Vol.17 (2, 3), pp.143-150 (2012)
(4) 海老原聡美・有村良一・毛受卓・黒川太・相馬孝浩：「顕微鏡電気泳動法を応用した凝集剤注入量の過不足判別手法の開発」，EICA, Vol.19 (2, 3), pp.149-153 (2014)
(5) 福田美意・村山清一・阿部法光・黒川太・毛受卓・服部大・寺崎啓二・居村研二：「流動電流値を指標とした凝集剤注入制御の実用化」，EICA，Vol.20 (2, 3), pp.19-26 (2015)
(6) 栗原潮子・猪俣吉範・毛受卓：「浄水場水質制御システムの高度化」，東芝レビュー，Vol.59 (5), pp.20-23 (2004)
(7) 栗田工業㈱ KCR センターホームページ：薬注量自動最適化装置「S.sensing CS」(https://kcr.kurita.co.jp/tech/25.html)
(8) 渡辺実・竹林哲・長尾信明・穂積直裕：「光散乱方式凝集センサーを用いた凝集剤薬注制御システムの排水処理プロセスへの適用」，EICA，Vol.13 (2, 3), pp.159-162 (2008)
(9) 室賀樹興・石井章夫・伊東裕一・村上裕昭：「反応槽向けアンモニア態窒素計の開発」，EICA，Vol.19 (2, 3), pp.140-141 (2014)

(10) 蒲池一将・本間康弘・鈴村悟：「アンモニアセンサーを使用した空気量制御運転の活性汚泥モデルによる最適化」，EICA，Vol.20 (2, 3), pp.3-10 (2015)
(11) 山中理・小原卓巳・川本直樹・山本浩嗣・萩原大揮・江口義樹：「風量削減と窒素除去の両立を図る曝気風量制御の実プロセスへの適用」，EICA，Vol.18 (2, 3), pp.14-22 (2013)
(12) 国土交通省国土技術政策総合研究所：「ICT を活用した効率的な硝化運転制御技術導入ガイドライン（案）」の概要
(http://www.nilim.go.jp/lab/ecg/bdash/h27guideline/h26hitachi_gaiyou.pdf)
(13) 東京都水道局ホームページ：魚による水質監視!?
(https://www.waterworks.metro.tokyo.jp/suigen/topic/16.html)
(14) 環境電子㈱ホームページ：水質自動監視装置
(http://www.kankyo-densi.com/bioassay/index.html)
(15) 寺脇充・曽智・平野旭・辻敏夫：「小型魚類の生体電気信号を利用したバイオアッセイシステムの提案」，計測自動制御学会論文集，Vol.47 (2), pp.119-125 (2011)
(16) 独立行政法人（現国立研究開発法人）土木研究所：土研　新技術情報誌「毒物センサー」，p16.（https://www.pwri.go.jp/jpn/results/pdf/newtech/dokubutu.pdf)
(17) 宮入康寿・佐藤匡則・田中良春：「環境水質（下水）を見守るセンサ技術」，富士時報，Vol.74 (8), pp.464-468 (2001)
(18) 松永是・藤沢実・金子政雄・原口智：「バイオセンサを用いた原水の水質監視支援」，東芝レビュー，Vol.55 (6), pp.10-14 (2000)

2.5　河川水監視の現状と，非接触の水センシング

安藤　毅*

本書で紹介する多くの例がそうであるように，水のセンシングは水を対象としたセンサを開発し，それを用いて行うことが一般的であった。屋外環境中の水のセンシングの場合，その具体的な目的は，降雨や水位の監視，洪水など水害の早期検知である場合も多い。そういった目的では，人に影響を及ぼす降雨や水害が発生しうる範囲に，もれなくセンサを設置する必要がある。広範囲かつ継続的なモニタリングには，多数のセンサの配置，電源の管理，センサネットワークの構築が必要不可欠である。センサの配置や電源管理，ネットワーク構築の問題に対しては，2.3節の多機能マンホールの例や，3.7節のセンサネットワークの例がある。これらの例のように，太陽電池や省電力デバイスを活用した高度な電源管理を行い，携帯電話ネットワークやBluetoothなどの近距離無線，Wi-SUNなどのLPWA（Low Power Wide Area）通信を駆使した，水センシングのIoT化による様々な解決法が提案されている[1]。

またセンサは，測定対象である水や大気に常に曝されるため物理的，化学的な劣化が避けられず，流下，飛来するゴミ，流木，粉塵などに障害されるため，長期的な運用を見越した設計，開発に加え，定期的なメンテナンスが必要となる。その結果，降雨や水害の監視，早期検知網の構築には膨大な設置コスト，維持管理コストが発生することになり，実用化を難しいものとしている。

この設置，維持管理面での問題を解決するために，簡易型の監視センサ網の構築を国土交通省が進めており，一方で，水に直接触れず非接触ないし間接的に，超音波やカメラ画像処理，情報端末を用いて，水の存在によって起こるイベントを評価し水のセンシングをしようとする試みが数多くなされている。本節では，わが国の河川監視，管理を行う河川水センサの現状と共に，水センサを用いない水センシング事例について，例を挙げて紹介する。

2.5.1　河川水の管理，監視の現状

わが国では，河川の水位，流速，流量，周辺の降水量などの観測について国土交通省が技術基準を定めモニタリングし，河川の管理が行われている[2]。表2.5.1，2.5.2にまとめたように，水位，流速はその目的，状況に応じて様々な手法で計測される。また，流量は水位，水深，流速より求められるほか，表2.5.3にまとめたような，推定，算出手法も用いられる。図2.5.1はフロート式水位観測所の例である[3]。このような，直接接触式の河川水センサは，原理が古典的であるため運用が容易で，精度にも優れるため，常設されるものはこの方式が採用される傾向にある。しかしその一方で大型の観測設備を必要とし，堅牢であるものの，設備とその維持に大きな費用がかかることは想像に難くない。また，河川水のモニタリングの主目的は洪水の検知ではなく河

＊　Ki Ando　東京電機大学　工学部　電子システム工学科　助教

表 2.5.1　河川水の主な水位センサ，計測法

類別	方式	概要
接触	フロート式	水面に浮かべたフロートと錘とをワイヤーで結んで滑車にかけ，その滑車の回転量より水位を計測する。自動計測を行わない場合，電気・電子部品が不要であることがメリットであるが，観測井の敷設とゴミや土砂の堆積への対策が必要。
	リードスイッチ式	測定柱に磁石のついたフロートと一定間隔に並んだリードスイッチを配置し，フロートの上下に伴うスイッチの ON/OFF により水位を計測する。観測井がなくとも H 型鋼を利用して容易に設置，計測が可能であるが，複数設置されたスイッチ面への流下物対策が必要。
	気泡式	水深と水圧が比例することから，水中に開口した管から気泡を出すときに必要な圧力より水位を計測する。気泡管を水中に固定するだけでよく，センサ部が直接水と接触しない。気泡発生装置が必要であり，動水圧や，水温，濁度などによる水の密度変化に影響され，大気圧との補正も必要。
	水圧式	水中に設置された圧力センサより水位を計測するため設置が容易。動水圧や水の密度変化，大気圧補正だけでなく，高速流や転石などによるセンサ，ケーブルの破損，流出などの問題がある。
非接触	超音波・電波測距式	超音波又は電波の送受信器を水面の鉛直上方に取り付け，波が水面で反射し戻ってくるまでの時間より，水面までの距離を算出する。水面と全く接触せずに計測でき，センサの設置自由度が高い。風や土台の振動への対策，ならびに超音波式の場合気温補正が必要。
	CCTV カメラ	ここでいう CCTV（Closed Circuit Television）カメラとは，国土交通省の標準機器仕様書で定められた IP 映像伝送システムである。撮影画像内の水位標や橋脚，護岸など水面位置を認識できる場所を利用し，水位を観測する。一般的に，継続的な水位観測には適していないとされ，洪水など緊急時の補助的，簡易的な観測に用いられる。

文献(2)「河川砂防技術基準　調査編　第2章　水文・推理観測」(国土交通省) を元に編集，作成

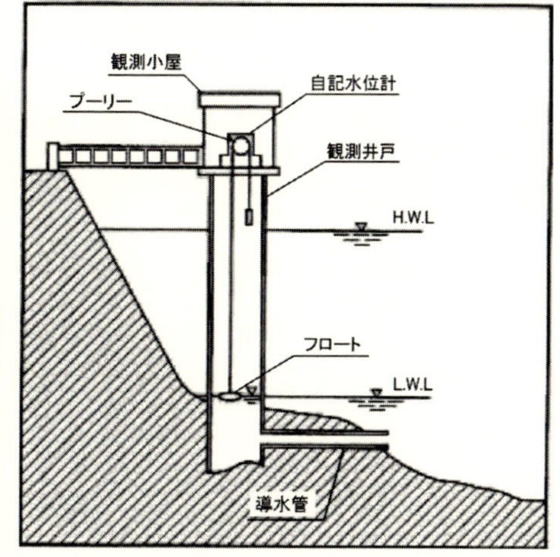

図 2.5.1　フロート式水位観測所の外観と構造

文献(3)「河川管理のモニタリング技術」より計測自動制御学会の許諾を得て引用，転載

表 2.5.2 河川水の主な流速センサ，計測法

類別	方式	概要
手動測定	浮子・色素投入法	浮子又は色素を投入し，一定区間の流下時間を計測し，浮子吃水部の平均流速や，色素投入部の代表的な流速を得る。測定部の水深が深い場合，正確な流量測定が困難となるほか，手動測定であるため継続的もしくは緊急的な測定が困難である。その一方で，流速が早くゴミや流木等が多い洪水時でも，確実に計測する事が可能である。
接触	回転式・電磁式	水没させた回転する測定部の回転数や，人工的に発生させた磁界の中を水が動くときにファラデーの電磁誘導の法則にしたがって生じる起電圧から流速を測定する。一般的に点測定，または管内の流速測定として用いられるため，手動測定，自動測定どちらの場合であっても大型の河川や水深が深い場合に計測の負担が大きく，ゴミ，流木などの影響を受けやすい。電磁式は両岸に設備を設置し，断面の平均流速を求めるものもある。
接触又は非接触	超音波・電波ドップラー式	ADCP（Acoustic Doppler Current Profiler）とも呼ばれる。超音波，電波のドップラー効果を利用し，流速を計測する。水没させるセンサの設置位置，方向により，三次元的な流速分布，平均流速の測定が可能である。また，水面上にセンサを設置して反射波を観測し，非接触で表面流速を観測する方式もある。波などの水面変動や水面の風速，ゴミ，流木，濁度，水温，塩分濃度に影響を受け，水深が浅すぎると川底の反射によって測定が困難となる。
非接触	画像処理型	川岸に設置された監視カメラの撮影画像より，洪水時に流下する流木やゴミの動き，水面の波紋を画像解析し，表面流速を測定する。局所的，局時的な評価に有用であるが，天候や日照変化などの影響を受けやすい。

文献(2)「河川砂防技術基準　調査編　第2章　水文・推理観測」（国土交通省）を元に編集，作成

表 2.5.3 河川水の主な流量推定，算出手法

方式	概要
堰測法（水理構造物法）	三角堰や台形堰の構造物を自由越流する際の越流水深を測定し，事前に実験などより求められた流量公式により流量換算する。
水面勾配断面積法	河川断面形状，水位，水面勾配から算出。
水位流量曲線法	事前に，様々な水位における流量観測値を収集することで，それを元に水位から流量を評価する関係式を作成する。間接的な手法であるため流量観測法には含まれない。

文献(2)「河川砂防技術基準　調査編　第2章　水文・推理観測」（国土交通省）を元に編集，作成

川の管理であるため，必ずしも自動計測やリアルタイムモニタリングが行われているわけではない。常設による設備，維持管理コストを低減するために，可搬式の計測手法が採用され，管理，調査の必要に応じて利用されている。そのような計測手法では人手を伴う場合も多く，豪雨時など突発的，緊急的な場面では，河川水の評価が困難であることも問題視されている。豪雨時の水位の観測は非常に重要な項目であると思われるが，リアルタイムモニタリングの例は多くなく，洪水収束後に堤防のり面などの植生に付着した泥やゴミなどを観察する，洪水痕跡水位の調査が

その主な測定法である。

2. 5. 2　簡易的な危機管理型水位計

前項で述べたように，水位計の設置や維持に関わるコストのために，河川水のリアルタイム計測のための水位計の常設，増設は困難で，洪水，水害の監視，早期検知としての観測網は不十分であった。2017年7月の九州北部豪雨の後の報道によると，全国の都道府県管理の21,004河川に対し，水位計の設置台数は計4,986台であることが分かった[(4)]。国管理の109水系の本流には全て設置されているものの，都道府県管理の河川では，1河川1台と仮定すると7割以上の河川に水位計が設置されていなかったことになる。この九州北部豪雨で氾濫した各県管理の32河川では，30河川に水位計が設置されていなかったという。

これを受けて，国土交通省は中小河川緊急治水対策プロジェクトを立ち上げ，危機管理型水位計として洪水時の水位監視に特化し，早急な設置台数の増加が見込める，小型で低コストの水位計の開発，設置を推し進めることとなった[(5)～(7)]。その技術要件は，表2.5.4に示すようなものである。安価，小型化，メンテナンスフリーなどに加え，安価な通信機能，クラウド化なども要求されている。危機管理型水位計が従来の1/10のコストで1台100万円であるということは，超長期的な耐久性や精度などは別としても，従来型常設水位計はおよそ1,000万円であったということであり，いかに大掛かりなものであったか，ということも示している。

危機管理型水位計の開発例は国土交通省の報告書[(5)～(7)]に詳しいが，表2.5.5に示すように大型の観測井を必要とするフロート式は採用されておらず，原理が単純である水圧式，直接検知式，および，従来より可搬式，非接触式として利用されていた方式が採用されている。加えて，従来型水位計では補助的，簡易的な観測として扱われていたカメラ画像処理が，危機管理型水位計では独立した評価手法として採用されている点が興味深い。電源や通信規格は，その方式の必要に応じて選択されており，古典的な原理のものではそれらの要求は小さく，画像処理型では光ファイバ通信や商用電源を必要とするものもある。

開発された装置の大きさは，図2.5.2の例のように概ね一辺1m以下の容積にまとまり，小型

表2.5.4　危機管理型水位計の技術要件

・無給電で5年以上稼動（5年以上メンテナンスフリー） ・小型で橋梁など，様々な場所に容易に設置可能 ・従来型の水位計と比較して1/10の1台100万円程度の低価格な本体 ・降雨，洪水時以外は観測，通信頻度を下げ，維持管理，通信コストを低減（ひと月1000円程度の通信費） ・クラウド処理が可能とし，クラウド側での状態監視とともに，各管理者，一般へ情報提供する仕組みを構築

文献(6)「報道発表資料 洪水時に特化した低コストな水位計の機器開発を完了！」(国土交通省）を元に編集，作成

表 2.5.5　危機管理型水位計の分類と特徴

<table>
<tr><th>区分</th><th>方式</th><th colspan="2">特徴</th><th>消費
電力量</th><th>情報量
通信量</th></tr>
<tr><td rowspan="2">接触</td><td>水圧式</td><td rowspan="2">流出・雷害
リスクが高い</td><td>河道内に配管する必要があるが，精度が±1cm 程度と高く越水時も観測可能。</td><td rowspan="4">小
蓄電池
↓
太陽電池
大</td><td rowspan="4">小
LWPA
↓
3G・LTE
大</td></tr>
<tr><td>直接
検出式</td><td>水位による検知部間の伝導率や静電容量の変化を利用する。測定柱の設置が必要で，測定範囲，精度，情報量が水位検知部の配置数，間隔による。</td></tr>
<tr><td rowspan="2">非接触</td><td>超音波・
電波測距式</td><td rowspan="2">非接触であるため，耐久性・保守性に優れる</td><td>反射波が水面より戻ってくる時間を利用し，橋梁への設置が可能で，精度も±1cm 程度と高い。</td></tr>
<tr><td>画像
処理式</td><td>設置の制約が少なく，水位に加え画像情報も得られるが，精度が撮影条件によるため不安定。情報量に比例して消費電力量，通信量も増加し，商用電源と光ファイバ通信を必要とする場合もある。</td></tr>
</table>

文献(5)「危機管理に対応した水位観測検討会　配布資料一覧」(国土交通省) を元に編集，作成

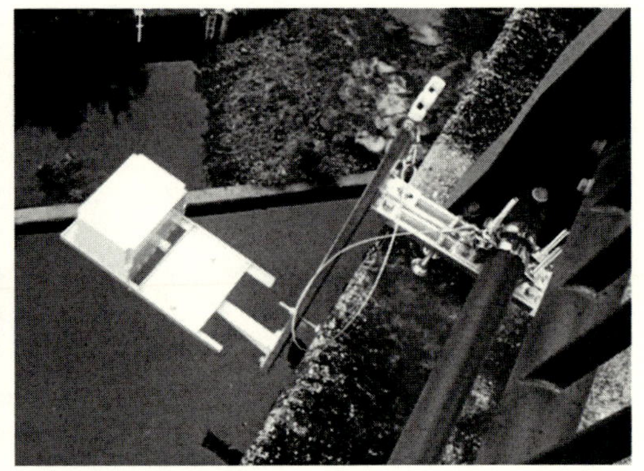

図 2.5.2　開発された危機管理型水位計の例
(左：堤防に設置しプローブを河川に入れて水圧を計測するタイプ，
右：橋梁に設置し電波や超音波で非接触に計測するタイプ)
危機管理型水位計の概要（国土交通省）
http://www.mlit.go.jp/river/mizubousaivision/pdf/honshou_kouhyoushiryou.pdf より引用，転載

化，設置の容易さの要件を満たしている。小型であることは，センサ設置に大きな構造物を必要とせず，本体価格や設置コストの低減と互いに相関する条件であるといえる。一方で，小型であることと引き換えに，精度，耐久性や流失への耐性が犠牲になっているといえるが，「危機管理型水位計」であることから，洪水の早期検知ができれば目的が達成されており，洪水で流失した場合や耐用年数を超えた場合は安価であることから再設置すればよい，という考えの元で設計されたものであると考えられる。そのなかでも，橋梁上に設置し非接触式である超音波・電波式は，ゴミ，流木の影響を避け，流出のリスクがなく，精度，耐久性，保守性に優れるため，構造が単純な水圧式と並んで採用例が多くなっている。

危機管理型水位計の設置計画では，氾濫が発生しやすいと予想される場所，行政施設，病院などの重要施設がある場所などを抽出し，2020年度を目処に約5,800箇所（約5,000河川）に，総事業費約110億円（1箇所当たり約190万円）で危機管理型水位計を設置する計画である[6]。平成29年時点での水位計設置台数が約5,000台であったことから，数年で設置台数が倍増する計画であり，治水事業としてもIoT化が急速に進められていることがわかる。また，水位情報のクラウド化のひとつとして，「川の水位情報」サイトにて，新たに設置された危機管理型水位計329箇所の水位情報に加え，従来の水位計約5,200箇所と河川カメラ2,689箇所（数値はいずれも平成2018年9月時点）の情報を確認できるようになっている[8]。

2. 5. 3　カメラを活用した河川の監視

水害は，いつ，どこで発生するかが予測困難で，前項までで述べたように，その監視，早期検知のためのセンサ配置数は圧倒的に不足している状態である。計画中の危機管理型水位計が全て設置された場合でも，配置された水位計の数は全ての河川，洪水発生可能箇所を網羅するに足りず，更なる対策が求められている。そこで，表2.5.5の危機管理型水位計の一種にもあるように，比較的低価格で設置に制約が少なく，画像情報と，画像解析によって非接触で水位，流速情報が得られる監視カメラが注目されている。

従来より国土交通省は河川や道路状況を監視するため，2014年時点で全国に約14,000台のCCTVカメラを設置している[9]。ここでいうCCTV（Closed Circuit Television）カメラとは，国土交通省の標準機器仕様書で定められたIP映像伝送システムである。これによって，省内における映像情報の共有体制を整備し，河川，道路および施設などの状況のリアルタイム監視し，ゲリラ豪雨などの突発的な事象への映像確認を可能としている。一方で，最低被写体照度が0.007 lxでも撮影が可能であることなど，撮影性能も高いレベルで規定されており，その価格は1台数百万円と今後の急速な設置数増加は困難で，設置後15年以上経過し老朽化しているものも多く，その維持，管理が問題となっている。

一方で，頻発する豪雨災害を受けて国土交通省は2018年3月より，河川管理の画像情報が乏しい中小河川の更なる監視体制の充実と，その映像提供による適切な避難判断を促すことを目的に，簡易型河川監視カメラの技術開発を進めている[10], [11]。厳密に性能，規格が定められた

CCTVカメラと異なり，簡易型監視カメラでは，無線・静止画・太陽電池などを主に用いる型式で本体30万円以下，有線・動画型で10万円以下の価格を目標として挙げており，価格を抑えるため，屋外設置可能であることは必須であるものの，CCTVカメラと比べてズームや首振り機能，ワイパーなどを省略し，耐久性は5年程度とされている。また，最低被写体照度も0.5 lx程度と条件が緩和されており，夜間では近赤外を利用し白黒となってしまう機種が多いものの，河川の監視は可能なレベルである[(9)～(11)]。CCTVカメラや，機種ごとの簡易型河川監視カメラの通信，映像，制御規格が異なり，これらの互換性，協調などに課題は残るものの，2020年度末までに3,700箇所の設置が計画されており，今後の水害対策のひとつとして期待されている[(10)]。現在，CCTVカメラや簡易型河川監視カメラでは，主に人の遠隔による監視にて水位の監視が行われているようである。危機管理型水位計では，カメラ画像処理を用いた水位検出が行われており，技術的には困難なものではない。早期に相互の技術共有を行い，今後の水位計測の自動化によるさらなる河川監視の効率化が望まれる。

2.5.4　画像処理による河川水のセンシング

ここで，カメラ画像処理を用いた水位，流速，流量計測の研究例について紹介する。これまでにも述べたように，カメラ画像を用いた河川監視は非接触であるため，ゴミや流木などによって設備に問題が発生する可能性がなく，カメラの設置自由度が高いことがメリットである。一方で画像処理によって水位の計測を行う場合は，護岸と水面の輝度値の違いを捉えることによって水面位置の判定を行うことが一般的であるため，それら輝度値の境界面，および水面境界の移動量が良く捉えられるように，カメラの設置位置などが制限される。廣井らによるWebカメラを活用した浸水観測ネットワークFloodEyeの提案では，川岸から反対側の護岸を撮影し，水面境界が撮影画像に対して水平，ないしは水平に近い状態（図2.5.3(a)）で得られている場合には，水位上昇による水面境界の移動を容易に捉えることが可能であったとしている[(12)]。一方で，橋梁などから護岸を撮影した場合には水面境界の方向が垂直に近くなり（同(b)），夜間での水面境

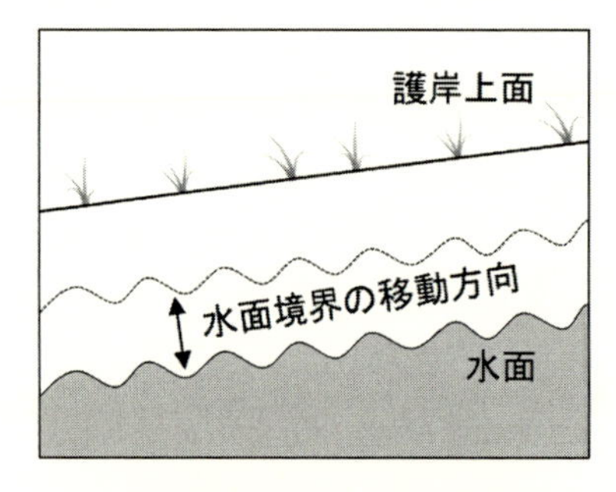

(a) 撮影画像に対し水面境界が水平，又は水平に近い場合

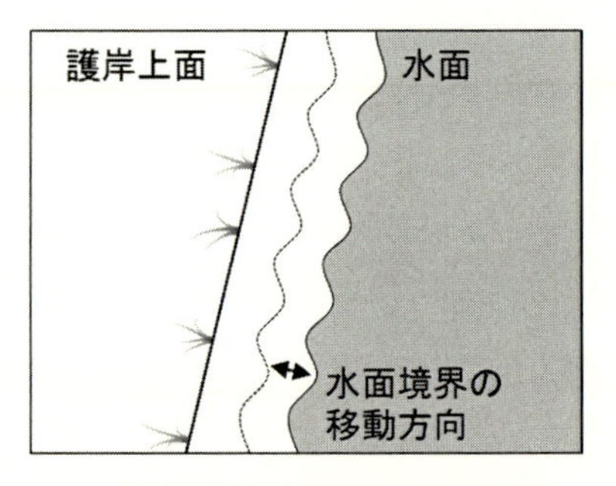

(b) 撮影画像に対し水面境界が垂直，又は垂直に近い場合

図2.5.3　撮影方向と水位の上昇に伴う水面境界の移動方向

界の変化を捉えることが困難で，水面境界が完全に垂直となってしまった場合には，昼夜問わず変化の確認が困難であった。水面境界が垂直に近く写っている場合では，水位の上昇が画像内での水面境界の移動量に反映されにくくなり，特に夜間では，赤外線撮影によるグレースケール化により，水面と護岸の輝度値の差が小さくなったことが影響していると述べてられている。そのため，カメラは水面境界が撮影画像に対し水平となるように設置することが望ましく，設置環境に制限があり水面境界が垂直となる方向にしか設置ができない場合には，護岸に検出を補助するスケールなどの設置が必要であるとしている。また，文献内では直接述べられていないが，中小河川では水面に対する護岸の角度が鉛直に近い場合が多いことも，水面境界が画像に対して垂直に写っている場合，不利にはたらいていると考えられる。

また，水面は必ずしも平坦なわけではなく，水流や風の影響により波が存在する。その波は不規則かつ不定形であるため，画像解析において単純な直線や高次関数曲線の当てはめは困難である。また，水面の乱反射や，護岸の模様も水面境界の検出に影響を与える。綱島らは，画像処理によって検出された水平エッジ（明るさ変化が水平に急な点）のうち，画像を水平に横断するも

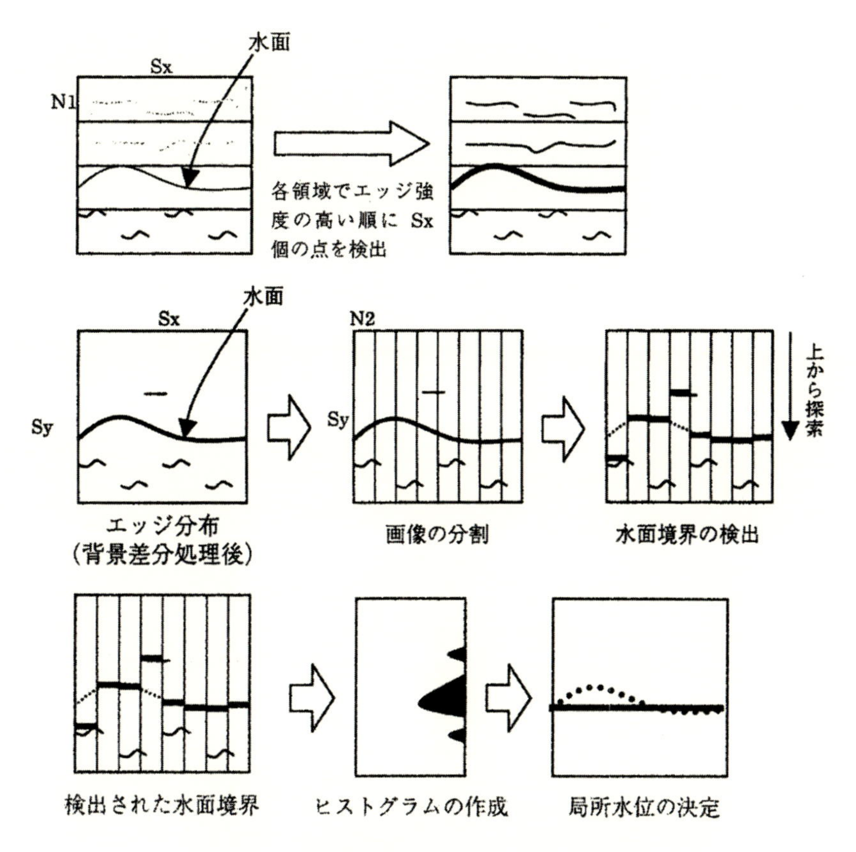

図 2.5.4　短冊状の画像処理による水位の検出(13)
文献(13)より情報処理学会の許諾を得て引用，転載

のが水面境界であることに着目し，撮影画像を短冊状に分割して画像処理する水面検出手法を提案している[13]。具体的にはまず，画像から水平エッジの検出処理を行い，水面境界方向に対して水平の短冊領域ごとに，水面境界の候補点であるエッジ強度の最も強い点を検出する（図2.5.4）。この水平の短冊処理によって，無数に検出されるエッジから，水平に横断する水面境界の候補を絞り込みやすくしている。さらに，あらかじめ用意しておいた背景画像との差分を取ることによって，護岸の模様を検出したエッジを取り除く。残るエッジのうち，水面境界は水面の波と乱反射によるものより上部に位置することから，水面境界方向に対して垂直な短冊のもっとも上部に位置するエッジを水面境界の候補点とする。こうして得られた水面境界の候補点は誤検出によるもの，水面境界を変動させる波の影響も含まれるが，境界候補位置のヒストグラムを作成して最も候補点の出現頻度の高い位置を採用すると同時に，一定時間の平均を取ることにより±１cm 以下の高い精度で水位を推定することに成功している。

河川の管理，監視には，水位だけでなく流速，および流量の計測も非常に重要となり，藤田らがカメラ画像を用いた解析手法を数多く提案し実例を報告している[14]~[17]。これらは，河川の上面からカメラを用いて観測するため，得られる情報は表面の流速および流向に限られている。その手法は，PIV 法（Particle Image Velocimetry），PTV 法（Particle Tracking Velocimetry），STIV 法（Space-Time Image Velocimetry）に分類される。PIV 法では図 2.5.5 に示すように，時刻 T_0 の画像内の着目領域にある微小な波や色ムラに起因する輝度の空間分布について，時刻 T_1 の画像内での相互相関を求めパターンマッチングを行い，最も相関の高い位置を基準に表面流速，流向を解析する。PTV 法では，着目領域の変わりに人為的に散布したマーカー，ゴミや流木を追跡し，解析を行う。STIV 法では，図 2.5.6 に示すように，水面を撮影する画像上にあらかじめ検査線を設定しておき，検査線の輝度情報を時刻順に並べて時空間画像（STI）とする。

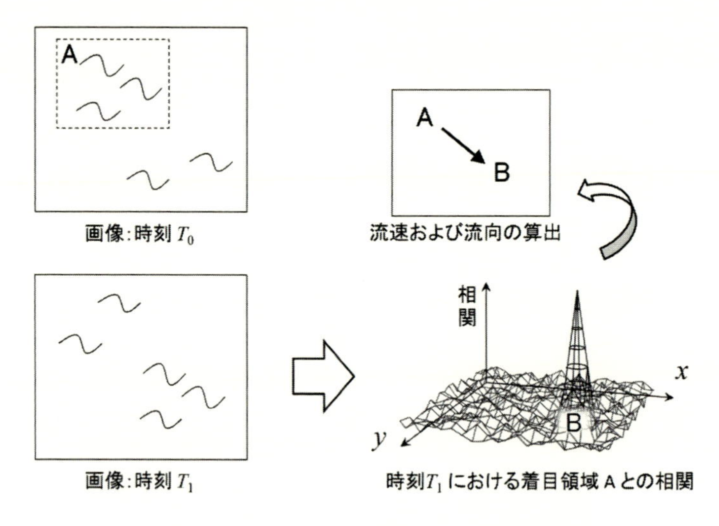

図 2.5.5　PIV 法による流速，流向の算出原理

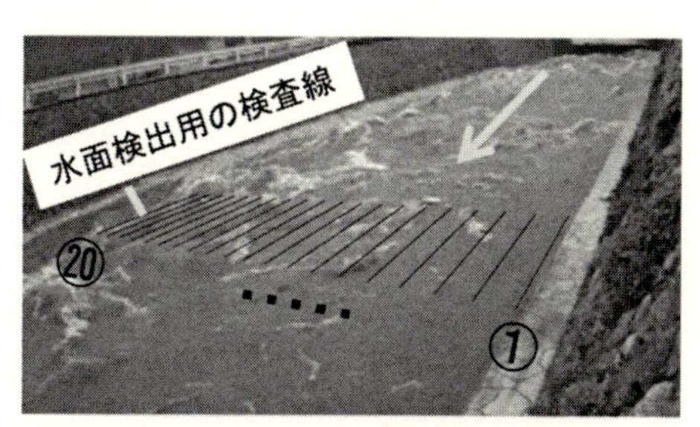

(a) 水面上の検査線の位置

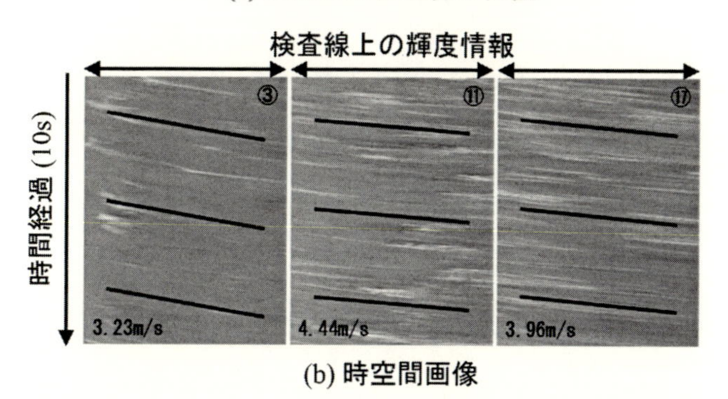

(b) 時空間画像

図 2.5.6　STIV 法のための検査線と時空間画像による流速の解析
文献(17)より土木学会の許諾を得て引用，転載

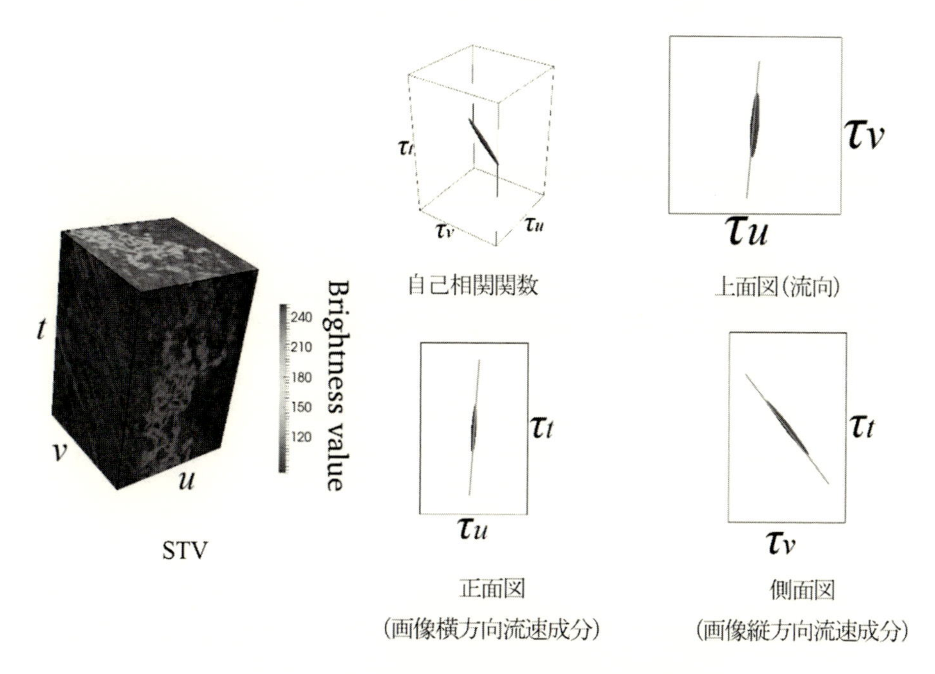

図 2.5.7　STVV 法による STV の例と自己相関関数
文献(18)より土木学会の許諾を得て引用，転載

すると，中央の時空間画像のように流速が大きいほどSTIに現れる直線パターンの傾きが大きくなることより，流速を解析する。流向は得られず，また，検査線の方向の流速しか得られないが，他と比較して高い精度が得られる。また藤田らは近年，PIV法とSTIV法を組み合わせたSTVV法（Space-Time Volume Velocimetry）を提案しており，図2.5.7のように画像上に設定した検査面の輝度情報を時刻順に積み重ねることで三次元の検査空間（STV）を構成し，その自己相関関数を取った場合の分布が流速，流向と相関するとして解析を行っている。この手法は，流速がSTIV法と同精度で得られるだけでなく，同時に流向も得られることが特徴である[18]。

これらカメラを用いた水面，流速の解析手法はいずれも，夜間での画質劣化や荒天時のレンズ汚れに影響を受けやすく，また，柔軟に運用するためにはCCTVカメラと簡易型監視カメラなどの規格，性能の違いを吸収する必要があり，カメラ設備側における検討もこれからの課題である[9],[15]。また，全ての手法において，事前に画像処理以外の手法を併用して実際の水位や流速に対する検量線を求めておかなければならない欠点も併せ持つ。そのため，現時点ではリアルタイム解析の例は少なく，水害後に，保存された画像を用いた事例の解析に利用されていることがほとんどである。水害の未然，および早期の検知のためのリアルタイム解析には，解決しなければならない課題も多いが，ドローンの緊急出動による突発的な水害への対応など，新しい技術を取り入れた提案も数多くなされており，今後の発展に期待したい。

2.5.5 情報端末を活用した洪水，降雨のセンシング

情報技術の発達が目覚ましい近年，だれしもスマートフォンを持ち歩き，あらゆるものに小型の通信モジュールが搭載され，能動的，受動的問わず，活発に情報がやり取りされるようになっている。それらを洪水，降水のセンシングに応用した場合，水センサの配置，維持，運用にかかる費用を削減し，網羅性や速報性に優れたセンシング手法が実現可能である。

スマートフォンを積極的に利用する人々の特徴のひとつとして，事件，事故，災害などの情報をSNSなどで積極的に発信することが挙げられる。SNSへの投稿には，アクシデントの情報だけでなく，それが発生した場所もコメントされている場合があり，また，自動的にGPS情報が投稿に付加されている場合もあるため，スマートフォンを移動センサとして利用することが可能である。武田らは，それを活用し，豪雨時のSNS（Twitter）データを活用した災害事象の検知手法について，提案している[19]。図2.5.8は2012年宇治市豪雨災害前後のTwitter投稿数の推移であるが，氾濫の発生直後より水害に関する投稿が急増していることが分かる。この傾向を災害事象の検知に活用するには，伝聞による投稿の排除，投稿者の居住地の推定，投稿数の急増の検知の，3つの課題があった。まず，伝聞による投稿の排除を行わないと伝聞発言の増加によって災害発生地域の誤検知が発生する。リツイートと呼ばれる，他者の投稿と全く同じ内容を再投稿する機能による投稿の排除は，他の投稿と文字列マッチングを行う手法を採用している。人伝聞および報道，アナウンスについては，事前に伝聞かどうか判定済みの投稿を教師データとして機械学習を行い，自動的に伝聞投稿の判定を行えるようにした。一方，投稿にGPS情報を含む

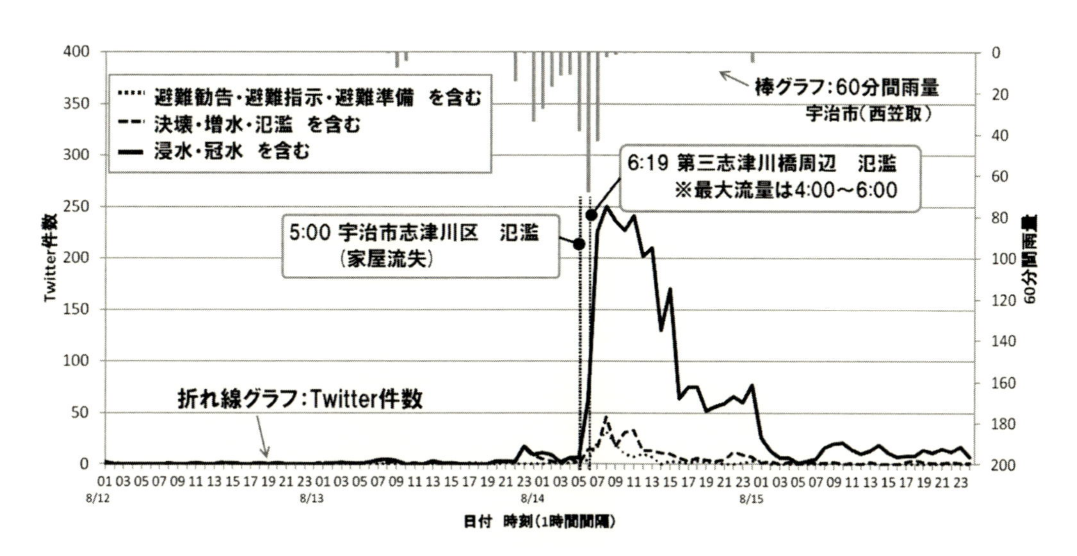

図 2.5.8　豪雨災害前後の Twitter 投稿数の推移
文献(19)より砂防学会の許諾を得て引用，転載

割合は，全体の0.5%しか存在していないことから，投稿者のプロフィールに含まれる住所の情報から，居住地を推定する手法を採用した。この手法により，投稿の約半数に対して，都道府県レベルの位置情報を付与することが可能であった。発言数の急増を捉えるためには，同一時間帯の全ての都道府県の発言数に対してポワソン分布を仮定し，同時に都道府県別の投稿数で正規化して，他の都道府県の集計値と比べて外れ値となっているかを判定した。このようにして過去の水害発生前後の投稿データに対して水害の検知を試みたところ，実際に発生した水害事例 12 件のうち 10 件の検知に成功し，また，本手法で水害と判定された事例 15 件のうち，実際に地方新聞に掲載された事例（判定精度）は 10 件であった。本手法では報道よりも早く水害を検出した例もあり，水害位置の特定精度が向上すれば，実用的な手法となりうる。

位置情報の特定精度の向上について，タイでの事例であるが，小西らが Twitter 投稿とタクシーの位置情報を併用した，水害による交通障害の発生検知を提案している[20]。Twitter 投稿を活用する例は同じであるが，水害とは関係ない水に関係する投稿を機械学習によって排除している。また，タクシーに搭載された GPS 端末を利用し，普段の同じ曜日よりタクシーの時間当たり通行台数が少ない道路を，何らかの交通障害が発生していると判定している。この水害に関する投稿の位置情報と，交通障害が発生している道路の情報を結びつけることによって，水害発生地域の高精度かつ迅速な推定を実現している。これら情報の統計処理間隔をあまりに短くすると統計値の信頼度が低下する。そのため，Twitter 投稿の処理間隔を 20 分，タクシーの GPS データ処理間隔を 1 時間に設定した場合，良好な推定結果が得られた。

一方，水害のきっかけとなる降雨情報は，わが国では気象庁が全国約 1,300 箇所，約 17km 間隔で設置するアメダス内の転倒ます雨量計や，全国に 20 箇所配置された気象レーダーを用いて

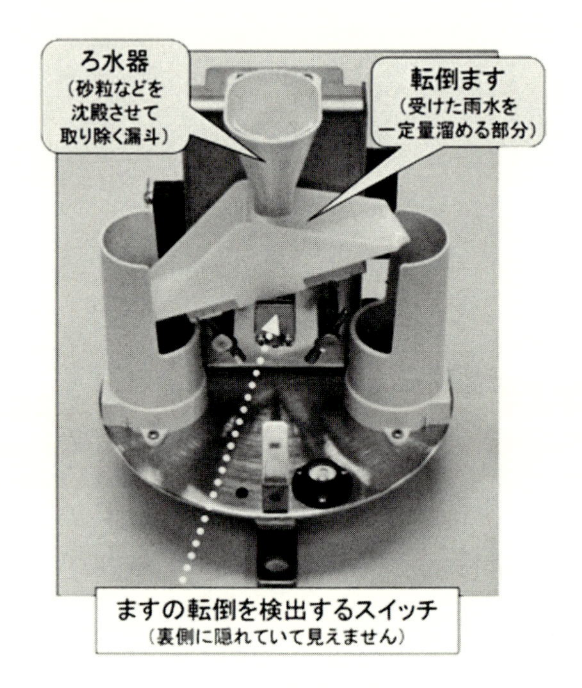

図 2.5.9　転倒ます型雨量計の構造
福岡管区気象台「図　転倒ます型雨量計の仕組み」
https://www.jma-net.go.jp/fukuoka/kansoku/raingauge.files/raingauge.htm を加工して作成

取得されている[21]。図 2.5.9 に示した転倒ます雨量計は，雨水を直接センサで検知するのではなく，雨水でますがいっぱいになるとししおどしのように傾きが変わり，それを磁気的に検知する仕組みであり，長期的な耐久性と信頼性が意識されている。気象レーダーは広域的かつ 1 km メッシュにて雨量を観測可能であるが誤差も大きく，実際に用いられる雨量はアメダスによる観測結果を用いて補正した解析雨量である。そのため，局所的な降雨情報を得るにはやや不十分で，それを補うために情報端末を活用した手法が様々に提案されている。

移動センサとして利用できる端末はスマートフォンのみならず，近年，様々なセンサと通信機能が装備されるようになった自動車からの情報利用も提案されている。上原は，ワイパーの動作状況を利用した降雨の検知を提案している[22]。社会実験の結果，トラックやバスなど，走行パターンが限定される車両ではデータ収集には向かないものの，タクシーなど走行経路が多岐にわたる車両であれば，良好な結果が得られたとしている。当然，自家用車両であれば走行経路はさらに多彩であるため，衝突予防安全のためにカメラやレーダーが搭載される車種も増加していることから，プライバシーの問題があるものの，それら車両からの情報を集約できれば，非常に詳細かつリアルタイムな降雨情報が得られるといえる。

2.5.6　さまざまな水センサを用いない水センシング例

これまでに紹介した以外にも，水の存在によって起こる様々なイベントを検知し，水に対し非接触や間接的な水センシングを行う例が数多く報告されている。人をプローブとして活用し情報端末と連携した例では，ウェザーニューズ社の，アプリケーションを通じて気象情報をユーザーが報告しそれを集約する例，傘に送信デバイスを組み込み，傘の開閉をスマートフォンを通じて降雨情報として集約する例などがある[23]。また，政府機関ではなく，河川の近くにすむ人々自身が通信機能を持った専用の超音波式水位計を河川に向けて取り付け，その情報をクラウド上に集約し公開するFlood Networkプロジェクトなども提案されている[24]。しかし，前者は能動的な報告が必要であるため，実際にサービスが提供されているものの大きなシェアを獲得しているとは言えない。後者2つは専用のデバイスを自身で購入する必要があるなど，情報を発信しようとするユーザー個々の負担が大きく，あくまで提案にとどまっている。このことより，社会全体に広域的，網羅的に水センシングのサービスを提供しようとする場合には，前項で紹介したような，誰もが自然に所有するスマートフォンや自動車を利用した，ユーザーの負担なく検知したイベントを発信する仕組みが必要であるといえる。

一方で，従来別の目的で使用されていたセンサを転用し，水センシングを行う例もある。武澤らは河川近くに設置した地震計より洪水時に発生する地盤振動を検知し，洪水の発生や流量などを予測する手法を提案している[25]。また，橋梁などは，その劣化を早期検知するために振動センサが取り付けられている場合がある。松本らはこの振動センサを利用し，洪水時に水流によって橋脚等に発生する振動の特性が変わることより，水位，流速等の評価を試みている[26]。また，水流によって振動が発生する現象は，地下に埋設された水道管でも同じで，壁矢らはその振動特性をモニタリングすることによる，漏水の検知手法を提案している[27]。漏水の際に発生する漏水音を人ないしは信号処理にて検知し，漏水を検知する例は従来より報告されているが，音ではなく振動を利用することによって製鉄所など24時間騒音のある環境でも利用できるとしている。また，小田らは光ファイバと吸水性膨張材を用いて，漏水が吸水性膨張材に吸水され光ファイバを圧迫し曲げ損失を発生させることを利用した，漏水検知システムを提案している。このシステムはセンサ部に電源を必要とせず，信頼性と長期耐久性を有することがメリットとして挙げられている[28]。これらの例のように，水に直接触れず，他の目的で設置されたセンサを転用したり，間接的な事象を捉えることによって，水のセンシングを試みる例は多く，いずれも直接的な検出と比べ感度は劣るものの，センサの設置コスト低減や長期的な耐久性，信頼性の向上に寄与する提案である。

近年では，コンピュータの能力向上に伴い，様々な現象がコンピュータを用いて解析されるようになってきた。水センシングもその例外ではない。樋田らは，物理モデル解析と機械学習を利用し，下水道管渠内水位のリアルタイム予測手法を提案している[29]。物理モデルのみで精度よく水位の挙動を解析するには実時間では実現が困難であったが，ある程度簡易化した物理モデル解析を機械学習によって補正することによって，水位のリアルタイム予測が可能であったことを

図 2.5.10　AR を用いた浸水深の可視化
文献(31)より土木学会の許諾を得て引用，転載

報告している。機械学習の利用例は水そのものだけにとどまらず，水田らが，定点カメラで撮影した画像に対してニューラルネットワークを用い，河川のスカム（浮遊する汚物）の自動判別を提案している[30]。画像処理による水位測定の例でも述べたが，時刻による画像全体の輝度，水面の反射，周辺の構造物や影の水面への映りこみ，波，色むらなど様々な要因により単純な画像処理が困難である場合が多い。スカムがある領域や映り込みがある画像領域は多様な色分布を持つことから，提案手法では，一様な色分布を示すスカムなし領域が多様な色分布に変化した場合に，スカムありとの判定を行うニューラルネットワークを構築した。その結果，正答率は約 9 割となり，ニューラルネットワークによる定量的な自動判定が可能であると結論付けている。

また，水のセンシングからはやや外れるものの，廣瀬らは，建屋内をレーザースキャナで計測した 3 次元データと，モバイル端末で撮影した画像の特徴点を利用して AR（Augmented Reality：拡張現実）を生成し，そこに浸水深情報を重畳することによって図 2.5.10 のように浸水状態を可視化する手法を提案している[31]。これによって 3 次元的に表現されたリアリティのある浸水予測や，水流があり浸水深が徐々に増加してゆくような動的な被災状況の提示ができ，防災に活用できるとしている。

2. 5. 7　まとめ

わが国では降雨が多く，河川も急峻であるため，ひとたび豪雨が発生すれば容易に洪水などの水害と結びつく。平常時より様々なセンサを用いて降雨，河川水の監視が行われているが，その数は十分でなく，また，設置，維持管理の費用面からも全てを網羅する監視網を構築することは容易ではない。国土交通省は簡易的な危機管理型水位計や監視カメラを増設するプロジェクトを起案し，2020年度末を目処にそれらを多数配置する計画であるが，それでも十分な監視網の構築には至らない。そのような状況にあって，非接触の河川水センサや監視カメラのカメラ画像処理を用いた水位，流速の計測は，劣化や流出のリスクが少なく，設置，維持コストの低減が可能であるため，今後の増設が期待される。特に監視カメラは目視による監視と画像処理による計測の両方に利用できるため応用範囲が広く，更なる技術開発が望まれる。

また，広域にわたって降水，洪水の早期検知を行う観測網を展開するにあたっては，簡易型センサの開発，IoT化のみならず，スマートフォンや自動車など，誰もが自然に所有するデバイスを移動通信センサとして活用したり，既に広域に設置されているセンサを水センシングに転用したりして，多岐にわたる支援が必要になると考えられる。幸い，コンピュータの能力向上に伴い，ビッグデータを活用した機械学習やシミュレーションが盛んに行われるようになってきた。その技術が水センシングに生かされることを期待したい。

参考文献

(1) (一社)建設電機技術協会：「浸水・水害に備えるセンサネットワークシステム」，国土交通省 i-Construction推進コンソーシアム　技術開発・導入WG　第2回マッチング決定会議，http://www.mlit.go.jp/tec/i-construction/tec_intro_wg/matching_2_document.html (2018年5月16日)

(2) 国土交通省：「河川砂防技術基準　調査編　第2章　水文・推理観測」，https://www.mlit.go.jp/river/shishin_guideline/gijutsu/gijutsukijunn/chousa/ (2014)

(3) 小林亘・藤本幸司：「河川管理のモニタリング技術」，計測と制御，Vol.55, No.2, pp.151-156 (2016)

(4) 毎日新聞：「都道府県管理河川　水位計7割超が未設置　費用負担大きく」，2017年8月1日　朝刊

(5) 国土交通省：「危機管理に対応した水位観測検討会　配布資料一覧」，http://www.mlit.go.jp/river/shinngikai_blog/suiikansoku/dai01kai/index.html (2017年9月21日)

(6) 国土交通省：「報道発表資料　「洪水時に特化した低コストな水位計」の機器開発を完了！」，http://www.mlit.go.jp/report/press/mizukokudo04_hh_000059.html (2017年12月20日)

(7) 国土交通省：「水管理・国土保全局　革新的河川管理プロジェクト（第1弾)」，http://www.mlit.go.jp/river/gijutsu/inovative_project/project1.html

(8) 国土交通省：「報道発表資料　河川水位情報がまとめて見られるようになりました」，http://www.mlit.go.jp/report/press/mizukokudo03_hh_000964.html (2018年9月27日)

(9) 石井昭・中山大介：「監視カメラの性能及び今後の動向について」，建設電気技術　技術集，Vol.2014, pp.133-137 (2014)

(10) 国土交通省：「報道発表資料　身近な河川の画像情報で、洪水時の切迫感を伝えます」，

http://www.mlit.go.jp/report/press/mizukokudo04_hh_000095.html（2019年3月27日）
(11) 国土交通省：「水管理・国土保全局　革新的河川技術プロジェクト（第3弾）」，http://www.mlit.go.jp/river/gijutsu/inovative_project/project3.html
(12) 廣井慧・井上朋哉・仲倉利浩：「Webカメラを活用した浸水観測ネットワークFloodEyeの構築と評価」，インターネットコンファレンス2013論文集，pp.79-86（2013）
(13) 綱島宣浩・塩原守人・佐々木繁・棚橋純一：「波の影響を考慮した水位画像計測」，情報処理学会研究報告コンピュータビジョンとイメージメディア，Vol.121, No.15, pp.111-117（2000）
(14) 小林範之・金目達弥・藤田一郎：「PIVによる洪水時河川流量観測装置の開発」，河川技術論文集，Vol.8（2002）
(15) 椿涼太・藤田一郎・眞間修一・竹村仁志・金原健一：「既設ビデオカメラを用いた画像解析法による中小河川の流量観測のためのカメラ設定方法および解析方法に関する研究」，河川技術論文集，Vol.15（2009）
(16) 島本重寿・藤田一郎・萬矢敦啓・柏田仁・浜口憲一郎・山﨑裕：「画像処理型流速測定法を用いた流量観測技術の実用化に向けた検討」，河川技術論文集，Vol.20（2014）
(17) 藤田一郎・小林健一郎・奥山貴也・熊野元気：「ゲリラ豪雨に対する都賀川の流出モデル開発と河川監視カメラを活用した水位流量ハイドロの検証」，土木学会論文集B1（水工学），Vol.72, No.4, pp.I_151-I_156（2016）
(18) 能登谷祐一・藤田一郎・建口沙彩：「三次元検査空間を用いた河川表面流ベクトルの計測手法STVVの開発」，土木学会論文集B1（水工学），Vol.73, No.4, pp.I_511-I_516（2017）
(19) 武田邦敬・瀧口茂隆・髙橋哲朗・山影譲・渡部勇：「豪雨時のTwitterデータを活用した災害事象の検知」，砂防学会研究発表会概要集，Vol.2013-B, pp.B.218-B.219（2013）
(20) 小西一也・田代裕和：「ビッグデータ分析の社会実験事例」，Japio year book，pp.44-51（2015）
(21) 気象庁：「地域気象観測システム（アメダス）」，https://www.jma.go.jp/jma/kishou/know/amedas/kaisetsu.html
(22) 植原啓介：「プローブ情報システム：車載センサを活用した環境情報の取得」，情報処理，Vol.51, No.9, pp.1144-1149（2010）
(23) 安藤允人・井上大・鈴木雄貴・平澤誠士・三井所高成・赤羽亨・小林茂・鈴木宣也：「ヒューマンプローブによる降雨観測システム「Umbrella Map」」，情報処理学会シンポジウム論文集，Vol.2012, No.3, pp.801-806（2012）
(24) Flood Network, https://flood.network/
(25) 武澤永純・山越隆雄・石塚忠範・中谷洋明：「山地河川における洪水時の地盤振動特性の評価」，土木技術資料，Vol.55, No.7, pp.10-15（2013）
(26) 松本健作・宋東烈・玉置晴朗・青木隆行・藤田智之・菅正信：「時系列解析を用いた出水時における河川橋梁の振動と水位の相関性に関する研究」，水工学論文集，Vol.50, pp.811-816（2006）
(27) 壁矢和久・石野和成・石井俊夫：「振動データのデジタル信号処理による製鉄所埋設配管の漏水検知」，実験力学，Vol.11, No.3, pp.261-266（2011）
(28) 小田勝也・笹井剛・椿雅俊・佐々木理・桝尾孝之：「光ファイバセンサを用いた漏水検知シ

ステムの開発」，第17回廃棄物学会研究発表会講演論文集，pp.910-912 (2006)
(29) 樋田祐輔・千葉洋・朝岡良浩・長林久夫：「流出解析モデルと機械学習を用いた下水道管渠内水位のリアルタイム予測手法」土木学会論文集B1 (水工学)，Vol.73, No.4, pp.. I_649-I_654 (2017)
(30) 水田周作・高崎忠勝・河村明・天口英雄・石原成幸：「定点カメラ画像を用いたニューラルネットワークによる都市河川のスカム自動判別」，土木学会論文集B1 (水工学)，Vol.71, No.4, pp.I_1231-I_1236 (2015)
(31) 廣瀬詢・安室喜弘・檀寛成・窪田諭・尾崎平：「レーザスキャンデータを用いたマーカレスARによる地下空間浸水予測の可視化」，土木学会論文集F3 (土木情報学)，Vol.73, No.2, pp.I_365-I_371 (2017)

2.6 まとめ

安藤　毅*

本章では，環境中に様々な形で存在する水のセンシング事例について，紹介し議論してきた。大気中の湿度やガス中の微量水分，農作物中の水分など，目に見えない水に対するセンシングは，微量な水の存在によって起こる電磁波，光などの特性変化を利用することによって，高精度，高感度に実現されている事が分かった。

一方，水処理施設で用いられる水のセンシングは，局所的ではあるものの，様々な汚染物質の継続的モニタリングに加え，水処理装置の制御といった複合的な条件下での運用が必要とされていた。そのため，様々な化学センサや，生体そのものを利用したバイオセンサを組み合わせ，さらにフィードバック制御だけでなくフィードフォワード制御を行うことによって，目的を達成していた。

また，環境中に広域にわたって存在する水を継続的にモニタリングすることはこれまで困難であったが，現在ではセンサ，およびそれを支える電源や通信のIoT化が進み，設置，維持費用が低減され実用化されてゆく段階にあるといえ，下水を管理する多機能マンホールの例はその一例であった。加えて，近年頻発した豪雨災害を受け河川水，降水等に対しても，IoT化と情報技術の活用による網羅的な監視網の構築が様々に進められている最中であった。

これらの例のように，環境中の水のセンシング，といっても，ある点の水位や降水をフロートやますで計量する単純なものばかりではなく，多くは広域的，網羅的，継続的なセンシングが必要であり，また，局所的な水が対象である場合でも，微量水分や汚水など検出が簡単ではないものも多い。物理的，化学的，両方の性質を持ち，広範囲に分布する水に対しては，多面的，多角的なアプローチが必要不可欠であり，今後の更なる発展が期待される。

*　Ki Ando　東京電機大学　工学部　電子システム工学科　助教

急速ろ過と緩速ろ過

大薮多可志*

地球環境が加速度的に悪化している。その要因の一つに人口増加やそれに伴う大量のエネルギーや食糧の消費，水の使用率増加が挙げられている。地球上には水道が敷設されていない国や地域も多くあり，SDGsなどの重要課題にもなっている。水道水が飲める国は僅か15か国程度といわれている。水道が整備されていても飲み水はミネラルウォーターを購入している国が多い。水道事業は，日照りや豪雨，地震など災害時でも安全で品質を担保した水を送ることが求められる。取水する源流部から家庭の蛇口までシステムとしての管理が絶対的な条件である。

一部を除いて日本の水道水は「急速ろ過」を採用しているが，「塩素」のニオイが気になる地域もある。塩素は水中の有機物と反応し「トリハロメタン」を発生する。その主なものがクロロホルムである。トリハロメタンは発がん性や催奇形性を持っているのではと「国際がん研究機関」により疑われ，その濃度はWHOにより規制されている。厚生労働省の基準はさらに厳しく，クロロホルム：0.06（mg/L），ジブロモクロロメタン：0.1（mg/L），ブロモジクロロメタン0.03（mg/L），ブロモホルム0.09（mg/L），総トリハロメタン（全てのトリハロメタンという意味ではない）：0.1（mg/L）各以下となっている。ただし，水道水を10分程度沸騰させることによりトリハロメタンは除去できる。

急速ろ過に対して「緩速ろ過」があることはあまり知られていない。ロンドンで19世紀頃に開発され，明治時代に日本でも用いられ，現在も2,000を超える施設で用いられている。これは細かな砂の層に水を通すことにより，砂の中の微生物により水に含まれる浮遊物を取り除くことができる。同時に細菌やニオイ成分も除去する。薬品を使用しないで‘おいしい’水道水を生成できる。ただし，生成に時間がかかるのとろ過するため広大な面積が必要となる。さらに源流部

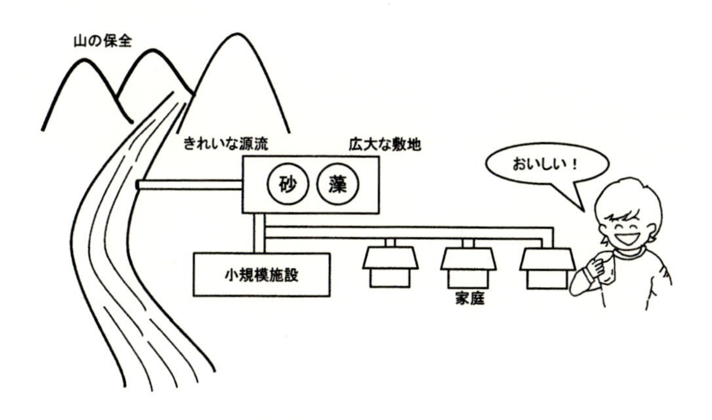

図1　緩速ろ過水道水は「おいしい」

＊　Takashi Oyabu　NPO法人　日本海国際交流センター　主任研究員

の水がある程度きれいであるという条件が必要である。センサで計測すると，急速ろ過よりも緩速ろ過方式の水はニオイ成分が少ない。自然の中に湧き出ている水を飲んだ時においしいと感じるのと同じである。

緩速ろ過法に自然の「藻」の力を活用し水道水を作る方法が脚光を浴びている。元名古屋市上下水道局職員の伊佐治知明氏が技術書をまとめている。水道が敷設されていない発展途上国などでの活用が期待され，日本発の技術として国際貢献の可能性が大きい。

第3章　自然にかかわる水センシング

3.1　はじめに

山口富治*

人間の豊かな生活において，安心・安全な水は欠かせないものである。日本の水資源の量（水資源賦存量）は430 km^{3}程度であり，このうち19%（81.5 km^3）程度が農業用水や工業用水などの用途に利用されている[1]。日本に限れば直ちに水資源が枯渇するという状況には無いが，日本は食糧の多くを海外からの輸入に頼っており，輸入される食物を生産するために現地の水を間接的に消費している。この輸入食料を生産するために必要な水の量を推定したものとして，バーチャルウォーター（VW）と呼ばれる概念がある。環境省のVW計算機[2]では，1トンあたりの牛肉を生産するために必要なVWは20,600 m^3，豚肉は5,900 m^3，パンは1,600 m^3，インスタントラーメンは1,850 m^{3}とされており，海外から日本に輸入されるVWは年間約64 km^{3}にも上る。したがって，海外の水資源に関する問題は日本と決して無関係では無い。

限られた水資源を有効活用するために，どの用途においても水質に関わる諸量をセンシングできるデバイスおよびシステムが活躍している。例えば，農業においては作物の水分量を適切に管理することが不可欠であり，土壌中の水分量を計測できる水分量センサが広く用いられている。また，植物の水分量を非侵襲かつリアルタイムで計測することは困難であったが，近年では電磁波や中性子線などを利用して植物内の水を直接計測する試みも行われている。さらに，土中水の電気伝導率（EC）や水素イオン指数（pH）などを計測するためのセンサの高性能・高機能化も進んでいる。

また，河川水および降雨は貴重な水資源であるが，一方で災害の原因となる場合もある。安心・安全に水を利用するためには，豪雨などによる甚大な災害を早期に予測するための水センシング技術も求められている。

本章では，自然界に存在する水を対象としたセンシング技術として，農業分野における土壌や植物の水センシングに加え，河川水や再生水の水質管理に関連したセンシング技術の現状および研究開発状況について述べる。さらに，水センシング技術の海外での応用事例として，オランダの水道水管理の取り組みについて紹介する。

---

*　Tomiharu Yamaguchi　東京電機大学大学院　工学研究科　助教

参考資料

(1) 国土交通省　水管理・国土保全局 水資源部：「平成 30 年版 日本の水資源の現況」，p.140 (2018)
(2) 環境省：「仮想水計算機」，https://www.env.go.jp/water/virtual_water/kyouzai.html

3.2　農業における水とセンシング

竹井義法[*1]，平澤一樹[*2]

3.2.1　農業と水のかかわり

農業は，我々の食生活を支える重要かつ不可欠な一次産業のひとつであるが，その農作物の生育において，水は欠かせない要素のひとつである。植物の内部，外部に存在する水のセンシングは，その生育環境の保全や，生育過程で用いられる肥料等の化学物質の排出と取り巻く自然環境へのその影響の評価，さらに，生体である植物それ自体の状態を知るためにも重要である。本節では，農業に利活用される水資源を取り上げ，そのセンシングの事例を紹介する。

3.2.2　農業用水

水資源は，その使用形態の視点からは，大きく都市用水と農業用水に区分される（図 3.2.1）[(1)]。平成 27 年（2015 年）における全国の水使用量（河川や地下水等の水源から取水された水量）は合計で約 799 億 m^3/ 年であるが，そのうち農業用水が約 540 億 m^3/ 年と約 70％を占めている（図 3.2.2）。

都市用水は，さらに生活用水と工業用水とに区分される。一般家庭における飲料水や調理等に用いる家庭用水，商業施設や事業所，公共施設等において使用される都市活動用水を併せて生活用水という。また，ボイラー用水，原料用水や温調用水等，各種工業向けに用いられる水を工業用水と区分されている。

農業用水は，耕作地での水田及び畑地かんがい用水や，家畜飼育等に必要な畜産用水等を含むが，その大部分は水田かんがい用水である。かんがいとは，農作物の生育に応じて耕地に必要な

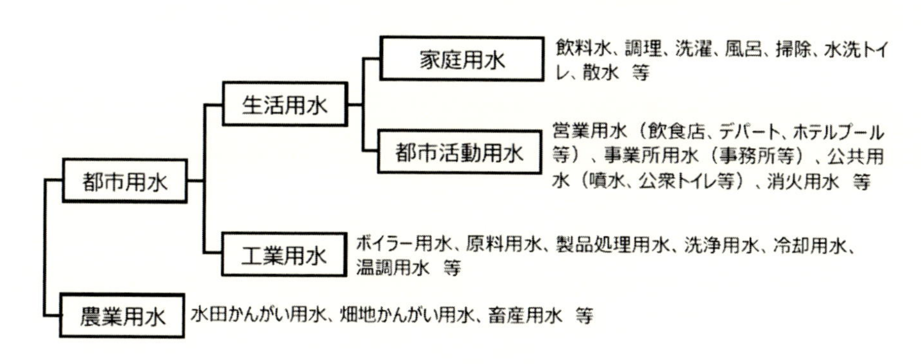

図 3.2.1　水使用形態の区分
出典：「平成 30 年版　日本の水資源の現況：第 2 章 水資源の利用状況」（国土交通省）

＊1　Yoshinori Takei　金沢工業大学　工学部　ロボティクス学科　教授
＊2　Kazuki Hirasawa　金沢工業大学　工学部　ロボティクス学科　准教授

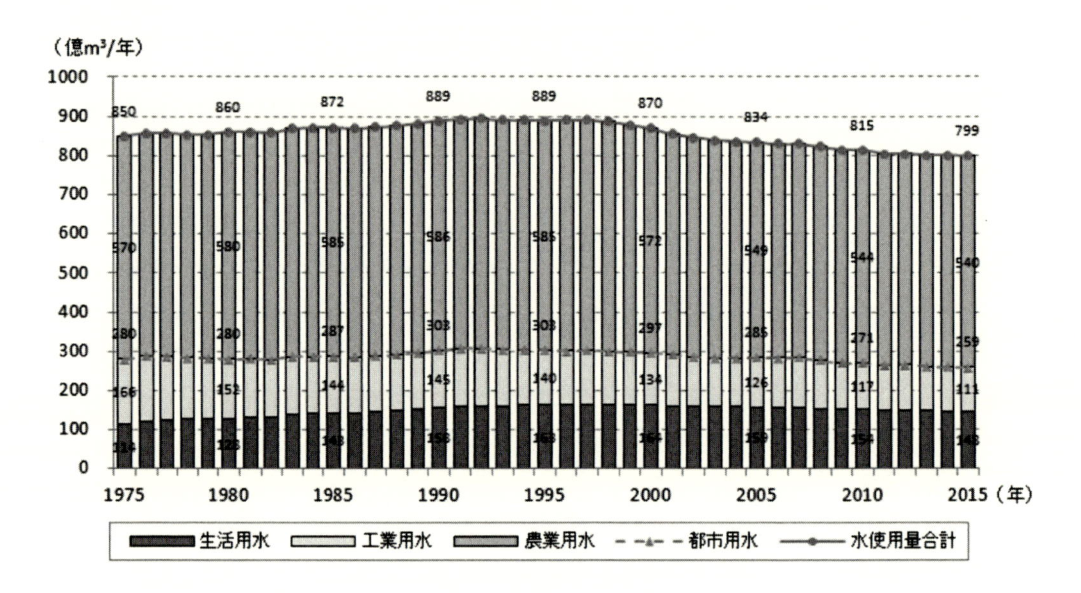

図 3.2.2　全国の水使用量
出典：「平成 30 年版　日本の水資源の現況：第 2 章 水資源の利用状況」（国土交通省）

水を導入することであるが，農業用水として導入される水には，単純に生育に必要な水の供給という側面だけでなく，野菜や農機具を洗うための生活用水や，生態系や水路の保全を行う環境用水，消流雪や防火を目的とした活用等，多面的な役割をもっている。一方，過剰な水は逆に有害となるため排水する必要があり，浸水常襲地域での排水は土地改良としても重要である。これら，かんがいと排水に関連する学問分野は農業水利学と呼ばれる(2)。

河川からの取水には，限られた資源ゆえに利害の調整が必要であり，その権利，いわゆる水利権(3)の取得が必要となる。特に，農業用水としての利用は，事実行為としての水利用の積み重ねと，利害の対立を乗り越えて形成した水利秩序に基づいているといわれる。水利権のひとつ，慣行水利権と呼ばれるものは，水利用の長期継続という事実（慣行）をもとに社会的に承認された権利であり，旧河川法施行以前からの取水実態があって，河川法による許可を受けたものとされている。しかし，取水量や安全性（利水，治水，環境への影響等）に関連して，その利用実態の把握は課題とされる。また，河川法第 23 条の規定により河川管理者の許可をうけた流水の占用権利を許可水利権という。慣行水利権に基づく取水施設数は全体の約 8 割であるが，取水量ベースでは全体の約 5 割，かんがい面積でみると全体の 4 割弱で，1,000 ha 以上の大規模な農業地域においてはほとんどが許可水利権化されている(4)。

筆者らの所属する研究所は，石川県内の穀倉地帯として知られる手取川扇状地(5)の中央に位置しており，周辺には田園風景が広がる中にある。河川や水田は身近なものであるが，上述のような，河川からの水の導入に関して，流量や水位等のセンシングが利水，治水面で必要である。また，環境面では，例えば，河川（湖沼を除く）の生活環境の保全に関する環境基準において，水

表 3.2.1　農業（水稲）用水基準

項　目	基　準　値
pH（水素イオン濃度）	6.0 ～ 7.5
COD（化学的酸素要求量）	6 mg/L 以下
SS（無機浮遊物質）	100 mg/L 以下
DO（溶存酸素）	5 mg/L 以上
T-N（全窒素濃度）	1 mg/L 以下
EC（電気伝導度）	300 μS/cm 以下
As（砒素）	0.05 mg/L 以下
Zn（亜鉛）	0.5 mg/L 以下
Cu（銅）	0.02 mg/L 以下

出典：「広域農業地域における農業用水資源の水質状況」（農林水産省）

素イオン濃度（pH），生物化学的酸素要求量（BOD），浮遊物質量（SS），溶存酸素量（DO），大腸菌群数に対して基準値が設けられており，そのセンシングが求められる[6]。表 3.2.1 に示す水稲における水質基準も類似する検査項目によって評価されている（この基準は汚濁物質項目別に被害（減収等）が発生しないための許容限界濃度として設定されたものである）[7]。これらは定期的なモニタリングが求められる指標であるので，簡易かつ迅速な計測方法や，自動化に適した計測方法の開発が求められている。また，植物の生育に関する量的な水センシングとしては，植物を生育する土壌が保持する水分や植物内部の水分量を計測することが，トータルの生育環境の維持管理において重要であると考えられる。

3. 2. 3　ハウス栽培における水センシング

筆者らは，ハウス栽培における生育環境の制御を目的とした環境モニタリングに取り組んでいる。図 3.2.3 は，苺の高設栽培を行っている実際の実験圃場である。写真手前に支柱の先端に白く映っている丸いモノは開発中の温湿度センサのモジュールである。同圃場は，現在，苺狩りのできる観光農園として運営されており，IoT 技術等の活用によってその管理の自動化が行われている。電力系統では，独自の流量変動に対応できるマイクロ水力発電設備を持ち（図 3.2.4），商用電力のバックアップも併用した電力供給系となっている。隣接する大日川より取水した農業用水の末端に位置する排水路を利用しており，発電水量は 0.18 m^3/s，有効落差 11 m，計画最大出力 10 kW のインライン方式の水車である。

実験圃場では，環境モニタリングの一環として，圃場内で面的な広がりを持つ温湿度のセンシングから，様々な生育に関わる指標，例えば，果実（正確にはそれに属する種々の情報）が最終端の出力であるとすれば，それに至る日射量や温湿度等の環境的な要因や液肥等の栄養素，さらには栽培の過程で実施される農作業等，物理・化学的な入力の計測・評価を目指して，様々な取り組みを行っている。水のセンシングという点では，前述の液肥の制御，消費を計測する EC（電気伝導度）計測や，温湿度の情報から植物の蒸散と関連する飽差計測，土壌水分や植物内部

図 3.2.3　ハウス栽培における環境センシング（北菱電興㈱提供）

図 3.2.4　排水路を活用したマイクロ水力発電設備（北菱電興㈱提供）

の水分量計測等が植物の生育環境やその状態を直接，間接に知りうる指標となるもので，いずれも極めて重要である。

次節以降では，水分センシングに関連する研究事例を紹介する。

3.2.4　植物の生育モニタリングのための水センシング

1)　茎内水分センシング

近年，「スマート農業」のようにIoTやAIを用いた農業が注目されている。これを実現する上で農業に関わる環境のセンシング技術は重要であり，これまで生育環境の温湿度，光，ガス等に関するセンシングが行われてきた。さらに近年では，生育環境のセンシングのみならず，植物の生体計測の研究も行われている。そのような状況の中で，植物の重量の約80%～90%は水で構成されていること，また，生命活動を行う上で水が重要なこともあり，茎内の水分計測の研究が行われている。ここでは，植物の茎水分計測に関する現状技術およびセンシングの一例を紹介する。

2)　茎内水分センシングに関する現状技術

樹木・植物の幹・茎水分計測は古くから様々な手法で行われている。その手法としてガンマ線濃度測定[8]，NMR(核磁気共鳴)[9]，X線CT[10]，茎周囲長変化計測[11],[12]，TDR(Time-Domain Reflectometry)法，FD(Frequency-Domain)法[13]がある。中でもTDR法やFD法が一般的に多く用いられている。TDR法は茎内に埋め込まれた導波路を伝播する電磁波パルスの速度から比誘電率を求める方法である。この方法は媒体の誘電率と電磁波の伝播速度の関係に基づいており，精度良く計測が可能な方法である。もともとTDR法は土壌の含水量を測定するために用いられていた手法であり，1990年頃から樹木や植物の含水量計測に用いられるようなった[14]。これまでに挙げた手法は詳細に計測が可能であるが，いずれも高価な装置が必要である，または植物自体を傷つける必要がある侵襲型の計測方法である。それに対しFD法は，茎を挟み込むように取り付けた電極の比誘電率を *C-f*（Capacitance-to-Frequency）コンバータを用いて計測する方法[13]や，茎の上下に取り付けられたリング状の電極を用いて内側フリンジ電界から含有水分量を計測する方法[15],[16]が提案されている。これらは茎に電極を取り付けることで計測を行うため，非侵襲型である。しかしながら，Holbrookらも述べている[13]ように，FD法では周辺温度変動の影響を受けるため構成が難しい。

図3.2.5は *C-f* コンバータを用いたFD法における苺苗の茎内水分量変動を計測した一例である。このとき，電極は苺苗の茎を挟むように銅箔を取り付け，水を与えることなく1週間程度計測を行っている。計測結果より茎内水分の減少に伴い静電容量が減少することで出力周波数が上昇しているが，前述したように周辺温度変化に応じた出力周波数の変動がみられる。そのため，FD法は簡易に茎水分計測が可能であるが，周辺温度変動の影響の軽減といった課題が残っている。

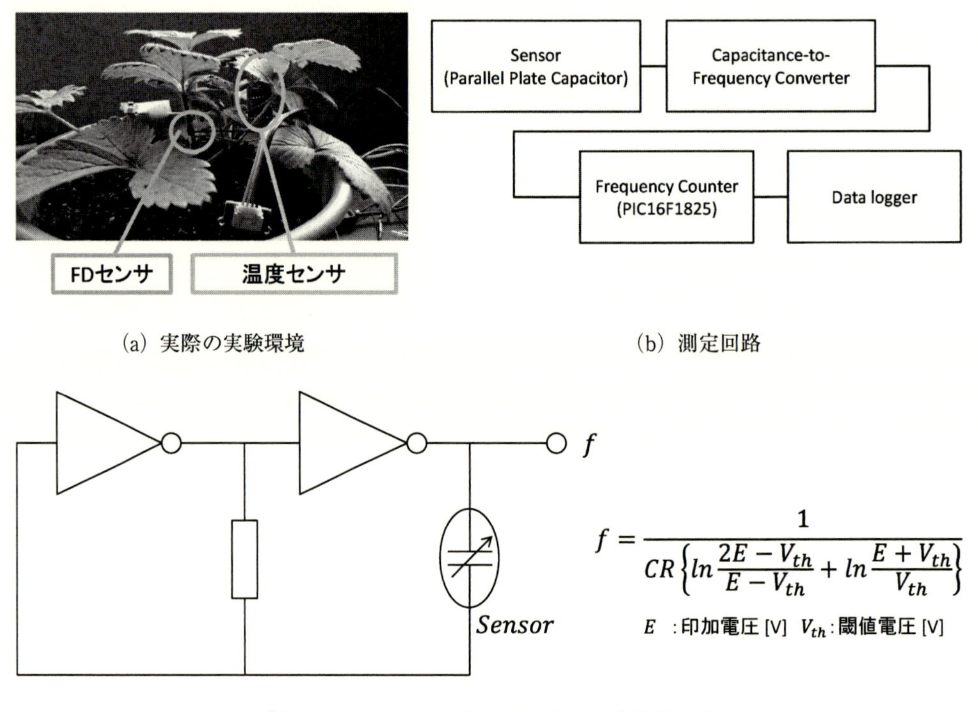

(a) 実際の実験環境

(b) 測定回路

(c) C-f コンバータの概要図と出力周波数算出式

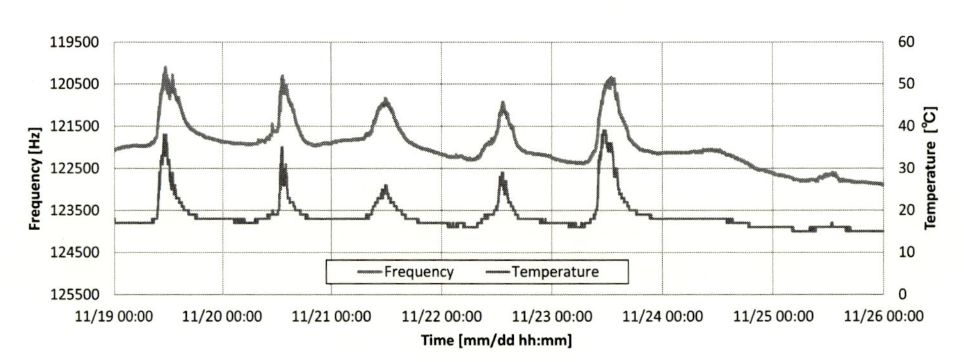

(d) 周波数および周辺温度計測結果

図 3.2.5　FD 法を用いた茎水分計測の一例 [17]

3. 2. 5　課題と展望

茎水分センシングが実現することで，これまで勘や経験によって行われていた作業を数値化できるようになると思われる。しかしながら農業従事者にとっては低コストで使い易い装置が必要である。そのため今後はコストを意識した研究[18]も求められていくと思われる。

参考文献

（1）国土交通省　水管理・国土保全局水資源部：「平成30年版　日本の水資源の現況」，http://www.mlit.go.jp/mizukokudo/mizsei/mizukokudo_mizsei_fr2_000020.html（2018）
（2）石橋　豊 他：「農業水利学」，朝倉書店（1966）
（3）農林水産省　農業農村振興整備部会報告：「農業水利について」，（http://www.maff.go.jp/j/council/seisaku/nousin/bukai/h24_houkoku/nougyousuiri.html）（2019年4月29日に利用）
（4）農村振興局整備部水資源課：「農業用水の歴史と水利権について」，http://www.maff.go.jp/j/nousin/mizu/kurasi_agwater/k_agri/pdf/detail_jp.pdf（2012）
（5）農業用水を核とした健全な水循環プロジェクト研究幹事会：「手取川流域の明日をめざして－人々の生活を支える水循環－」，前田印刷（2012）
（6）環境省：「水質汚濁に係る環境基準：別表2 生活環境の保全に関する環境基準」，（https://www.env.go.jp/kijun/mizu.html）（2019年4月19日に利用）
（7）農林水産省：「広域農業地域における農業用水資源の水質状況」，（http://www.maff.go.jp/j/nousin/kankyo/kankyo_hozen/hozen_suisitu/）（2019年4月29日に利用）
（8）D. W. Brough, H. G. Jones, and J. Grace：“Diurnal changes in water content of the stems of apple trees, as influenced by irrigation”, *Plant, Cell & Environment*, Vol.9, No.1, pp.1-7（1986）
（9）J. E. A. Reinders, H. Vanas, T. J. Schaafsma, and D. W. Sheriff：“Water balance in-cucumis-plants, measured by nuclear magnetic resonance, II”, *Journal of Experimental Botany*, Vol.39, No.9, pp.1211-1220（1988）
（10）A. Raschi, R. Tognetti, H.-W. Ridder, and C. Beres：“Water in the stems of sessile oak（Quercus petraea）assessed by computer tomography with concurrent measurements of sap velocity and ultrasound emission”, *Plant, Cell & Environment*, Vol.18, No.5, pp.545-554（1995）
（11）J. E. Fernandez, M. V. Cuevas：“Irrigation scheduling from stem diameter variations：A review”, *Agricultural and Forest Meteorology*, Vol.150, Issue 2, pp.135-151（2010）
（12）T. Simonneau, R. Habib, J.-P. Goutouly, and J. G. Huguet：“Diurnal changes in stem diameter depend upon variations in water content: Direct evidence in peach trees”, *Journal of Experimental Botany*, Vol.44, No.260, pp.615-621（1993）
（13）N. M. Holbrook, M. J. Burns, and T. R. Sinclair：“Frequency and time-domain dielectric measurements of stem water content in the arborescent palm, Sabal palmetto”, *Journal of Experimental Botany*, Vol.43, No.1, pp.111-119（1992）
（14）小林義和・田中　正：「TDR法による樹幹貯留水分の測定」，水文・水資源学会誌，No.14, No.3, pp.207-216（2001）
（15）鹿野快夫・長谷部信也・嶋村俊樹・大政謙次：「同期検波により植物性体内水分測定法」，生物環境調節，Vol.26, No.1, pp.41-42（1988）
（16）H. Zhou, Y. Sun, M. T. Tyree, W. Sheng, Q. Cheng, X. Xue, H. Schumann, and P. S.

Lammers："An improved sensor for precision detection of-in situ-stem water content using a frequency domain fringing capacitor", *New Phytologist*, Vol.206, No.1, pp.471-481 (2015)

(17) 高橋里佳・平澤一樹・竹井義法・南戸秀仁：「植物の水分調整機能を用いたセンサに関する研究」, 平成28年度電気学会全国大会 (2015)

(18) 川原圭博：「農業情報センシングの低コスト化」, 応用物理, Vol.85, No.4 (2016)

3.3　植物の水ストレスセンシング

長谷川有貴*

3.3.1　植物の水ストレスと従来の評価方法

トマトやイチゴなどの果菜類では，果実肥大時の水ストレスが収量と糖度に強い影響を与えることが知られており[1]，特に日本では高糖度化に対する関心が高く，高糖度な果実の栽培が盛んに行われている。適度な水ストレスを与えることで糖度が増す一方で，水ストレスを与えすぎると収量が減り，果皮が硬くなるなどのリスクもあるため，生産性および品質の維持，向上のためにはこの期間の水ストレスを計測，制御することは非常に重要である。

従来，水ストレスを測るには，水を十分に吸収した状態の植物の重量と乾物重との比から葉内水分不足度（水欠差）を求める方法が用いられてきたが，手間と時間がかかる上に，水ストレスを直接測るわけではないため，精度がそれほど高くはない。

また，精度が比較的高く，それほど時間をかけずに植物の水ストレスを評価する方法として，植物の水ポテンシャルを測定する圧力チャンバ法がある。圧力チャンバ法では，葉柄部分から切断した対象植物の葉をチャンバ内に入れ，切断面のみチャンバの外に出した状態から，チャンバ内に窒素ガス等を送り込むことで圧力をかけていき，切断面の導管から水が染み出したときの圧力値を水ポテンシャルとして読み取る。水ポテンシャルは，圧力の単位Pa（パスカル）で表される植物の水分保持力を示す値であるため，植物の水ストレス状態を精度良く評価可能で，切断面から水が染み出すまでチャンバにかけた圧力値にマイナスをつけた値となる。

水ストレスを受けた時の水ポテンシャルの値は植物の種類によって異なるが，例えばトマトで

図 3.3.1　水ポテンシャル測定装置の一例

＊　Yuki Hasegawa　埼玉大学大学院　理工学研究科　准教授

は，水ストレスを受けていない場合の水ポテンシャルが－0.5～－0.7MPaであるのに対し，水ストレスを受けている場合には，－1.5MPa程度の値となる。図3.3.1に，水ポテンシャル測定装置の一例を示す。

このような水ポテンシャル測定装置を用いれば，水ストレスを精度良く，かつ簡易に測定可能である[2]が，この方法は葉を葉柄部分から切断する侵襲的な方法であることから，栽培中の植物の水ストレスをリアルタイムで測定することはできない。そこで近年，非侵襲かつリアルタイムな水ストレスセンシング手法に関するさまざまな研究が行われている。

3.3.2 低侵襲，非侵襲な水ストレスセンシング

近年，栽培環境が人工的に制御された環境で周年での栽培を実現する植物工場などの施設栽培の需要が高まっている。これらの施設では，従来のハウス栽培と同様に温度，湿度の管理，制御はもちろん，養液と光源の管理，制御が行われ，安定した収量と品質を得るためにこれらの環境制御が極めて重要となる。

一般的に養液は，pHと電気伝導度（EC）によって管理されているが，養液に含まれる栄養素の濃度だけではなく，前述のとおり，生長段階にあわせて灌水量を制御し，水ストレスを適切に与えることで作物の高糖度化が可能となる。従来の水ストレスの評価方法は，3.3.1項に示したように侵襲的な方法であったが，植物工場のような施設栽培やスマート農業，AI（人工知能）農業などの次世代農業技術の発展に伴い，低侵襲あるいは非侵襲かつリアルタイムな植物の水ストレスセンシングを目的とした研究が数多く行われている。

例えば，水ポテンシャルの変化に伴って植物の茎径が変化することが報告されている[3]ことから，茎径を水ストレスの評価指標とする研究では，固い支持枠と歪みゲージを取り付けた薄い鋼板で茎を挟み，茎径の増減に伴って変化する歪みゲージの電気抵抗から水ストレスを評価する方法[4],[5]が検討されてきた。しかし，茎には凹凸があるため，歪みゲージの設置やデータが不安定であることから，短冊状ゴムシートに歪みゲージを接着して茎の周囲に巻き付け，茎周囲長変化を測定するセンサが開発され，その有用性が示されている[6]。

茎径を水ストレスの指標とするその他の研究として，茎の両脇にレーザー式変位センサを設置して茎径変化を連続的に計測する方法[7],[8]（図3.3.2）などが検討されており，その有用性が示されているが，レーザー式変位センサは高価で多点測定に不向きであるなどの課題がある。

茎径ではなく，植物体内の光の屈折率を利用した測定システムも開発されている。このシステムでは，半導体レーザーと光ファイバを組み合わせ，植物に挿入した光ファイバプローブからの反射戻り光量を測定して植物内の屈折率変化を算出し，さらにその変化から植物内の水分量変化を推定する測定システムの開発が行われている[9]。

この方法は，先端を垂直にカットした外径125μmの光ファイバを植物体に挿入する必要があるため，完全な非侵襲ではないが，非常に細い光ファイバであるため，低侵襲で栽培中の葉茎内の屈折率変化を捉えられることが示され，さらに植物内部の屈折率と水分量との関係式を導き出

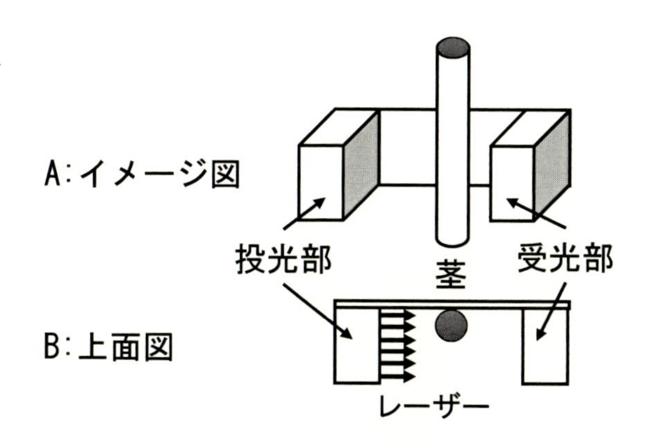

図 3.3.2　レーザー式変位センサを用いた非接触茎径測定の概略図
（文献(7)を参考に作成）

したことで，測定された屈折率から，水分量変化を測定可能であることが示されている。

また，非侵襲かつ安価で水ストレスを評価する新たな方法の確立を目的として，アコースティック・エミッション（AE）測定による水ストレス評価に関する研究が進められている。

蒸散が活発に行われる日中は，蒸散による張力によって道管内の水分量が減少し，木部内は負圧となる。水ストレスが与えられ，さらに負圧が増大すると，道管側面の細胞壁から空気が吸引され，木部内の微小な空気の泡が急速に膨張し，発泡する現象が起こる（図 3.3.3(a)）。この現象はキャビテーションと呼ばれ，水ストレスがかかるほどキャビテーションが起こる回数が増える。

AE 測定では，植物体内で起こるキャビテーションに伴って発生する弾性波による超音波振動を同じ植物の茎の 2 カ所に取り付けた振動センサ（図 3.3.3(b)）信号を比較することによって検知し，水ストレスと糖度や収量の関係について検討した結果とその有用性が報告されている[10]。

このように AE を測定することで，長期的に水ストレス状態をモニタすることが可能であるが，通常時に時間あたりに発生するキャビテーションが少ないため，1 時間あたりに AE が観測された回数を積算して評価する場合が多く，リアルタイムかつ短時間で水ストレスを評価したい場合には不向きである。また，水ストレスが進行しすぎると，道管内に恒久的な塞栓ができてしまうことからキャビテーションが起こらなくなるため，水ストレスの評価範囲にも制約がある。

そこで，短時間で，より広範囲な水ストレスを評価可能な手法の確立を目的として，植物生体電位測定による方法についても検討が進められている。

植物の生体電位は，植物の細胞内外で発生するイオン濃度差を電気信号として捉えるもので，生理活性に応じたイオン濃度の変化と密接に関わることから，植物の活性評価などへの利用が期待されている。これまで主に光合成活性や温度変化との相関関係が報告されているが，水ストレスとの関係については十分な報告がない。

現在進められている研究では，植物工場内のミニトマトを対象とした灌水制御を目的として，

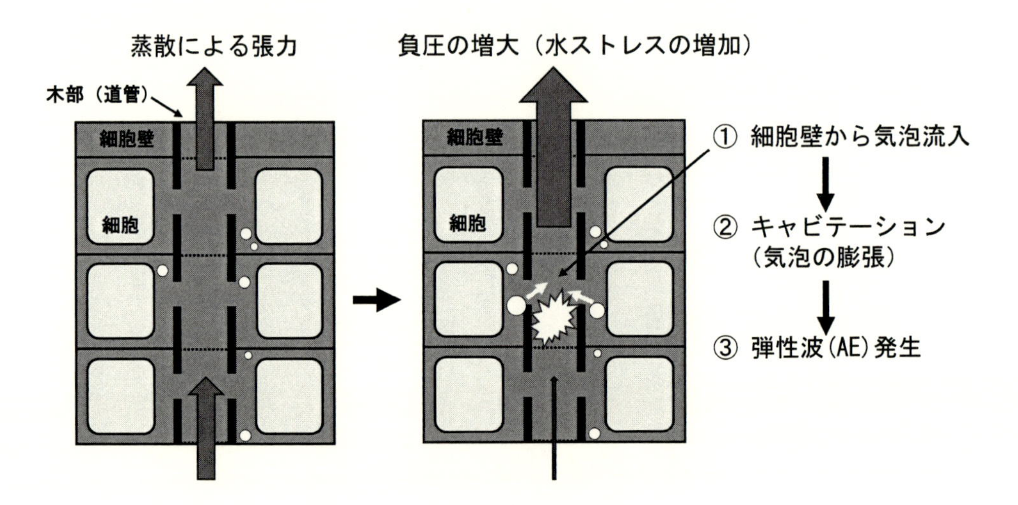

(a) AE の発生イメージ図

(b) トマトの茎に設置した AE 測定用振動センサの例

図 3.3.3　AE の発生イメージと振動センサ設置例

段階的に水ストレスを与えたときの生体電位応答の測定が行われ，圧力チャンバ法による水ポテンシャル測定および AE 測定の結果と比較してその有用性について検討されており[11]，今後，水ストレスとの関係が明らかにされることが期待される。

3. 3. 3　水ストレスのイメージセンシング

ここまでの項で紹介した研究事例は，主に植物体にセンサを接触させてあるいは，隣接させて計測するものだったが，デジタルカメラやビデオカメラなどの可視画像情報を用いた非接触でのイメージセンシングに関する研究が行われている[12]。さらに，近年目覚ましい発展を続けている IoT 技術や AI 技術と融合し，施設栽培だけでなく，広大な圃場でのセンシングをも可能とするため，衛星データから取得される植生指数によるセンシングや，熱赤外画像センサを搭載した

表 3.3.1　水ストレスのリモートセンシングにおける衛星とドローンの仕様比較

仕様	衛星	ドローン
観測範囲	数百 km^2 〜	〜 1 km^2
空間解像度	1 〜 8 m	数 cm
回帰周期	数日に一回程度	随時
適時性	天候に依存	機動性 高
天候の影響	雲，大気の影響を受ける	降雨，強風を除き観測可
搭載センサ	光学，マイクロ波，熱赤外 (周波数は衛星によって固定)	熱赤外センサ，温湿度センサ (ユーザー選択性 高)
データ取得	良好な画像を選択して購入	オペレータによる独自計測

(文献(17)より関連部分を一部抜粋，改変して作成)

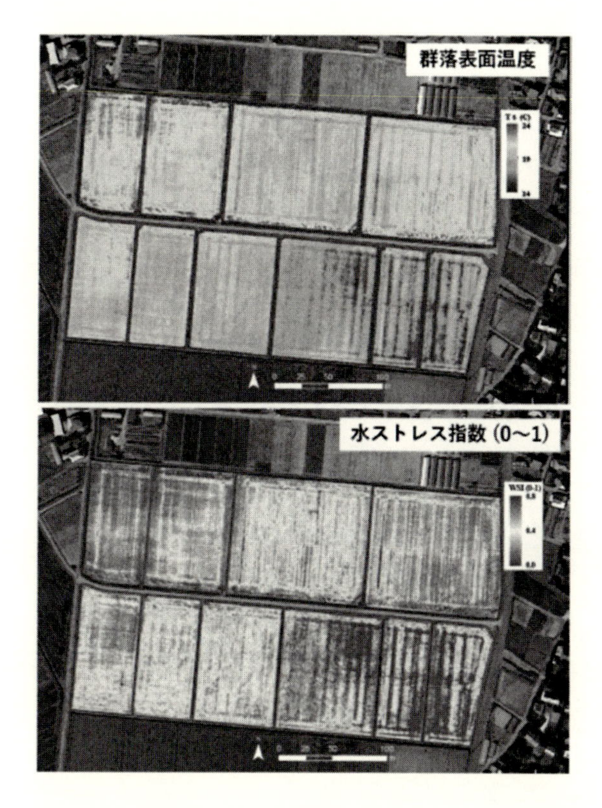

図 3.3.4　ドローンに搭載されたセンサ情報から水ストレス指数を試算した例[17]
(日本リモートセンシング学会の許可を得て掲載)

ドローンによるセンシングなどのリモートセンシングにも注目が集まっている。

デジタルカメラを用いた水ストレスの早期診断を目的とした研究は，国内外で行われている[13],[14]。例えば，撮影した画像のヒストグラムをあるしきい値によって2つに分割することで，測定対象となる植物と背景を分離した上で投影面積を自動で算出し，水ストレスを診断する取り組みでは，カメラの設置角度についても検討され，植物を横から撮影するよりも，真上に近い位置から撮影した場合に水ストレスによる萎れをもっとも早期に検知でき，イメージセンシング技術として有用性が高いことを示している[(13)]。

一般に，リモートセンシングは，衛星から得られる高精度なデータを元に数百 km^2 以上の広域観測を行うことができ，水ストレスセンシングに関する研究も国内外で広く行われ，その活用が期待されている[(15),(16)]。一方，日本のように 1 km^2 以下の比較的小面積な農地が多い場合には，低空から小面積を機動的にリモートセンシングすることが要求されることから，ドローンを用いた水ストレスセンシングが提案されている。水ストレスのリモートセンシングにおける衛星データとドローンの仕様の比較を表 3.3.1 に示す[(17)]。

リモートセンシングによる水ストレスの評価についてはさまざまな研究が行われており，例えば，図 3.3.4 に示すように，ドローンに搭載された熱赤外センサデータから群落表面温度を，温湿度センサデータから大気飽差を求め，これらのデータから水ストレス指数を試算することが可能であることが報告されている[(17)]。

3. 3. 4　今後の展望

高品質な作物の栽培には，水センシング及びコントロールが不可欠であり，中でもこの節では，収穫物の糖度や収量と密接に関連する水ストレスセンシングについて，従来の手法からドローンや衛星を用いた最新の手法まで概説してきた。

実際には，ここに上げきれないほどのさまざまな研究や取り組みがある[(18)]ものの，実用的な利用にあたって課題があるものも多く，その改善が望まれる。茎径のセンシングでは，測定の安定性や生長段階による差異が，AE や生体電位など，植物の生理活動と密接に関連する情報を直接センシングする事例では，個体差や再現性の点，測定可能な水ストレスの範囲が限定される可能性があることなどが課題となっているが，今後，AI 技術との融合からスマート化が進み，急激に発展することが期待される。

イメージセンシングやリモートセンシングは，水センシングに限らず発展してきた技術であるため，従来の技術を水ストレスセンシングに応用することで実用的な技術としてすぐにでも利用できる可能性は高い。一方で，高価なカメラ，ドローン，ドローンに搭載するセンサ類などの機材や，衛星データの購入などが必要になるためコストがかかる。

他の節でも触れられているように，農業と水に関わるセンシングはさまざまな形やニーズがあるため，今後，それらが AI 技術などによって融合され，マルチセンシングを可能とすることで，コスト削減，センシング精度や汎用性の向上などが期待される。

参考文献

(1) 栃木博美・川里 宏：「トマトの促成栽培における土壌水分が果実品質に及ぼす影響」，栃木農試研報，Vol.36，pp.15-24（1989）

(2) 荒木陽一：「体内水分状態あるいは土壌水分状態に基づいてかん水された施設栽培トマトの生育」，園芸学会雑誌，Vol.63, No.1, pp.91-97（1994）

(3) B. Klepper, V. D. Browning, H. M. Taylor："Stem diameter in relation to plant water status", *Plant Physiology*, Vol.48, pp.683-685（1971）

(4) 岩尾憲三・高野泰吉：「植物生体情報の計測手法の開発とその応用に関する研究（第1報）植物体内水分の非破壊連続測定法の開発」，生物環境調節，Vol.26, No.3, pp.139-145（1988）

(5) 仙波浩雅・菊池毅洋・安西昭裕：「短冊状ゴムシートとひずみゲージを用いた植物の茎周囲長変化計測センサ」，植物環境工学，Vol.27, No.2, pp.82-90（2015）

(6) 岩尾憲三・高野泰吉：「植物生体情報の計測手法の開発とその応用に関する研究（第2報）植物体内水分動態の諸特性」，生物環境調節，Vol.26, No.4, pp.163-170（1988）

(7) 大石直記：「トマト養液栽培における水分ストレスに応じた給液制御システムの開発（1）－茎径変化による水分ストレスの非破壊評価－」，生物環境調節，Vol.40, No.1, pp.81-89（2002）

(8) 大石直記：「トマト養液栽培における水分ストレスに応じた給液制御システムの開発（2）－茎径変化を利用した給液制御－」，生物環境調節，Vol.40, No.1, pp.90-98（2002）

(9) 福田光男・松尾あかね・神野弘明・Islam Farzana・中山尚之・大山祥吾・内海淳志・田辺隆也：「半導体レーザおよび光ファイバプローブを用いた植物内屈折率の検出と水分量の推定」，植物環境工学，Vol.21, No.1, pp.7-14（2009）

(10) K. Kageyama, I.B.A. Halim："Effect of acoustic emission at stem on yield and sugar content of cherry tomato in spray culture", *Eco-Engineering*, Vol.28, pp.73-77（2016）

(11) 佐竹優志・内田秀和・長谷川有貴：「植物生体電位とAE測定を用いた果菜類の水ストレス診断」，電気学会 第35回センサ・マイクロマシンと応用システムシンポジウム，31pm2-PS-146, pp.1-5（2018）

(12) P. Foucher, P. Revollon, B. Vigouroux, G. Chasse ́ riaux："Morphological image analysis for the detection of water stress in potted Forsythia", *Biosystems Engineering*, Vol.89, No.2, pp.131-138（2004）

(13) 高山弘太朗・仁科弘重・山本展寛・羽藤賢治・有馬誠一：「デジタルカメラを用いた投影面積モニタリングによるトマトの水ストレス早期診断」，植物環境工学，Vol.21, No.2, pp.59-64（2009）

(14) Z. Shuo, W. Ping, J. Boran, L. Maosong, G. Zhihong："Early detection of water stress in maize based on digital images", *Computers and Electronics in Agriculture*, Vol.140, pp.461-468（2017）

(15) Y. Huang, C. Zhong-xin, Y. Tao, H. Xiang-zhi, G. Xing-fa："Agricultural remote sensing big data: Management and applications", *Journal of Integrative Agriculture*, Vol.17, No.9, pp.1915-1931（2018）

(16) S. Sayago, G. Ovando, M. Bocco："Landsat images and crop model for evaluating water

stress of rainfed soybean", *Remote Sensing of Environment*, Vol.198, pp.30-39 (2017)
(17) 井上吉雄・横山正樹：「ドローンリモートセンシングによる作物・農地診断情報計測とそのスマート農業への応用」, 日本リモートセンシング学会誌, Vol.37, No.3, pp.224-235 (2017).
(18) S. O. Ihuoma, C. A. Madramootoo："Recent advances in crop water stress detection", *Computers and Electronics in Agriculture*, Vol.141, pp.267-275 (2017)

3.4　植物の生命活動を観る中性子ラジオグラフィ

南戸秀仁*

3.4.1　植物と水

水素を含む「水」は，動植物にとって重要な働きを担っており，自身が大量に水分を含んでいるばかりでなく，その挙動が生命活動と密接な関係を持っている重要な物質であることは言うまでもない。植物の光合成は，空気中の二酸化炭素と根から吸い上げた水から糖を合成し酸素を放出する活動である。それ故，植物は水を吸わなければ光合成はできないはずであり，植物の吸水は光合成と密接に関係していると考えられる。すなわち，植物がどのように水を利用しているかを明らかにすることは，栽培者の勘やこれまでの経験に基づいた栽培に頼るのではなく，科学的な観点をもって，植物を育成・栽培する上で重要と言える。

本節では，土壌からの吸水，そして吸水した水が植物の成長過程でどのように水を利用しているかを知る一つの手段である「中性子ラジオグラフィ」について言及する。

3.4.2　中性子ラジオグラフィ

植物内における水の可視化技術としてここで言及する中性子イメージングや近赤外イメージング技術が用いられているが，ここでは中性子イメージング技術である中性子ラジオグラフィ技術[(1)～(6)]について述べる。

1)　概要

中性子線による透過像は，非破壊測定手法として工業の幅広い分野で研究開発が進み応用されているが，農業分野ではほとんど利用されていないのが現状である。生きている植物では，構成される成分の内約80%以上が「水」で占められていることから，上述したように，植物研究において，「水の動態」を調べることは非常に重要である。

植物中の水の動態については，色素などを用いた研究，核磁気共鳴吸収（NMR）を利用したイメージング，放射線同位元素などのトレーサーを用いた手法などがあげられるが，まだ植物研究への応用は未開発である。一方，水などの軽元素と相互作用をする中性子線を用いた手法については，近年，研究例が増え，その有効性が認識されてきている。

中性子ラジオグラフィはX線ラジオグラフィと類似した放射線透過検査法であり，透過特性の違いにより，X線ラジオグラフィと相補的な情報が得られる。典型的な中性子ラジオグラフィ装置は，中性子源，コリメータおよび撮像系の3つの要素から構成される。観察対象の植物を，コリメータによって方向が揃えられた中性子ビーム内に設置し，透過してきた中性子線の強度分布を適当な撮像媒体を用いて画像化することでイメージングが可能となる。特に，中性子が軽元

---

*　Hidehito Nanto　金沢工業大学　大学院工学研究科　高信頼ものづくり専攻　教授

素と相互作用をすることから，土壌の中の根，水や茎などにより，中性子線のエネルギーが吸収されることより，イメージングが有効にできる。

2) 中性子ラジオグラフィの原理

中性子ラジオグラフィは，中性子線が物質中を透過した際，物質による吸収（あるいは透過）の大きさの差を用いて物質の透過像を取得する技術である。透過像を得るものには，X線ラジオグラフィが著名であるが，物質によっては中性子線の透過性がX線と大きく異なるため，両者は相補的な技術として用いられる。例えば中性子線は，Al，Pb，Bi等に対しては，X線よりはるかに強い透過力を示すので，このような物質内部の欠陥や不純物の非破壊検出・検査を容易にする。一方，水素及び水，合成樹脂などの水素化合物に対しては，中性子線がX線より強い不透過性を示すことから生体などの透過像撮影には必ずしも適さない。中性子ラジオグラフィは1960年代に研究用原子炉から高中性子束が得られるようになってから，非破壊試験の一部門として急速に発展した。十分な強度が得られる中性子線源の設備としては通常研究用原子炉が最も適している。

3) 中性子源，コリメータ及び撮像系

中性子源としては，（α，n）反応および（γ，n）反応を利用した線源のほか，自発核分裂に基づくものがある。（α，n）中性子源では，α放射性核種のAm－241と酸化ベリリウムを均一に混合してペレットにしたAm－241・Be中性子源が広く利用されている。（γ，n）中性子源では，Sb－124の密封γ線源を中空のベリリウム金属円筒内に挿入したSb－124・Be中性子源が代表的である。自発核分裂中性子源では，Cf－252の酸化物をステンレス鋼カプセルに密封しており，他に比べ中性子放出率が大きい。原子炉はもちろん強力な中性子源である。また，静電加速器によるD-D，D-T反応を利用した中性子発生装置や線型加速器による中性子発生装置も中性子源ということがある。

コリメータとは，一般に光線や放射線ビームを平行に集束させる装置をいう。線源から出る放射線を特定方向・特定範囲に導き照射する場合や検出器に特定方向から入射する放射線に対する検出効率を大きくするために，放射線の進路および入射面積を制限する装置をコリメータという。例えば，がん治療を目的に，原子炉を運転することにより発生した中性子を水平方向に取り出し，コリメータによって特定範囲に集束されビームとなった中性子を植物の観察したい位置に照射し，あるいは，撮像検出器前面に，円筒型，テーパー型等の貫通孔を持った鉛製遮へいをセットし，放射線に対する指向性を持たせるものである。

撮像系は，試料を透過してきた中性子ビームの強度分布を可視化する部分である。従来から用いられてきた方法としてフィルム法があるが，現在では中性子用イメージングプレートで置き換えられつつある。また，後述する蛍光コンバータ（コンバータとして蛍光を発するもの）と高感度のテレビカメラを組合せることにより動的試料の撮影も可能となる。

4)　中性子ラジオグラフィの特徴

植物はそのほとんどが水から構成されているため，中性子ラジオグラフィで良く可視化できる。植物の生育に伴う根の成長の様子を時系列的に非破壊で可視化したり，肥料を添加した土壌中での根の成長との関係を調べたり，根の生育と根近傍の土壌中の水量分の関係を明らかにするのに有利である。以上の特徴を持つ中性子ラジオグラフィを用いた植物のイメージングにより，植物の地上部，土壌中の根，種子の吸水課程，樹木の小口材中の水分像等を非破壊状態で観測できる。中性子ラジオグラフィの特徴として，①軽元素ならびに希土類元素，特に水素の特異的な像が得られる，②分解能が高い，③大きな植物試料を実験に供することができる，④通常見ることができない根および土壌中の水の動きを調べることができる，⑤植物内部の水の動きを調べることができる，⑥得られる像が美しいなど挙げることができる。

3.4.3　植物の中性子ラジオグラフィ

図3.4.1に植物等のラジオグラフィに用いられている典型的な中性子ラジオグラフィ測定系の概念図[5]を示す。中性子ラジオグラフィには中性子源（図中a）が必要であり，リアクターを用いる場合（粒子線加速器とターゲット）あるいは中性子を発するアイソトープを用いるのが一般的である。中性子ラジオグラフィには，熱中性子（12-100meV）や冷中性子（0.12-12meV）源を用いるのが一般的である。それ故，中性子源からの熱外中性子や速中性子を重水などのモデレーターを使って減速させて使うことが一般的である。中性子源から出たビームはフィルターを含むコリメータ（図中b）に導かれ，ビームのエネルギースペクトルの修正およびビームに含まれるガンマ線の低減化が行われる。植物等の試料（図中c）を通過した中性子ビームは，シンチレータなどを使った位置検出器（図中d）に入り，透過した中性子の位置と強度が検出される。近年では，位置検出器として電荷結合素子（Charge Couple Devices：CCD）カメラやイメージ

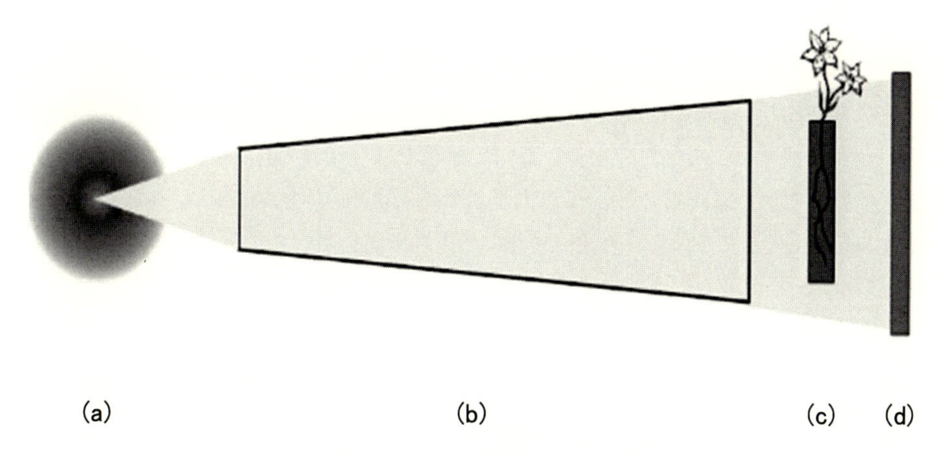

図3.4.1　中性子イメージングに用いられる装置：(a) 中性子源，(b) コリメータ，(c) 植物などの試料および (d) 中性子位置検出器

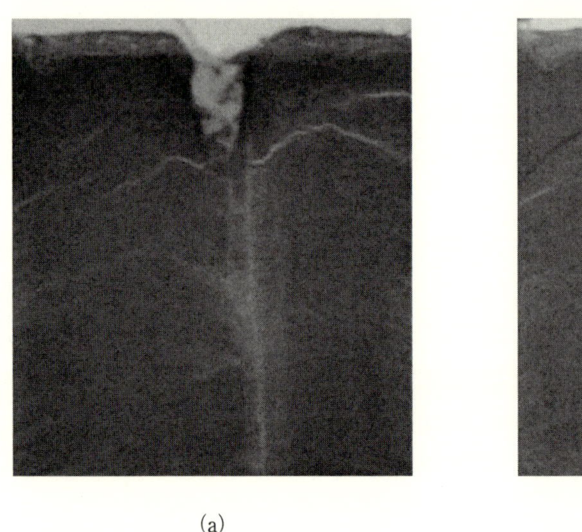

(a)

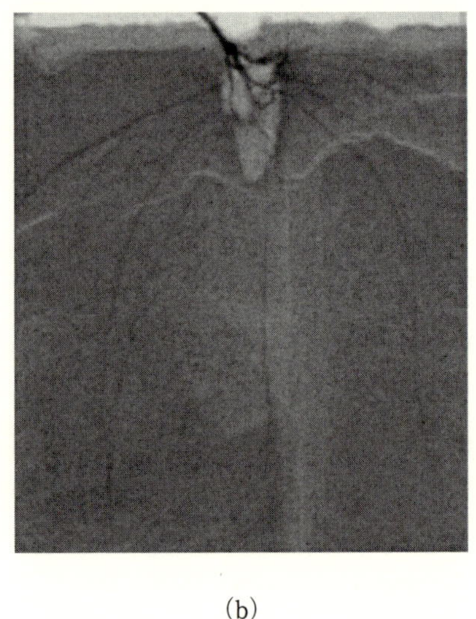

(b)

図 3.4.2　植物の根の部分の X 線ラジオグラフィ (a) と中性子ラジオグラフィ (b) を用いたイメージングの比較[5]

ングプレート（Imaging Plate：IP）が用いられ，解像度の向上が図られている。

水などの軽元素を多く含む植物試料のイメージングには中性子ラジオグラフィが適している。図 3.4.2 に X 線（120keV）ラジオグラフィ（a）と中性子線ラジオグラフィ（b）で観測した植物の根のイメージングのコントラストの比較を示す。図から明らかなように，X 線ラジオグラフィーに比べ中性子ラジオグラフィにより観測したイメージの解像度が良くなっている。このように，植物の生命活動を観測する上で，中性子ラジオグラフィは強力な手段となることが分かる。

3. 4. 4　今後の展望

中性子線を照射すると透過度の差から非検体物質中の水素，ホウ素などの軽い元素並びに数種の希土類などの像を得ることができる。特に，植物では，元素の存在比から，水素の像となるが，生きている植物の構成成分の 80％以上が水であるため，水素の像は水の像，すなわち，組織の像とみなして差支えない。それ故，植物に熱中性子線を照射すると，通常見ることのできない植物中の水の分布，すなわち組織の像を高い分解能で可視化できる。

将来，中性子顕微鏡が開発され使用が可能となれば，さらに詳細に植物中の水の動態を知ることができるようになり，植物育成等を中心とする農業の技術発展に大きく寄与するものと思われる。今後の研究の進展を期待したい。

参考文献

(1) T. M. Nakanishi, S. Matsumoto, and H. Kobayashi：“Morphological change of plant root revealed by neutron radiography”, *RADIOISOTOPES*, Vol.41, No.12, pp.638-641 (1992)
(2) 中西友子：「中性子による計測の応用 — 植物研究への応用 —」, *RADIOISOTOPES*, Vol.46, No.8, pp.579-585 (1997)
(3) 川崎祐司：「中性子イメージング技術とその応用—中性子イメージングの生物学への応用 —」, *RADIOISOTOPES*, Vol.56, No.12 pp.225-232 (2007)
(4) U. Matsushima, N. Kardjilov, A. Hilger, W. Graf, and W. B. Herppich, “Application potential of cold neutron radiography in plant science research”, *Journal of Applied Botany and Food Quality*, Vol.82, No.1, pp.90-98 (2008)
(5) B. R. Robinson, A. Moradi, R. Schlin, E. Lehmann, and A. Kaestner：“Neutron radiography for the analysis of plant-soil interaction”, Encyclopedia of Analytical Chemistry (https//doi.org/10.1002/9780470027318.a9023), Wiley Open Library, John Wiley & Son. Ltd., (2008)
(6) D. Leitner, B. Felderer, P. Vontobel, and A. Schnepf：“Recovering root systems trait using image exemplified by two-dimensional neutron radiography images of lupine”, *Plant Physiology*, Vol.164, pp.24-35 (2014)

3.5　防災・農業のための土壌・培地センシング

二川雅登*

3.5.1　自然環境のオンサイト計測

IoT（Internet of Things）を活用し，人とモノがつながり様々な知識や情報の共有が求められている中，「何を」「どのように」して情報を入手するのか，がとても重要となってきている。センシングは，計測対象物を採取し実験室内で精密計測を行うオフサイト計測と，計測対象物にセンサを近づけ接触・埋没させて連続計測を行うオンサイト計測とに大別される。人とモノをつなぐためには，リアルタイムに情報を得る必要があり，オンサイト計測技術の発展がとても重要になってくる。

オフサイト計測は気温や湿度を含めた観察環境を一定に保つことができる利点があるのに対し，オンサイト計測は周りの環境変化の影響を受け計測結果が変動してしまうことがあり，長期間安定して計測を行うためには多くの課題を克服する必要がある。また，自然環境を計測する際には，観察対象に対し計測できるエリアが小さい場合が多いため，計測結果が観察対象の代表値となり得るか，設置時に十分な配慮を行う必要がある。例えばビニールハウスにおいて，日差しの強い南側面近くで計測するのか，中央付近で計測するのか，日差しの弱い北側面近くで計測するのか，により得られる結果が大きく異なる。この時，換気扇などによりビニールハウス内の空気を循環させることができれば，中央付近での計測がビニールハウス全体の代表値であるといえるのかもしれない。このように，気温を計測する温度センサの性能だけでは補えない種々の問題がオンサイト計測にはあり，観察対象の状況を把握した上で設置をすることが重要であるといえる。

著者らは，通常は水にぬれると壊れてしまう半導体素子を防水加工することに成功し，年単位の長期間連続稼働させることに成功している。この技術を用い，水や土壌における水分量やイオン濃度，pH，温度の計測が可能なマルチモーダルセンサの開発を行った。このセンサ技術について紹介すると共に，防災分野や農業分野への適用について紹介をしていく。

3.5.2　マルチモーダルセンサチップ

1）　土壌の観察情報

土壌の pH は作物の状態・健全性の確認に用いられており[(1)～(5)]，pH が変化すると土壌水分に溶け込む成分が変化し作物に必要な栄養分を作物が吸収できなくなる。そのため，作物ごとに適する pH が違うため，それぞれに合った pH に保つ必要がある。水分量は，土壌や培地内において，単位体積あたりに占める水の体積比率を示しており，作物の生育に必要不可欠な情報となる。電気伝導度は水に含まれるイオンの量に応じて変化し，作物の栽培においては養分濃度の制

＊　Masato Futagawa　静岡大学　学術院工学領域　電気電子工学系列　准教授

御[6]に用いられる。特に液肥栽培では，与える液肥で成分比率をコントロールできるため，全ての成分の総和となる濃度の常時モニタリングが求められている。温度は生育環境・生育温度の制御に使われており[7]~[9]，花が咲いてから実がなるまでの予測を積算温度で予想したりもしている。土壌や培地は観察場所が数十 cm 異なるだけで得られるデータが変わってしまうため，オンサイト計測による土壌の状態把握を行うためには，これら4つの情報を同一箇所で同時に計測する必要がある。これらを同時に計測することにより，多角的な状態把握ができ，容易に原因の特定までを行うことができるようになると考えられる。

そこで，著者らは世界初となる水分量，EC，pH，温度センサを集積化したマルチモーダルセンサの開発を行ってきた。そのセンサ概要を次に示す。

2)　水分量，EC，pH，温度一体型マルチモーダルセンサ[10]

水分量，EC，pH，温度のセンシングエリアを同一 Si 基板上に形成した，マルチモーダルセンサの製作を行った[11]。開発したセンサチップの写真を図 3.5.1 に示す。5 mm 角の中に，水分量センサ及び EC センサのための Pt 電極をそなえ，この他にも pH センサ，温度センサを有している。水分量及び EC センサは印可電圧の周波数を切り替えて計測を行うことができるため，同一の Pt 電極を用いている。このセンサチップの断面構造図を図 3.5.2 に示す。図 3.5.2(a) は，図 3.5.1 の A-A' 面の断面構造を示している。基板上には，Pt 電極と基板との絶縁分離を目的とし，1 μm 以上の Si 酸化膜を形成している。基板を介したリーク電流の低減をはかることで，水分量・EC センサの微小出力信号の感度を上げることができ，測定可能レンジの向上にもつなげている。また，Pt 電極下には Al を堆積しており，ボンディングパッドまでの配線に使用している。図 3.5.2(b) は，図 3.5.1 の B-B' 面の断面構造を示している。温度センサは pn 接合ダイオードの構造をしており，CMOS 技術を用いて，ISFET と同時形成される。上部保護膜には SiOx と SiN

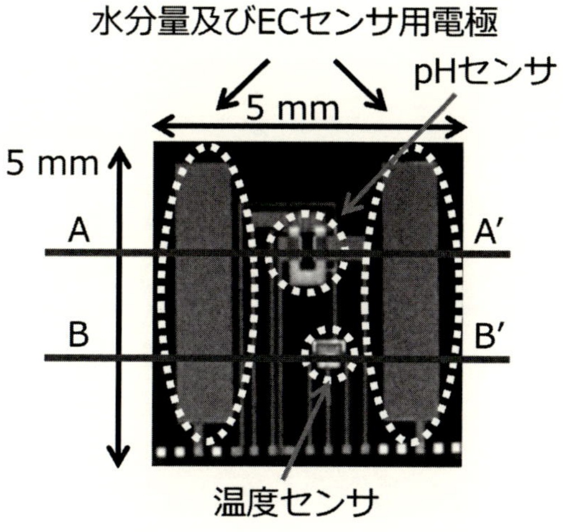

図 3.5.1　マルチモーダルセンサチップ

を用いており，溶液と接触しないような構造となっている。特徴となる点は，ダイオードのSi基板側外周を囲むようにシールド層を設けている点である。これは，p型の拡散層で形成しており，ECセンサの基板を介して流れるリーク電流や，ISFETの電位変化，外部から入るノイズなどの影響を排除するためである。特に，製作した温度センサの感度は約1 mV/℃であり，他の2つのセンサと共に同時測定するためには，このシールド層の役目が重要となってくる。センサは小型で薄いため，図3.5.3のように容易に土や培地に挿入することができ，計測対象を極力乱さ

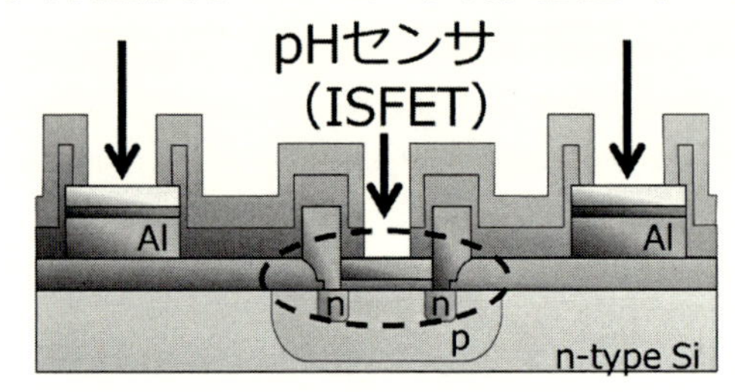

(a) A-A' 面の断面図

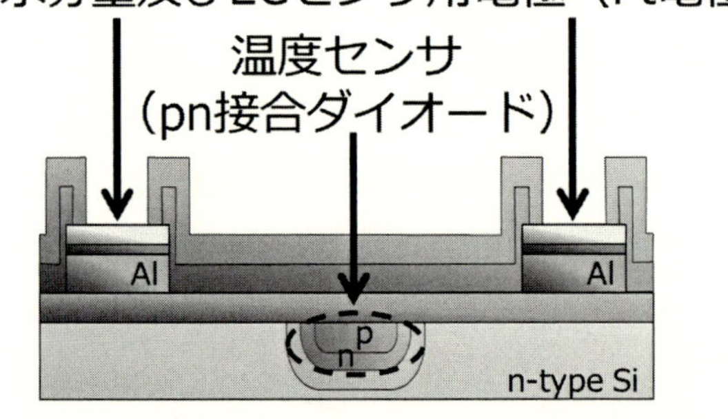

(b) B-B' 面の断面図

図3.5.2　マルチモーダルセンサチップ断面図

図3.5.3　マルチモーダルセンサの外観

ずにオンサイト計測できるようになっている。

3)　土壌におけるpHセンサの計測安定度評価[12]

市販のpHセンサでは計測が困難な培地において，水分量が80％以上の人工培地内のpH直接計測に成功している。しかし，露地栽培などの土壌培地は水分量が20％から40％と少なく，参照電極とISFET型pHセンサ間の高い寄生抵抗がpH計測にどのように影響を及ぼすか明確ではなく，土壌直接計測の課題となっていた。さらに同一土壌を計測中のpHセンサが土壌の水質（pH）の変化をリアルタイムかつ正しく捉えられているかも明確ではなかった。そこで，モデル土壌を用いて土中水分量を変化させたときのpH計測（土中水分量変化実験）と，様々なpH標準液をモデル土壌に通水したときのpHリアルタイム計測（通水によるpH変化実験）の2パターンを行い，その計測精度について評価した。

モデル土壌を用い水分量変化に対するpHセンサの出力の差異を検討するための実験風景の写真を図3.5.4（a）に示す。ISFET型のpHセンサのゲート部分にあたる感応膜が土壌の水分と接触し，pHに応じた電位を得ることができる。pHセンサからの信号はPCB基板を介して地上部のコネクタへと伝えることができる。使用したPCB基板は，長さ240mm，幅8mm，厚さ2mmで，土壌に突き刺すことができるような形状に設計してある。

センサ出力電位はpHで変化する電位と溶液中の電位が足されたものである。この電位が出力端子の電圧変化として現れ，pH計測ができるようになる。この測定法では，溶液電位が既知である必要があるため，今回は外部のガラス参照電極を用いて溶液電位を与えている。

水の電位が正しくセンサに伝わっているかどうかの実験を行うため，水分の基準電位を決定しているガラス参照電極の電圧を0Vから4Vまで変化させ出力電圧の様子を観察した。このとき，土にはpH6.86標準液を混ぜ，水分量20％になるよう調整している。ガラス参照電極の電位上昇に伴い，pHセンサの出力電圧の上昇を確認でき，水分量が少なくなっても，水電位はpHセンサに正しく伝わっていることを確認できた。

次に，ガラス参照電極の電圧を2.4Vに固定して様々なpH標準液を用いたモデル土壌の計測を行った。その結果を図3.5.4(b）に示す。同じpH6.86において水分量を変化させた場合，バラツキはあるものの，出力電圧は変化していないことがわかる。同様に，pH4.01，pH9.18の場合も同じ結果を示している。また，pHの値の変化により，同じ水分量でも出力電圧が変化していることから，センサが土壌のpH値を捉えていることが分かった。この場合，水分量に依存せず一定であることから，センサ感応膜表面の水素イオン密度は水分量に依存していないことが示された。

本実験により，土中の自由水を介して正しくpHを計測できていることが示された。密度の異なる土においても土中に自由水が存在している場合はpH計測ができることが推定される。以上のことから農業現場での土壌pH直接計測に目途をたてることができた。

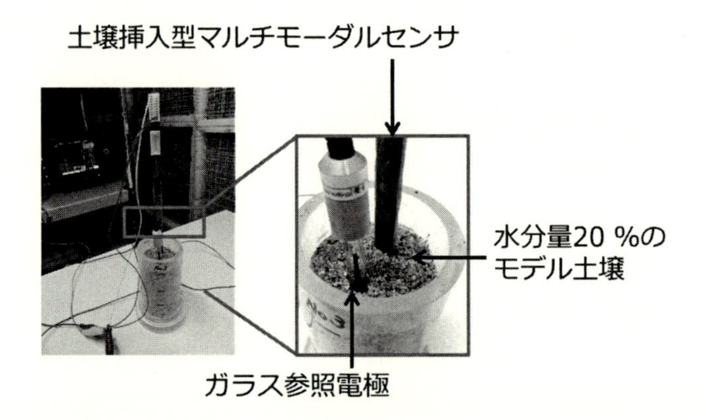

(a) ISFET 型 pH センサによるモデル土壌の pH 計測の様子実験の様子

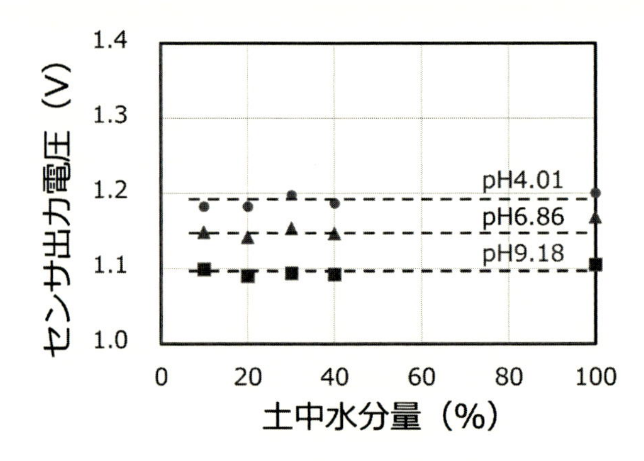

(b) モデル土壌の水分量変化と pH 計測結果[12]

図 3.5.4　水分量変化に対するセンサ出力電圧の変化の様子

4)　土中水分量センサの高精度化への取り組み[13]

これまでに我々が開発した従来センサの断面構造図を図 3.5.5(a) に示す。電気力線は Pt 電極間をセンサ界面から鉛直方向におおよそ 5 mm 程度まで存在する。このセンサチップは Pt 電極間のチップ表面を plasma-enhanced chemical vapor deposition (PCVD) 法を用いて SiNx 膜で覆っており，さらにその上に SiOx 膜で覆っている。この SiNx 膜は水の浸透を防ぐことを目的として覆われており，SiOx 膜は水との密着性向上を目的としている。

この水分量センサは既知の電圧を印加した際に電極間を流れる電流を測定することで測定対象のインピーダンスを算出し，そこから土中水分量を求める。このとき，図 3.5.5(a) に示すような半導体基板内を流れる電流（リーク電流）が発生していると考えられ，計測したい電流（計測電流）とリーク電流との和が出力されていたため低土中水分量時にセンサ出力変化を得ることができなかった。一般的に土壌中の水分量が少なくなると土壌のインピーダンスは上昇する。すな

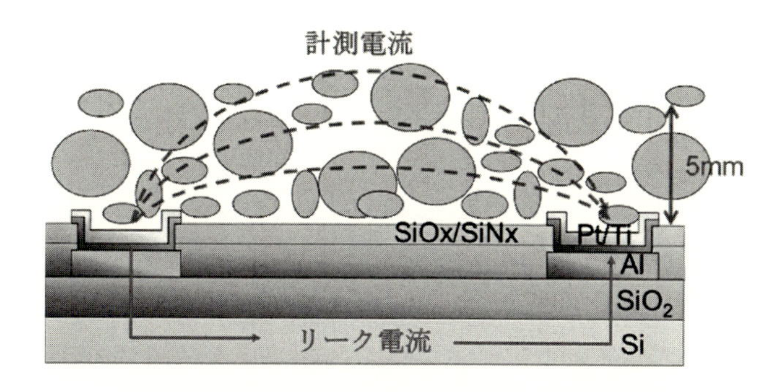

(a) 従来型水分量センサ構造図とリーク電流経路

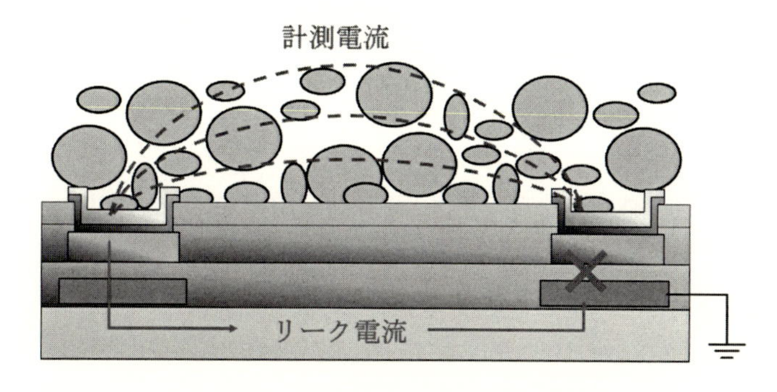

(b) シールド型水分量センサ構造図

図 3.5.5　水分量センサの構造図とリーク経路[13]

わち，計測電流は流れにくくなる。十分な水分を含む土壌においては計測電流がリーク電流に比べ十分大きいため無視でき，反対に低水分量土壌おいてはリーク電流の影響を大きく受けるのだと考えた。この問題を解決するためには，低水分量土壌での水分量計測を行うためにはリーク電流の低減が必要であった。

リーク電流の影響を抑えるため，シリコン基板内に新たに電極を加えたシールド電極型インイーダンスセンサを提案した。シールド電極と Al 電極の電位と等しくすることでリーク電流を除外でき，計測電流のみを測定することが可能になると考えた。これにより，従来では行えなかった低水分量土壌での水分量計測の実現を図った。

製作したセンサチップの断面図を図 3.5.5(b) に示す。従来センサと同様にセンサチップは 5 mm×5 mm と非常に小型となっている。従来センサと同様の製造プロセスで追加可能な PolySi をシールド電極に用いた。

次に，入力電圧の周波数を 1 kHz とし，従来センサとシールドセンサのそれぞれのインピーダンス計測結果を比較した。また，計測に用いたモデル土壌の土中水分量を変化させ，その値の変化も確認した。その結果を図 3.5.6 に示す。土中水分量が増加するということは，土壌中の空

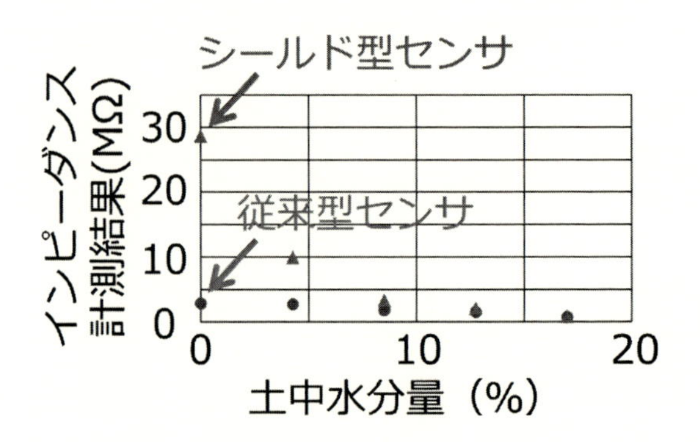

図 3.5.6　シールド型及び従来センサによるモデル土壌インピーダンス計測結果

気の割合が減少し水の割合が増加するということであり，空気のインピーダンスは水に比べて非常に大きい。したがって，水分量が増加するとインピーダンスは減少する。図 3.5.6 において，従来センサでは水分量の増加に対しインピーダンスがほとんど変化していない。それに対し提案手法では，水分量の増加に伴いインピーダンスが減少していることが確認できる。

これらのことより，シールド電極型インピーダンスセンサによりリーク電流の影響を低減させ，低水分量の土壌の計測を可能にした。

3. 5. 3　防災・減災分野への活用 [14]

豪雨などによる土砂崩れや斜面崩壊などの自然災害は，世界各地で発生しており，家屋だけではなく人の命も危険にさらされ大きな被害を及ぼしてしまう [15]。斜面崩壊の発生の検知には，一般的に地盤の変位や転倒センサ [16] などが使われており，崩壊直前の避難に役立っている。しかし，崩壊が発生するより前に危険度を知ることができれば，道路の封鎖や余裕を持った避難が可能となり，斜面崩壊の予測が強く望まれている。現在の斜面崩壊の予報は，雨の降水量を基に経験から出されているが，広い範囲を平均化してみているに過ぎず，また実際にどの程度土中に水がたまっているのかが分からないため，より精度の良い手法が必要となる。この解決方法の 1 つとして土中の水の量を直接，連続的に計測する研究がなされている [17]～[20]。単位体積当たりの水分の体積含有率，すなわち水分量の変化を連続的に観察することで危険レベルの算出に役立てようというものである。

そこで著者らは，マルチモーダルセンサの水分量センサを使った土砂災害の事前予知に関する取り組みを行っている。マルチモーダルセンサは 5 mm 角と小さいため，直径の小さなプローブに 20cm 間隔で 5 か所とりつけ，地表面から 5 深度を同時に計測できるシステムを開発した。このセンサの設置時の様子を図 3.5.7(a)に，設置完了後の山の斜面の様子を図 3.5.7(b)に示す。この図は，山の草木のある斜面と，草木の無い斜面を選定し，降雨の土中への浸透量の違いを観察している様子を示している。現在，半年以上の連続計測を行っており，今後データの整理・分析を行い山の斜面の状態把握へつなげていく予定である。

マルチモーダルセンサプローブ
（20 cm間隔に5 深度計測）

(a) マルチモーダルセンサを組み込んだセンサプローブの設置時写真

センサ制御・メモリ装置

(b) マルチモーダルセンサを用いた植生有無による浸透量差異の計測風景

図 3.5.7　水分量センサの構造図とリーク経路

このように，小型で高性能・低消費電力なセンサを用いることにより多深度計測を実現できている。今後，防災・減災分野への更なる活用が期待される。

3. 5. 4　農業分野への活用

水分量，EC，pH，温度センサを集積化したマルチモーダルセンサは5 mm 角と小型であるため，容易に作物の培地内へ挿入でき，必要な領域を直接計測することができる。作物の根が地表面から30cm の地点に多く密集していた状況を考えると，土壌表面から与える追肥や潅水を，拡散と重力により移動し，作物の根まできちんと届ける必要がある。しかし，しめ固まっていない隙間の多い土壌の水の移動は，同心円状には広がらず“水みち”のように偏りをもってしまうことが多い。そのため，マルチモーダルセンサにより，直接根域を計測し，過不足なく施肥・潅水できているかをリアルタイムに観察を行っている。図 3.5.8 は少量培地内に挿入し直接観察を行っているときの様子である。このように，小型であるためどのような培地にも挿入することができ，かつ根などへのダメージを極力なくすことができている。また，4 種類の計測情報をえることができ，精密な状況把握ができる。

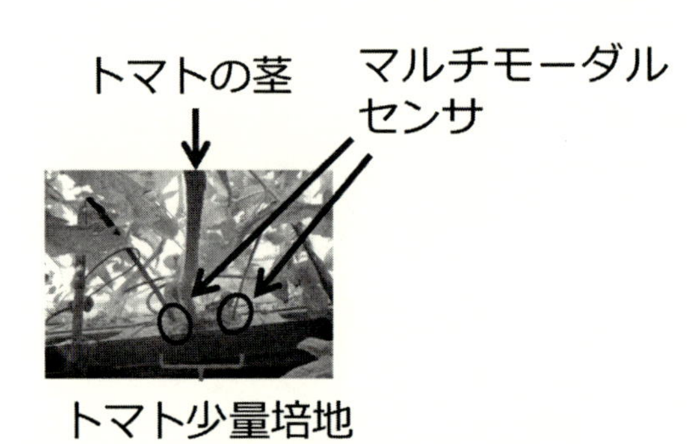

図 3.5.8　少量培地内のオンサイト計測の様子

今後，閉鎖空間から露地栽培まで，様々な栽培環境化での計測を行い，センサの利活用を進めていく予定である。

3. 5. 5　今後の展望

目に見ることができない土壌・培地内の状況を知るためには，センサによる数値化が重要である。水分量，EC，pH，温度を計測できるマルチモーダルセンサは，これまで計測できなかった微小な領域からメートルオーダーの広いエリアまでを観察できる可能性を有している。今後更なるセンサの高度化を行い，防災・減災分野や農業分野は元より，医療や海洋，産業などの様々な分野への貢献を目指していく。

参考文献

(1) R. E. Lucas, and J. F. Davis：“Relationship between pH values of organic soils and availability of 12 plant nutrients”, *Soil Sci.*, Vol.92, pp.177-182 (1961)

(2) G. Tyler, and T. Olsson：“Concentrations of 60 elements in the soil solution asrelated to the soil acidity”, *Eur. J. Soil Sci.*, Vol.52, pp.151-165 (2001)

(3) A. Silber, B. Bar-Yosef, I. Levkovitch, L. Kautzky, and D. Minz：“Kinetics and mechanisms of pH-dependent Mn (II) reactions inplant-growth medium”, *Soil Biol. Biochem.*, Vol.40, pp.2787-2795 (2008)

(4) D. Borgognone, G. Colla, Y. Rouphael, M. Cardarelli, E. Rea, and D. Schwarzd：“Effect of nitrogen form and nutrient solution pH on growth and mineralcomposition of self-grafted and grafted tomatoes”, *Sci. Hort.*, Vol.149, pp.61-69 (2013)

(5) C. Scanlan, R. Brennan, and G. A. Sarre：“Effect of soil pH and crop sequence on the response of wheat (Triticum aestivum) to phosphorus fertilizer”, *Crop and Pasture*

Science Vol.66, No.1, pp.23-31 (2015)
(6) S. P. Friedman："Soil properties influencing apparent electrical conductivity" *Comput. Electron. Agric.*, Vol.46, Nos.1-3, pp.45-70 (2005)
(7) P. B. Reich, and J. Olwksyn："Global patterns of plant leaf N and P in relation to temperature and latitude", *Proc. Natl. Acad. Sci.*, Vol.101, No.30, pp.11001-11006 (2003)
(8) M. K. Abbas Al-ani, and R. K. M. Hay："The influence of growing temperature on the growth and morphology of cereal seedling root systems", *J. Exp. Bot.*, Vol.34, pp.1720-1730 (1983)
(9) O. García-Tejera, Á. López-Bernal, F. J. Villalobos, F. Orgaz, and L. Testi："Effect of soil temperature on root resistance: implications for different trees under Mediterranean conditions", *Tree Physiology*, Vol.36, No.4, pp.469-478 (2016)
(10) M. Futagawa, T. Iwasaki, H. Murata, M. Ishida, and K. Sawada："A miniature integrated multimodal sensor for measuring pH, EC and temperature for precision agriculture", *Sensors*, Vol.12, No.6, pp.8338-8354 (2012)
(11) 二川雅登・岩崎太一・川嶋和子・高尾英邦・石田　誠・澤田和明：「3種類のセンサを一体化した農業用マルチモーダルセンサの開発」, 第26回「センサ・マイクロマシンと応用システム」シンポジウム論文集, C3-2, pp.603-608 (2009)
(12) 二川雅登・上村渓介・許山久美子・平野陽豊・渡辺　実・小松　満：「半導体型pHセンサによる低水分量土壌リアルタイムpH計測に関する研究」, 電気学会論文誌E (センサ・マイクロマシン部門誌), Vol.138, No.9, pp.417-422 (2018)
(13) 小笠原慎・伊藤　巽・小松　満・草野健一郎・渡辺　実・秋田一平・平野陽豊・二川雅登：「低水分土壌計測を可能とするシールド電極型土壌インピーダンスセンサの開発」, 第33回「センサ・マイクロマシンと応用システム」シンポジウム論文集, 24pm3-B-6 (2016)
(14) 二川雅登・小松　満・鈴木彦文・竹下祐二・不破　泰・澤田和明：「小型ECセンサを用いた斜面崩壊予測の開発」, 電気学会論文誌E (センサ・マイクロマシン部門誌), Vol.133, No.9, pp.278-283 (2013)
(15) R. C. Wilson and D. K. Keefer："Dynamic analysis of a slope failure from the 6 August 1979 Coyote Lake, California, earthquake", *Bulletin of the Seismological Society of America*, Vol.73, No.3, pp.863-877 (1983)
(16) T. Uchimura, I. Towhata, T. T. L. Anh, J. Fukuda, C. J. B. Bautista, L. Wand, I. Seko, T. Uchida, A. Matsuoka, Y. Ito, Y. Onda, S. Iwagami, M. Kim, and N. Sakai："Simple monitoring method for precaution of landslides watching tilting and water contents on slopes surface", *Landslides*, Vol.7, pp.351-357 (2010)
(17) 西垣　誠・小松　満・龍満弘誠：「豪雨時における斜面崩壊予測に関する基礎的研究」, 土と基礎, Vol.55, No.6, pp.24-26 (2007)
(18) 小松　満・西垣　誠・瀬尾昭治・戸井田克・田岸宏孝・竹延千良・山本陽一：「原位置土中水分計測による浅地層における降雨浸透量の評価方法」, 地下水地盤環境に関するシンポジウム2011－水環境の保全と育水－発表論文集, pp.17-26 (2011)
(19) S. J. Harris, R. P. Orense, and K. Itoh, "Back analyses of rainfall-induced slope failure in Northland Allochthon formation", *Landslides*, Vol.9, pp.349-356 (2012)

(20) R. P. Orense, S. Shimoma, K. Maeda, and I. Towhata, "Instrumented model slope failure due to water seepage", *Journal of Natural Disaster Science*, Vol.26, No.1, pp.15-26 (2004)

3.6 土中水のセンシング技術

小松 満*

3.6.1 地盤中の水センシング

地盤を構成する物質は，岩（rock）と土（soil）に区別される。岩はマグマが冷却・固結化した花崗岩・流紋岩・安山岩などの火成岩および風化作用による細粒物が固結した堆積岩などの天然の岩盤またはそれらの大きな硬い岩塊（岩石という），一方，岩から風化作用によりつくられる土は礫・砂・シルト・粘土およびそれらの混合物からなる弱・中程度の粘着性堆積物と定義される(1)。そのため，地盤中の水センシング技術は対象とする物質により，その手法が大きく異なる。岩は固結した物質であるため形状が変化しにくいが，土は未固結であるため，例えば地盤中に孔を掘った場合では，孔の形状が変化する（いわゆる自立しない）状態になりやすい。つまり，水は地盤中を移動する性質を持つ上に，特に土の場合はその媒体となる物質自体が大きく変化する性質を持っていることとなる。そのため，地盤において水が含まれる物質を亀裂性媒体（fractured media）と多孔質媒体（porous medium）とに区別しており，亀裂性媒体は亀裂の発達状態，多孔質媒体は間隙の大きさに依存して水が流れていく。特に，多孔質媒体の間隙の大きさは構成する物質粒子の大きさと相関距離によって支配されていることから，粒子径と粒子密度が間隙の状態を表すパラメータとなる。

ここでは，多孔質媒体である土を対象として，その中に含まれる水の分類とその表示方法についてまとめた上で，それらの水を対象とした観察技術について述べる。

3.6.2 土中水の分類とその表示方法

1) 土中水の分類と浸透の形態

多孔質媒体である土は，図3.6.1に示すように土粒子と間隙に含まれる水と空気（それぞれ，間隙水，間隙空気という）で構成されており，土中に含まれる間隙水のことを土中水（soil water），土中水が移動する現象を浸透（seepage），土中における自由水の移動のしやすさを表す土の性質を透水性（hydraulic property）という。ここで，間隙が水で満たされている領域を飽和領域（saturated zone），間隙に水と空気が存在する領域を不飽和領域（unsaturated zone）と呼ぶ。土中水は表3.6.1に示すように，土の間隙中を自由に移動することのできる水を示す自由水（free water）と移動しにくい水を示す保有水（retention water）に大別される。

自由水は，いわゆる地下水（groundwater）と不飽和領域で重力作用によって浸透する重力水（gravitational water）に分けられる。さらに地下水は飽和領域での浸透において地下水面を形成する自由水である不圧地下水（unconfined groundwater）と粘土層などの難透水層下にあって地下水面を形成しない自由水である被圧地下水（confined groundwater）の2種類がある。被

---

* Mitsuru Komatsu 岡山大学大学院 環境生命科学研究科 准教授

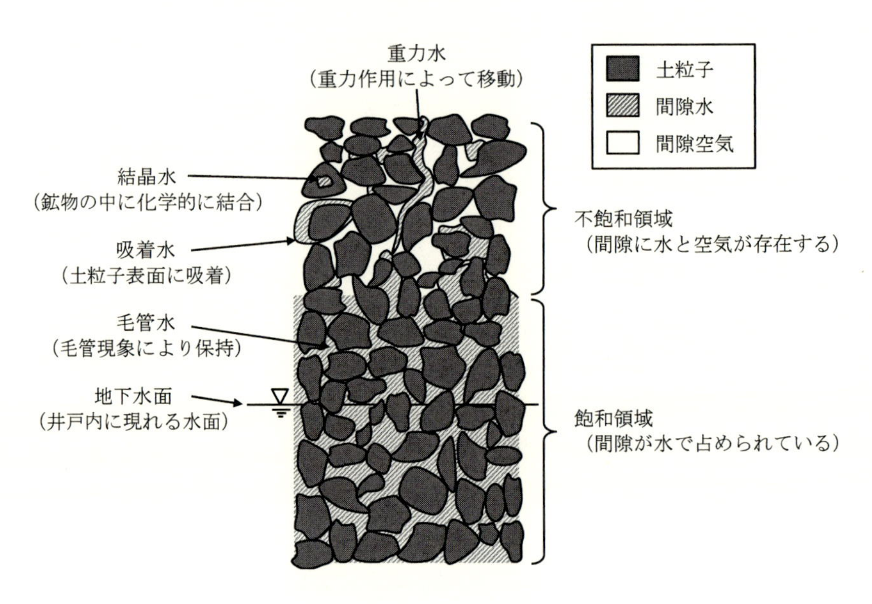

図 3.6.1　土の構造および土中水の模式図

表 3.6.1　土中水の分類

分類				飽和領域	不飽和領域
土中水	自由水	地下水	不圧地下水	○	—
			被圧地下水	○	—
		重力水		—	○
	保有水	毛管水		○	○
		吸着水		○	○
		結晶水		○	○

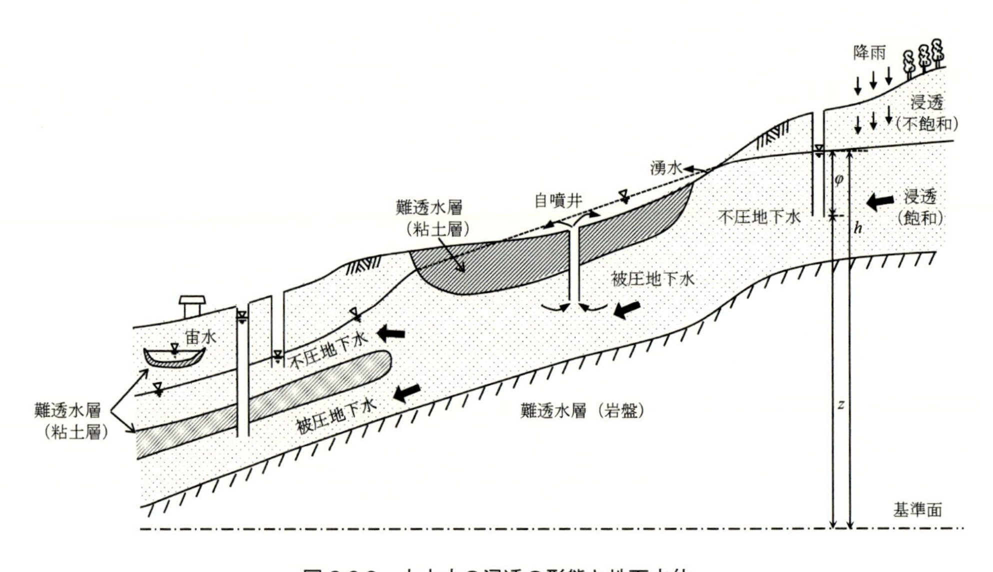

図 3.6.2　土中水の浸透の形態と地下水位

圧帯水層は，図3.6.2に示すように，静水圧よりも高い水圧を持つ場合が多く，井戸を掘ると自噴現象が見られることがある。また，難透水層により蓄えられた地下水が地下水面上に存在する場合は宙水（perched water），地表面から流出する地下水は湧水（spring water）と呼ばれる。

一方，保有水は，地下水面のすぐ上において土粒子間隙中に生じる毛管現象により保持される水分である毛管水（capillary water），分子間引力により土粒子表面に吸着されている水分（水膜）である吸着水（adsorbed water），鉱物の中に化学的に結合している水分の結晶水（crystalline water）に分類され，このうち結晶水は，100℃程度で加熱しても分離できず，通常は粒子固相部の一部として取り扱っている。

2）地下水位

土中水の浸透は，土中水のもつエネルギーの高い方から低い方に生じている。この土中水のもつエネルギーを全水頭（h）と呼び，ある基準面からの高さで表示される。図3.6.2に示すように井戸内に生じる地下水面は全水頭を表し，位置水頭（z：基準面から井戸底，あるいは計測点までの高さ）と圧力水頭（φ：井戸底あるいは計測点から地下水面までの高さ），さらに速度水頭（$v^2/2g$）の和として表示される。なお，地下水の流れは非常に緩やかであるので，通常，速度水頭は無視される（例えば1 cm/sの流速に対する速度水頭は0.0005 cm程度）。地下水面の位置を地下水位と呼び，地下水位の表示は基準面をどこに設定するかで変わってくる。

3）土の状態表示

土は図3.6.3に示すように，固体，液体，気体の3成分より構成されており，土粒子，水，空気の体積および質量の構成割合から表3.6.2にように土の状態を表す諸量を数値化している。

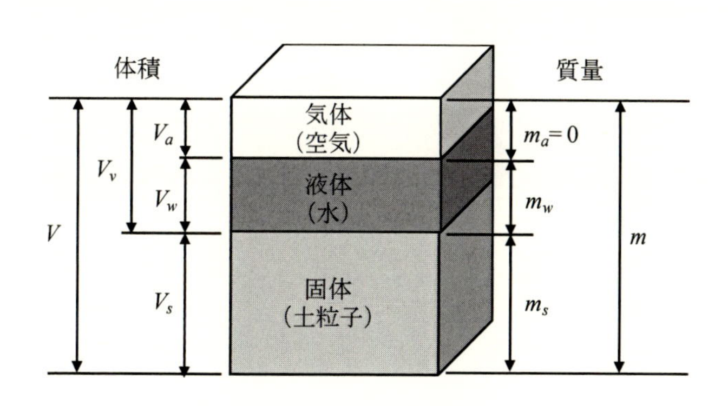

図3.6.3　土の構成の模式図

表 3.6.2　土の状態量を表す諸量

状態量	記号	単位	計算式	諸量の考え方
含水比	w	%	$(m_w/m_s)\times100$	土粒子に対する水の割合
土粒子密度	ρ_s	g/cm^3	m_s/V_s	土粒子のみの重量
乾燥密度	ρ_d	g/cm^3	m_s/V	土の締まり具合
間隙率	n	%	$(V_v/V)\times100$	間隙の体積割合
体積含水率	θ	%	$(V_w/V)\times100$	土中水の体積割合
飽和度	S_r	%	$(V_w/V_v)\times100$	間隙に占める水の体積割合

表 3.6.3　土の浸透特性を示すパラメータ

物理量	記号	諸量の考え方	飽和領域	不飽和領域
透水係数	k_s	自由水の移動のしやすさ	○	
不飽和透水係数	$k(\theta)$	重力水の移動のしやすさ		○
貯留係数	S	水圧の増減による土粒子と水の膨張収縮	○	
有効間隙率	n_e	重力排水により移動可能な間隙の体積	○	○
水分特性曲線	$\phi(\theta)$	地下水面上で維持される土中水の割合		○

4)　土の透水性

土中水の浸透流量 Q (m^3) は，次式(1)により求められる。

$$Q = V\cdot A\cdot t = k\cdot i\cdot A\cdot t = k\cdot(\Delta h/L)\cdot A\cdot t \qquad (式 1)$$

ここで，V：流速（m/s），A：断面積（m^2），t：時間（s），k：透水係数（m/s），i：動水勾配（m），Δh：水頭差（m/m），L：距離（m）である。水の流れによって損失した水頭の変化率を表す動水勾配と土中水の流速との間に成り立つ比例関係（$V=k\cdot i$）はダルシーの法則と呼ばれ，比例定数である透水係数が土中水の移動のしやすさを表す土の性質を表す指標である。つまり，流速は媒体としての土の透水性と土中水の流れる力を示す動水勾配によって表され，透水係数は室内および現場試験により，動水勾配は地下水位を計測することにより求められる。この透水係数を含め，土の浸透特性を示すパラメータを表 3.6.3 に示す。

3. 6. 3　観測技術

1)　飽和領域

飽和領域は間隙が水で占められていることから，通常，浸透特性は変化しない。そのため，飽和領域での観測項目は主として地下水位（水圧）である。地下水位（水圧）の計測は，基本的に井戸内の地下水面を直接計測する場合と，井戸内に水圧計を計測する場合の 2 種類がある[(2)]。前者は，巻尺を用いて対象区間にスクリーンを設けた内径 50mm 程度のパイプの中で計測し，基準面からのパイプ上端までの高さから計測した深さを引くことにより地下水位を求める。一方，後者は，受圧部にフィルターを設けた上で地下水面より下の地盤中に押し込んだり，掘削土で埋戻したりすることで長期的な水圧の変化を計測し，水圧を水の単位体積重量で割った値（P_w/γ_w）と計測点の基準面の高さ（z）の和により求める。この際，機器によっては大気圧補正を行う必要がある。ここで注意すべき点として，先述したように，上部に難透水層が被覆している被圧帯水層では，浅部にある不圧帯水層の自由地下水が示す水位とは異なる場合があり，不圧帯水層中に部分的な粘土層などが凹形状で存在することで，その上部の砂礫層中に宙水として貯留される場合があるため，これらの難透水層下の深さの異なる複数の点で計測するなど，調査対象とする帯水層の地下水位を適切に把握することが必要となる。さらに，地下水位は現場試験による人為的な影響だけでなく，降雨，気圧，潮汐，河川水位等の自然現象の影響も受ける。そのため，これらの影響を考慮した平衡状態での水位の確認が重要となる。

地下水位の計測機器は開放型と閉鎖型に大別され，開放型には接触式（手動式），フロート式の他，音量差や毛管作用を検知する方法があり，閉鎖型では一般的な電気抵抗による方法となり，最近は筐体の中に圧力センサ，温度センサ，記録装置，電池を内蔵しているデータロガー内蔵デジタル自記水位計が数種類，市販されている。閉鎖型のその他の方法としては，ダイヤフラムに作用させたガス圧が平衡する際の圧力を検知する方法やゲージワイヤの歪の量に応じて生じる弦の振動数を計測する方法，同じく光ファイバの歪の量を計測する方法などがある[(3)]。その他，井戸（水位観測孔）を必要としない新たな地下水位測定方法として，地盤中の接地抵抗の変化を利用した方法[(4)]などが提案されている。

2)　不飽和領域

不飽和領域では間隙水と間隙空気の置換が頻繁に生じ，間隙水の割合によって浸透特性が変化する。そのため，不飽和領域での観測項目は水圧と土中水の量となる。ここで，水圧は負の値で示され，この絶対値を水を吸収する圧力であるサクションと呼ぶ。また，一方，土中水の量は，通常，土中水分量と呼ばれる。

(1)　サクションの観測方法

サクションは飽和させた微細な多孔質材料（セラミックなど）で水圧のみを伝播させるフィルターを有し，脱気水を充填した管に設置した水圧計で構成されるテンシオメータで観測される。そのため，脱気水を補給する必要があることから，長期観測には適していない。また，原理的に−1気圧しか計測できないため，高いサクションを観測するには相対湿度を利用したサイクロメータを用いる必要がある。そのため，実際には土の浸透特性を示す水分特性曲線を室内試験等で測定することで，体積含水率の値から推定する場合が多い。

(2)　土中水分量の観測方法

土中水分量を表す諸量には，表3.6.2に示したように含水比，体積含水率，飽和度がある。これらのうち，現状での観測の多くは土粒子や間隙に依存しない体積含水率を対象としている。なお，体積含水率から含水比や飽和度に変換するには，次式のように乾燥密度と間隙率を別途測定する必要がある。

$$w=(m_w/m_s)\times 100=(V_w/V)\times 100\cdot(m_w/V_w)/(m_s/V)=\theta\cdot\rho_w/\rho_d\ (\%) \quad (式2)$$

$$S_r=(V_w/V_v)\times 100=(V_w/V)\times 100/(V_v/V)=\theta\times 100/n\ (\%) \quad (式3)$$

土中水分量の観測方法を表 3.6.4 に示す[5]。それぞれの方法について以下に簡単に説明する。

1. 電気抵抗法

多孔質ブロック法は，多孔質ブロック内に電極を挿入固定して水分平衡状態を測定し，比抵抗二次元探査法は，電極を土に直接挿入して測定する方法であり，二極法，三極法，四極法がある。

2. RI（ラジオアイソトープ）法

中性子法は水素原子と衝突して熱中性子になる現象を利用し，ガンマ線法は密度が高いほど透過率が減少する現象を利用した方法である。

3. 誘電法

TDR（Time Domain Reflectometry）法は土中に埋設した金属ロッドの根元から先端までマイクロ波が通過するのにかかる時間，TDT（Time Domain Transmission）法はループアンテナの片側から照射されたマイクロ波が検出器に戻ってくる時間，WCR（Water Content Reflectometer）法は単位時間にマイクロ波が金属ロッド先端で反射して戻ってきた回数をもとに伝達速度を算定する。ADR（Amplitude Domain Reflectometry）法は金属ロッド部に接触した土のインピーダンス，FDR（Frequency Domain Reflectometry）法は金属ロッドに生じる反射波のスペクトルにおけるピーク間隔の周期，あるいは，金属ロッド先端の反射係数を周波数領域で測定する方法する方法である。地中レーダー法は，埋設物や空洞の調査で多用されている物理探査法で，電磁波の伝播速度を測定する。

表 3.6.4 土中水分量の観測方法

種類	原理	方法
電気抵抗法	土の電気抵抗を測定	多孔質ブロック法
		比抵抗二次元探査法
RI 法	放射線を測定	中性子法
		ガンマ線法
誘電法	高周波の電磁波により比誘電率を測定	TDR 法
		TDT 法
		WCR 法
		ADR 法
		FDR 法
		地中レーダー法
	静電容量を測定	静電容量法
熱伝導率法	熱伝導率や比熱を測定	ヒートプローブ法

一方，静電容量法は共振 LC 回路の極大電圧発生周波数や電圧負荷時のセンサ内コンデンサの充電時間などから静電容量を測定する方法である。

4. 熱伝導率法

発熱用のヒーターと温度計が内蔵されたプローブを土中に挿入して，パルス状に熱を与えた場合のセンサの温度変化を測定する方法であり，ヒートプローブ法，双子型ヒートプローブ法，簡易熱伝導率測定法などがある。

3. 6. 4　斜面防災対策技術

1)　調査

斜面は一般的に自然斜面と人工斜面に大別され，さらに人工斜面は切土法面と盛土法面に分けられる[6]。このうち盛土法面は土質材料を用いて造成されることから，自然斜面や切土法面と比べて比較的均質であることから性状を把握しやすいが，その一方で締め固められた土で構成されるために切土法面よりも脆弱な場合が多い。

斜面が現在安定状況にあるかどうかの判断は，基本的には，斜面の①地質や土質などの物性，②地層構成などの構造，③地表水や地下水などの水に対する調査が基となる。具体的な調査は資料調査，現地踏査，サウンディング，物理探査，ボーリング調査，物理検層，地下水調査，室内試験，動態観測などである[6]。なお，これらの詳細に関しては，基準書[7]を参照されたい。

(1)　資料調査（地形調査）

地形図の判読，空中写真の立体視による判読，地形測量等が行われる。

(2)　現地踏査（地表地質踏査）

当該箇所付近一帯の地形，地質の状況，環境条件等を現地で判読するために行われる。

(3)　サウンディング

ボーリングよりも安価に実施できる調査であり，簡易動的コーン貫入試験やスウェーデン式サウンディングがある。未固結の地層あるいは強風化帯の厚さの確認に加え，貫入孔の観察から地下水位を把握できる場合もある。

(4)　物理探査

弾性波探査と電気探査がある。弾性波探査により，地層の成層状況や風化の程度，深さ等が把握できる。また，電気探査の併用により，地下水の状況を知ることもできる。

(5)　ボーリング調査

斜面のボーリング調査に用いられる手法は，ハンドオーガーボーリングおよび機械ボーリングがあり，土試料のサンプリングやコア採取に加えて，地盤の硬さ，締り具合，強度の推定に用いられる N 値を測定するための標準貫入試験が行われる。

(6)　物理検層

ボーリング孔を用いた調査であり，地質や地下水に関する多くの情報を得ることができる。PS 検層，電気検層，密度検層，孔壁撮影，地下水検層等で構成される。

(7)　地下水調査

地下水位の調査の他，透水係数などの浸透特性を求める原位置試験が実施される。

(8)　室内試験

ボーリング調査で採取された土試料に対して，含水比や土粒子の密度などの基本的な性質に加え，斜面の安定解析に用いる物性値である土の力学特性や浸透特性を求める試験が実施される。

(9)　動態観測

雨量，地表および地中の変位，地下水位，土中水分量などの計器を設置して動態観測を行う。ここで雨量の観測には転倒ます型雨量計が一般的であり，降雨強度計と併せて設置されているケースもある。地表変位は，伸縮計，地盤傾斜計，光波測距儀，GPSなどがあり，地中変位は，孔内傾斜計，パイプひずみ計，岩盤変位計などがある。地下水位，土中水分量は先述した通りであるが，いずれの観測技術も計器の校正や誤作動に注意した上で，斜面の安定解析の初期条件となる季節変化を考慮した信頼性の高いデータを取得する必要がある。

2)　危険度評価

斜面の危険度は次式で示される安全率（F）により評価される[6]。

$$F = \tau_f / \tau \qquad \text{（式 4）}$$

ここで，τ_f：破壊時の応力状態のもとで発揮されるせん断強度，τ：現在のせん断応力である。なお，せん断力とは物体内部のある面に沿って滑らせるように作用する力のことである。つまり，滑ろうとする力とそれに抵抗する力が釣合っている状態が安全率1である。土のせん断強度は，次式で定義される。

$$\tau_f = c' + \sigma' \tan\varphi' = c + (\sigma - u)\tan\varphi' \qquad \text{（式 5）}$$

ここで，σ'，σ，u はすべり面上に垂直に作用する有効応力，全応力，間隙水圧であり，c'，φ' は有効応力に基づく粘着力と内部摩擦角である。つまり，σ' は土粒子骨格に作用する応力であり，$\sigma' = \sigma - u$ の関係で表されることから，地下水位が上昇して間隙水圧が増加すると有効応力が減少して滑りに対する抵抗力が低下することとなる。また，c', φ' は土の力学特性を把握するためのせん断試験より求められる値である。

3)　防災対策

斜面防災の対策には，砂防ダムのような構造物を設置して発生を抑制する方法，渓流の流下を制御する方法，建物を強固にする方法，斜面の植生を管理する方法などのハード的な対策がある。表3.6.5に斜面の対策工の種類を示す。保護工，安定工，抑止工は構造対策，抑制工は水対策である。

一方，ソフト的対策としては，居住制限，予知・警報，早期避難，防災マップの整備などが挙

表 3.6.5　斜面の対策工の種類

種類	目的	主な工種
保護工	雨水による侵食や落石を防止する。	植生工，枠工，コンクリート吹付け工，など
安定工	土圧に対抗して，地山の安定に寄与する。	ブロック積み工，もたれ擁壁，など
抑止工	単独あるいは他の保護工や安定工と併用して地山の安定を図る。	杭，アンカー，鉄筋補強土工，など
抑制工（排水工）	地下水を排除することにより水圧の上昇を抑制する。	表面排水工，地下排水工，など

げられる。このうち予知・警報に関しては，数 km 程度の範囲を対象とした広域的方法と個別斜面を対象とした局所的方法に大別される。

(1)　広域的方法

土砂災害警戒情報は大雨警報発表中に雨が降り続けて土砂災害の危険性がさらに高まった自治体名を市町村単位で発表する情報であり，各地の気象台と都道府県庁が共同で行っている[8]。この情報の基となっているのが土壌雨量指数であり，解析雨量を直列 3 段タンクモデルに入力して 5 km × 5 km 格子ごとに土中水分量の変化を推定する指標となっている。大雨警報や土砂災害警戒情報等の発表基準には過去の土砂災害発生事例と土壌雨量指数の関係が用いられており，土砂災害の先験情報が加味されている。また，大雨警報や土砂災害警戒情報を補足する情報として，気象庁の HP で土砂災害警戒判定メッシュ情報が常時確認できる。

(2)　局所的方法

個別斜面を対象とした予知は，3.6.4 項 2）で示した安全率が 1 を下回る状態をあらかじめ設定することで可能となるが，対象とする斜面を精度良くモデル化する必要があり，莫大な調査費用が発生する。このため，最近では，傾斜計や土中水分計による動態監視の取り組みがなされており，傾斜各速度[9]や疑似飽和体積含水率[10]が警報発令への指標として用いられている。また，新しいタイプの土中水分計として，半導体技術を用いた EC センサの適用が試みられている[11]。

参考文献

（1）澤　孝平編：「地盤工学［第 2 版］」，森北出版，pp.1-5（2009）
（2）地盤工学会 地盤調査規格・基準委員会編：「地盤調査の方法と解説 ― 第 7 編　地下水調査」，丸善出版，pp.471-659（2013）
（3）小松　満：「基礎工と地下水処理・対策 ― 地下水流動の調査技術と留意点」，基礎工，Vol.46, No.6, pp.21-24（2018）

(4) 柳浦良行・千葉久志・武政　学・野村英雄・赤坂幸洋・久賀真一：「接地抵抗を利用した地下水位簡易測定法」，地盤工学ジャーナル，Vol.13, No.4, pp.423-430 (2018)
(5) 地盤工学会：「不飽和地盤の挙動と調査」，pp.18-25 (2004)
(6) 地盤工学会：「切土法面の調査・設計から施工まで（地盤工学・実務シリーズ5)」，pp.1-102 (1998)
(7) 地盤工学会：「地盤調査の方法と解説」，丸善出版，1259p. (2013)
(8) 岡田憲治：土壌雨量指数，地盤工学会誌，Vol.57, No.8, pp.56-57 (2009)
(9) 内村太郎・王　林：「斜面の多点計測による監視と崩壊の早期警報」，地盤工学会誌，Vol.65, No.8, pp.4-7 (2017)
(10) 小泉圭吾・櫻谷慶治・小田和広・伊藤真一・福田芳雄・M. Q. FENG・竹本　将：「降雨時の表層崩壊に対する高速道路通行規制基準の高度化に向けた基礎的研究」，土木学会論文集C（地圏工学），Vol.73, No.1, pp.93-105 (2017)
(11) 二川雅登・小松　満・鈴木彦文・竹下祐二・不破　泰・澤田和明：「小型ECセンサを用いた斜面崩壊予測センサの開発」，電気学会論文誌E（センサ・マイクロマシン部門誌)，Vol.133, No.9 (2013)

3.7　スマートセンシングを支えるセンサネットワーク基盤について

不破　泰*

3.7.1　センサネットワーク基盤とは

センサネットワークとは，様々なデータをセンシングし，データをサーバに送るものである。

センシングする場所は必ずしも通信環境が整備されている所とは限らず，特に過疎地域や山岳部のように，収集したデータをサーバに集めるためのセンサネットワーク網の構築やその維持が困難な地域が多くある。

著者らは，高齢化が進んでいる山間部において，様々なセンサを用いて高齢者の様子を見守ることを検討してきた。しかし，山間部では携帯電話網のサービスエリア外の集落が多く有り，インターネット回線は地域の限られたエリアにしか整備されていない。そのため，独居高齢者の割合が大きく高齢者を守るセンサネットワークの必要性がより高い地方過疎地域は同時に情報過疎地域であり，センサネットワークの構築が困難であるという重大な問題が発生していることが分かった。

また，近年山岳登山者の遭難が増大している事から，登山者が端末を持ち，定期的に登山者の位置をサーバに送信する取り組みをおこなった。その際，山岳部は携帯電話のサービスエリア外が大半であり，山岳部に新たな中継網を構築する必要があった。しかし，山岳部の多くは国立公園に指定されているため，中継機の設置には様々な手続きが必要であるとともに，通信・電力の有線インフラの整備はさらに困難であることが分かった。

このように，各地域の状況に柔軟に対応し，簡易に整備が出来，維持も容易なセンサネットワーク基盤が，スマートセンシングには必要である。

また，このセンサネットワーク基盤を使ってスマートセンシングにより安全・安心な地域を創ろうとする場合，災害発生時にも安定してデータ送信を維持できる必要がある。災害発生時には，住民の状況や地域の被災状況などの災害情報を収集するための情報インフラを支えるICTが重要であり，このためには高い耐障害性の情報インフラが求められている。

これらをまとめると，スマートセンシングを支えるセンサネットワーク基盤は，「どのような地域でも簡易に整備が出来，維持も容易なIoT基盤」である必要がある。

本章では，この要求に応えるために我々が開発してきたセンサネットワーク基盤について述べる。

3.7.2　長野県塩尻市におけるセンサネットワーク基盤の開発と構築・運用

我々が開発したAd-Hoc無線ネットワークシステムの概要を本章で述べる（詳細は参考文献(1)を参照されたい)。

---

*　Yasushi Fuwa　信州大学　総合情報センター　センター長・教授

このAd-Hoc無線ネットワークシステムは，地域に多数設置した中継機と，データを収集するサーバから構成される（図3.7.1）。中継機は設置時に免許取得の必要がなく，太陽光パネルで動作できる省電力と，山間部の木の葉や草木に含まれる水分による減衰が比較的少なく，また建物や山があってもある程度通信が回り込む回折性がある429MHzの特定小電力無線を採用した。

中継機を図3.7.2に示す。中継機には電源スイッチや設定スイッチ等は無く，太陽に向けて設置するだけで内部の2次電池が充電されるとともに自動的に電源が入り，電波を出して周りの中継機を探し，サーバまでの経路を中継機同士が通信しあうことで自律的に確立する（このような

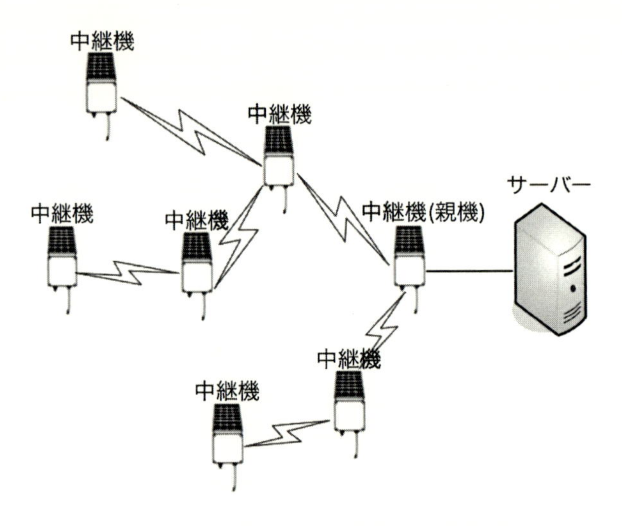

図3.7.1　Ad-Hoc無線ネットワークシステムによるセンサネットワーク基盤

図3.7.2　無線中継機
カーブミラーに取り付けた設置例

通信の仕組みを Ad-Hoc ネットワークと呼ぶ)。また，災害発生時等に一部の中継機が土砂に埋まる等で使えなくなった場合には，残った中継機間で再度経路の構築を自律的に行う機能も有している。

通常無線中継機は，様々な物の影響を避けるため5m程度のタワー等に設置することが多い。ただ，この場合は既設のタワーがあるところにしか設置出来ず基盤構築エリアが限られるか，タワーを建設して設置することで構築経費が高くなる。我々は，中継機を既設のカーブミラーや街路灯等比較的どこにでもあるものに設置することとした。この場合，タワーと異なり設置高は2m～3mと比較的低い高さとなる。このため，近くに大型車両が停まった場合等には中継機間の通信状況に大きな影響が出る事を考慮しなければならない。我々が中継機間の通信を常に維持する為に開発した Ad-Hoc ネットワークは，この場合にも有効に機能するものである。実際，ネットワーク基盤を設置した長野県塩尻市では，経路は電波状況に応じて常に変化し，そのことで中継網におけるパケット損失は実運用に耐えうるレベルを保っている。

この中継機からなるセンサネットワーク基盤を，2008年から長野県塩尻市に敷設し，実際に運用している。2012年10月現在，614台の中継機を市内のカーブミラーや街路灯等を用いて設置し，塩尻市内のほぼ全域をカバーしている。

以下に，このセンサネットワーク基盤を用いて現在運用している主なアプリケーションについて述べる。

1)　児童見守りシステム

児童が持つ発信機を利用して，所有者の位置を把握するシステムである。実際に用いている発信機を図3.7.3に示す。

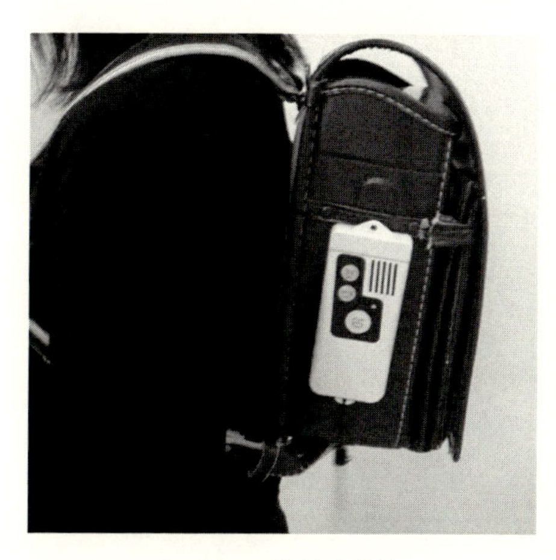

ランドセルに付けた発信機

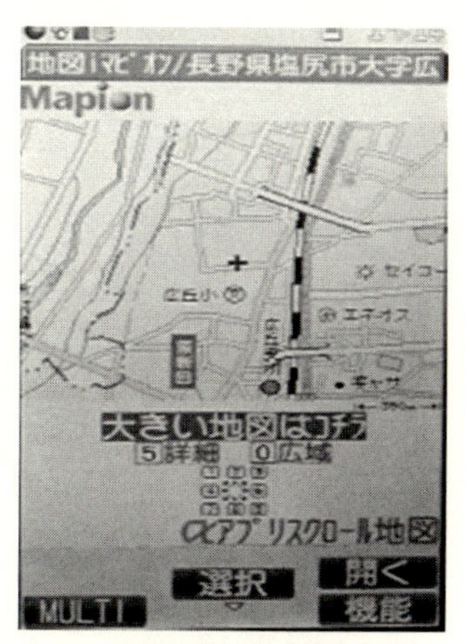

保護者の携帯電話画面
（端末の位置を3分毎に表示）

図3.7.3　児童見守りシステム

発信機は内部に振動センサを持ち，移動して振動している時には3分毎に発信機IDを情報として持つパケットを通信する。このパケットを受信した中継機は，受信電界強度情報を付加してパケットをサーバにまで送る。サーバでは，3分毎の発信機の位置を把握し，見守りを行う。

2) 鳥獣害対策システム

中山間地に位置する農地に出没する鳥獣を感知して知らせるシステムと，これら鳥獣の罠や檻に鳥獣がかかったことを知らせるシステムを開発・運用している。

3) 土砂災害警報システム

土砂災害の危険度は斜面の土中に含まれる水分量によって推定するが，従来の計測方法では降水量から水分量を推定していた。しかし，降った雨のすべてが斜面に浸透するわけではなく，斜面の表面を流れる場合や，蒸発散する場合もあるため推定精度は高くない。一方，我々が開発したシステムは，水分量センサを斜面に設置し，土中に浸透する水を直接測定する（図3.7.4）。さらに，各測定地点で得られたデータを中継網によってサーバに集約し，サーバ上で危険性を判断するため推定精度を高めることができる。

3. 7. 3 LPWAを用いたセンサネットワーク基盤

3.7.2項で述べたように，我々は429MHzの特定小電力無線網を用いたAd-Hoc無線中継機を開発し，長野県塩尻市においてこれを614台設置したセンサネットワーク基盤を構築した。このシステムは10年以上にわたり安定して稼働し，同市のスマートシティ構築に貢献している。しかし，他の地域において，塩尻市と同じ多数の中継機からなるセンサネットワーク基盤を構築することは，必ずしも容易ではない。

これから新たにスマートシティを構築しようとする地域では，より少ない中継機台数でセンサネットワークが形成できるネットワーク基盤が求められる。

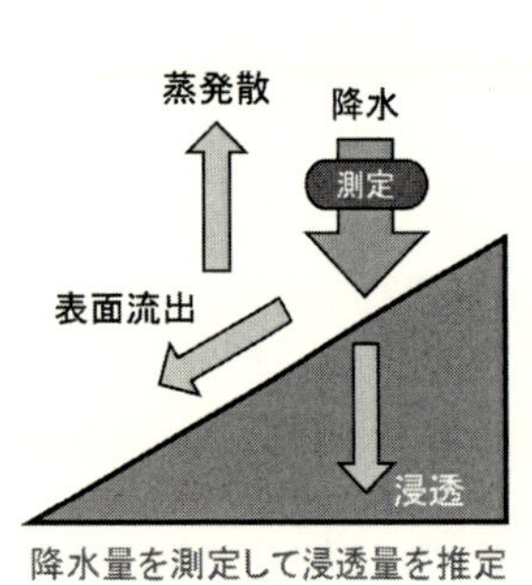

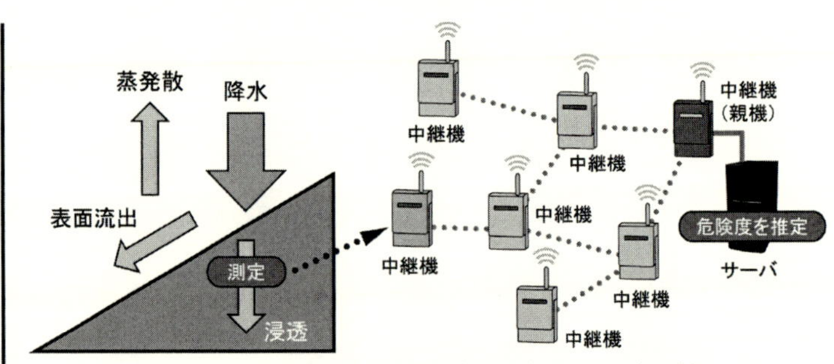

図3.7.4　土砂災害警報システム[3]

このネットワーク基盤で用いる中継機は，設置する際に多くの費用を必要とせず簡便に設置を可能とするよう，電源工事が不要な太陽光パネルで動作する低消費電力であることが求められる。このことは，電源工事が不可能な国立公園内にある山岳部でのインフラ整備でも必要な事である。また，できるだけ少ない中継機台数で地域全体をカバーしたいため，長距離通信が可能であることも求められる。

低消費電力で通信距離が長い通信方式は総称してLPWA（Low Power Wide Area）と呼ばれ，IoT/M2Mの基幹技術として注目を集めている。

我々はLPWAの一つであるLoRa通信モジュールを用い，山岳登山者見守りシステムを開発し，中央アルプスで通信実験を行った（使用周波数は150MHz）(2)。図3.7.5に中央アルプス（図3.7.6）のふもとにある駒ヶ根市役所屋上に設置した中継機と，登山者に持ってもらっている端末を示す。

その結果，送信電力10mWで中央アルプスの主要な山々からの位置情報を，約8km離れた市役所屋上の中継機まで伝送できることが確認できた（図3.7.7）。しかし，このLPWAの通信

中継機
駒ヶ根市役所屋上

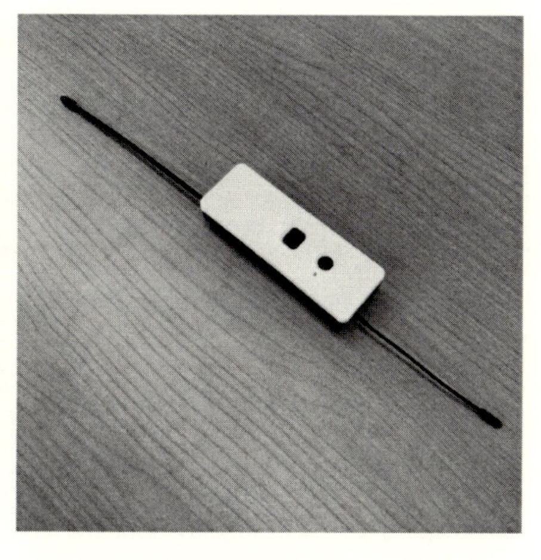

登山者用端末
11台作成し山岳ガイドが評価運用中

図3.7.5　登山者見守りシステム

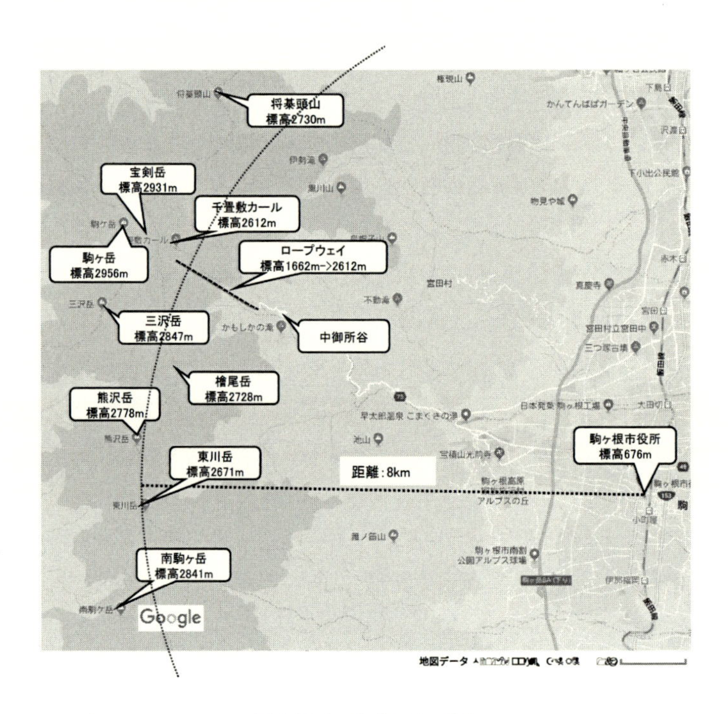

図 3.7.6　中央アルプス

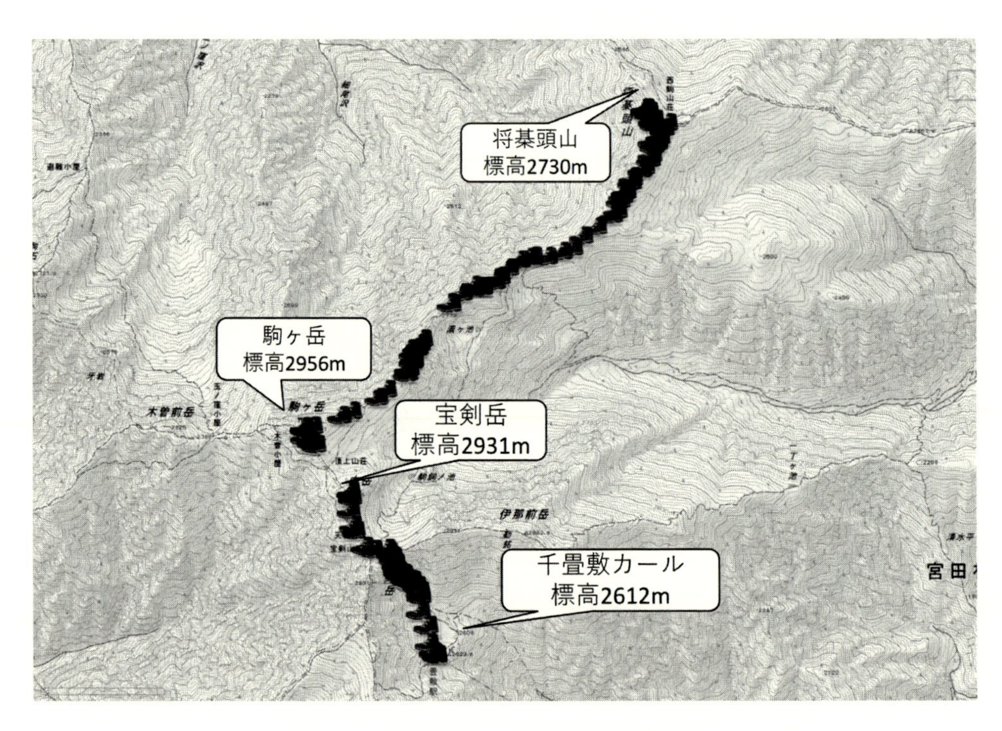

図 3.7.7　中央アルプスの端末からの受信状況
3 分毎に送信する位置情報をほぼ全て受信している。

エリアの広さが災いし，LPWAでは端末間のパケット衝突によるパケット損失率の増大が深刻な問題となる。

そこで，通信エリアに多数の端末が位置を変え増減してもパケット損失率が増えず，一定時間毎に多数の端末からの情報をサーバに安定して伝達できる通信プロトコルの開発に取り組んでいる[(4)]。このプロトコルは，LPWAの通信特性を基にして，各端末が送信タイミングを自律的に調停するものであり，多くの端末からの通信があっても損失率が増大しない事を目標とする。これはLPWAをIoT/M2Mの基盤として利用するために必要な基盤プロトコルであり，ここで確立したプロトコルは，LPWAのIoTへの応用に大きく貢献するものである。

参考文献

(1) 野瀬裕昭・不破　泰・新村正明・國宗永佳・本山栄樹・金子春雄：「無線Ad-Hocネットワークによる地域見守りシステムの開発」，電子情報通信学会論文誌B, Vol.J95-B, No.1, pp.30-47 (2012)

(2) 不破　泰・野口浩平・中村治彦・長曽我部嘉博・甘利大斗・アサノデービッド：「山岳登山者見守りシステムの開発と課題」，電子情報通信学会技術研究報告 安全・安心な生活とICT研究会，Vol.118, No.244, pp.37-42 (2018)

(3) 山口富治：「自然分野における水センシング」，平成31年電気学会全国大会講演論文集，S26-3 (2019)

(4) 増田聖乃・アサノデービッド・不破　泰・小松　満・二川雅登：「無線センサーネットワークの端末・中継機における送信タイミング自律調停プロトコルの検討」，電子情報通信学会技術研究報告 RCS研究会，Vol.118, No.372, RCS2018-216, pp.1-6 (2018)

3.8　河川水・再生水のセンシング技術

山口富治*

3.8.1　河川の水質モニタリング技術

自然界に存在する水の中でも河川水は貴重な淡水資源であり，水道水源となっている。日本の高度経済成長期には，工場排水などにより河川水が汚染され，イタイイタイ病などの重大な健康被害が引き起こされた。しかしながら，近年では河川水の水質汚濁対策が進められ，健康被害の恐れは少なくなっている。健康被害を与える物質としては，カドミウム，鉛，六価クロム，水銀などが挙げられ，環境省の「人の健康の保護に関する環境基準」によって，カドミウムは0.003 mg/L 以下，鉛は0.01mg/L 以下など細かな基準が定められている[1]。さらに，河川水の汚染を評価する指標には，水素イオン濃度（pH）や生物化学的酸素要求量（BOD）などがある。水に酸やアルカリが混入するとpH が変化するため，pH は工場排水の混入を知る指標となる。また，BOD 値は有機物濃度の指標となるもので，水中の好気性微生物が有機物を生分解する際に消費する溶存酸素量から求められる。BOD 値が低いほど水質が良いとされ，最も厳しい基準の水道1級では1mg/L 以下でなければならない。環境省の水環境総合情報サイトには，BOD 値の調査結果をもとにした河川水質のベスト5とワースト5が掲載されており，平成29年度の測定結果では北海道や岩手県などの河川がベストとして挙げられている[2]。一方，ワーストには茨城県の早戸川などが挙げられており，いずれも5mg/L を超えるBOD 値を記録している。平成29年度に関しては，最もBOD 値が高い早戸川でも8.9mg/L であり，工業用水には利用できる程度の水質である。しかしながら，平成28年度には和歌山県の古川で23mg/L を記録し，ワースト2位以下の3倍以上の値で工業用水として利用できない水質となっていた例もある。古川の場合は，生活排水による汚染に加え，梅の加工場から出る排水に含まれている塩分濃度の高い調味液が河川水に流入することも影響している可能性がある。

河川水のBOD 値は，一般的に試料水の5日間の酸素要求量（BOD_5）で表される。試料水と好気性微生物を混合した容器を遮光・密閉し，20℃で5日間放置した後，水の溶存酸素量（DO）の減少量をDO メータで計測する。しかしながら，5日間という比較的長い期間が必要となるため，特に河川の場合，測定結果が得られた時点ですでに汚染された水は広い範囲に流出してしまう。このため，バイオセンサを用いて短時間でBOD を測定できるシステムが開発され，実用化されている。市販化されているものにはセントラル科学のQuick BOD シリーズがある[3]。Quick BOD では，トリコスポロンクタネウムなどの微生物を固体化した膜を用い，60分程度でBOD を測定することができる。

検出時間のさらなる短縮や感度向上のための研究も続けられている。Li らは微小電気機械システム（MEMS）技術を用いた直径25μm 程度のリング状超微小電極アレー型センサについて

---

*　Tomiharu Yamaguchi　東京電機大学大学院　工学研究科　助教

報告している[4]。電極上に酵素（枯草菌：*B. subtilis*）を固定化したカルボキシルグラフェン（G-COOH）膜を形成することで，2 mg/L から 15 mg/L の BOD 値を 3.04 nA/（mg/L）という感度で測定できるアンペロメトリック BOD センサを実現できる。この BOD センサは高感度であるだけでなく，3 分という短時間で BOD を測定することができる。これは，電極を微小にすることで反応物が電極表面に到達する速度が上がるためである。また，in-situ で BOD をモニタリングできる計測システムも提案されている。山下らは図 3.8.1 のような in situ BES-based open-type BOD（iBOB）バイオセンサを提案している[5]。本センサは，ゲオバクター属細菌のような発電細菌による発電作用を利用して BOD を測定する。発電細菌は代謝活動によって電子移動を促進する働きがあり，微生物燃料電池（MFC）や微生物電気分解セル（MEC）でも用いられている。iBOB のアノード電極には微生物膜は形成されておらず，ツリー状のアノード電極が直接試料水に触れる構造となっている。試料水にアノード電極が触れると，水中にもともと存在する細菌集団が電極表面に付着する。細菌集団には発電細菌や好気性細菌などの様々な細菌が含まれるため，これらの細菌が付着した微生物膜が形成される。ゲオバクター属のような発電細菌は嫌気性であり好気性環境では代謝は活発には行われないが，本センサの場合は細菌集団に含まれる好気性細菌が酸素を消費するため，発電細菌による有機物の分解反応も起こる。このため，好気性環境でも発電細菌の代謝が起こり，BOD 値に応じた電流が生じる（図 3.8.2）。

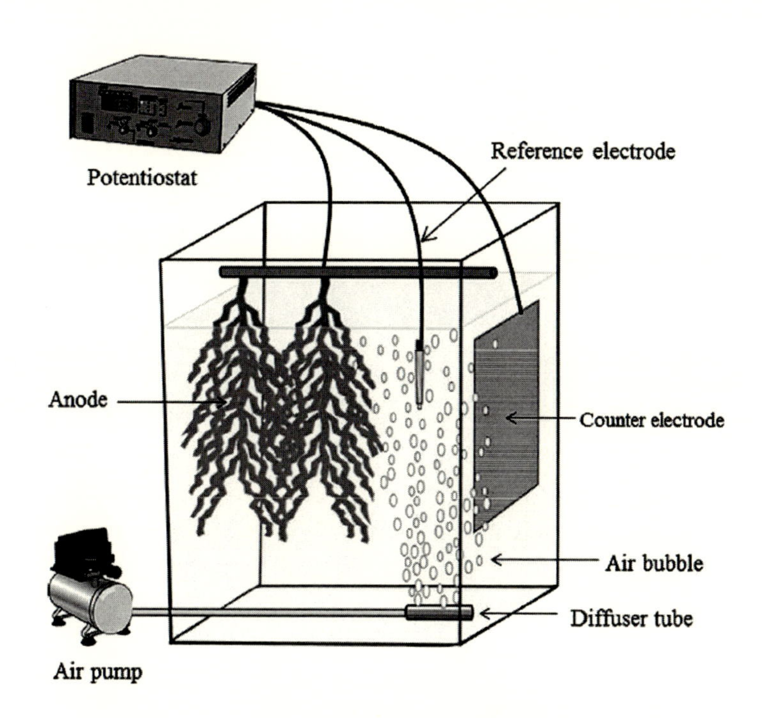

図 3.8.1　iBOB センサの構造
断続的にばっ気されるタンクにセンサが挿入されている。
（T. Yamashita *et al.*, *Scientific Reports*, **6**, 38552, CC-BY 4.0）

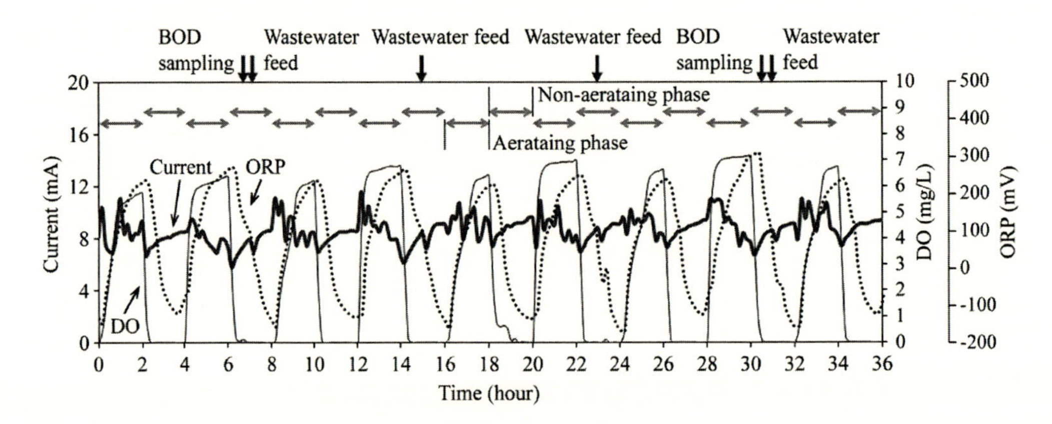

図 3.8.2　iBOB センサの電流値変化
嫌気性，好気性のどちらの環境でも発電菌による有機物の分解によって電流が生じている。
ORP は酸化還元電位を表している。白黒でも判別できるよう，元の図を一部改変した。
（T. Yamashita *et al.*, *Scientific Reports*, **6**, 38552, CC-BY 4.0）

3. 8. 2　河川に流出した油の検知技術

河川のような環境水に混入した鉱物油などを排水処理することは技術的に難しいため，水への油の混入を早期に検出できるモニタリングシステムに対する需要は高い。本項では，油膜や水中油分による水汚染をセンシングするための技術について述べる。

環境水に存在する油には，大きく分けると 2 つの状態がある。1 つは油膜であり，水面に油が膜を張った状態である。この状態は，目視や光学的な検知が可能である。もう一つは油が水に溶解した状態である。一般的に油は水に溶解しづらいが，環境水に含まれる界面活性剤の成分の作用などにより，溶解する場合がある(6)。この場合は目視などによる検知が難しくなるため，揮発する油成分を検知する油臭センサなどが必要となる。

油膜を検出するセンサには，富士電機の油膜センサのように偏光解析法（エリプソメトリ）などの光学的性質を利用するものがある(7), (8)。この油膜センサはレーザ光を水面に照射した際の反射光（偏光）から偏光比を求め，その値から油やなどの流出状況を判断することができる。レーザ光を水面に照射すると，反射光は偏光となる。水面に対して垂直に振動する偏光（P 偏光）と平行に振動する偏光（S 偏光）の光量をフォトダイオードで計測し，S 偏光と P 偏光の光量比を求める。光量比は水と油で異なり，水の場合は約 0.6，油の場合は 0.1 から 0.35 程度となる。したがって，光量比を知ることで水面に油膜が存在するかどうかを判断することができる。偏光解析法は偏光の光量比を用いるため，河川の波立ちによる反射光の光量変化の影響を受けくいことが大きな特長である。

また，カメラを使用して油膜を遠隔で検出する試みも行われている。岩崎電気の山田らは，CCD を用いた油膜検知システムを提案している(9)～(11)。また，近赤外線を用いたシステムも研究されている。図 3.8.3 に示されるように，油は近赤外領域で特徴的な反射スペクトルを持って

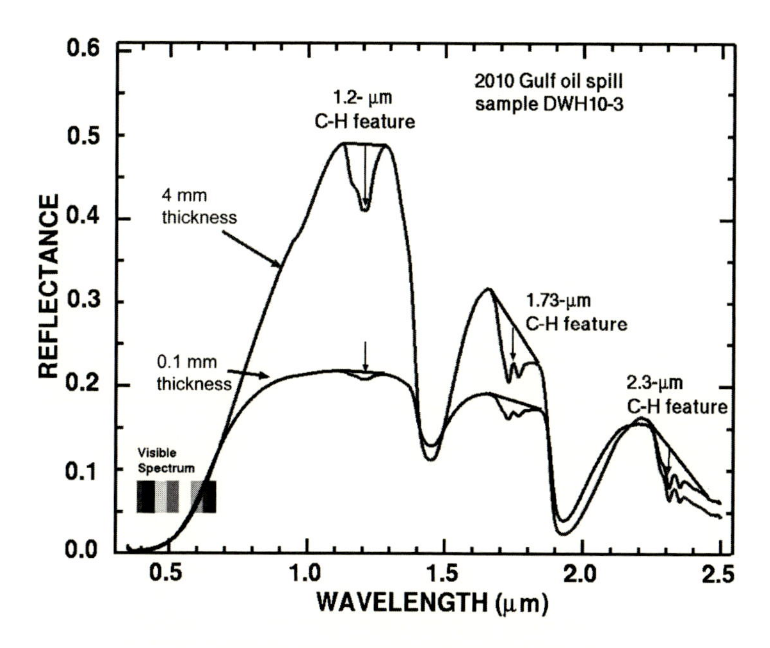

図 3.8.3　油膜（油エマルジョン）の反射スペクトル
文字が判別できるよう，元の図を一部改変した。
（Figure credit：U.S. Geological Survey）

いる[12]。図 3.8.3 の測定例では，1.2 μm，1.73 μm，2.3 μm の波長において，油分子を構成する元素（炭素と水素）の結合による近赤外線の吸収が見られる。CCD カメラのように可視光のみを捉えるカメラの場合はこの領域のスペクトル変化を捉えることはできないが，近赤外線カメラやハイパースペクトルカメラのように赤外領域にも感度があるカメラを使用することで，その変化を高感度に捉えることができる。また，油膜の反射スペクトルはその厚みによっても変化する。このため，河川などに流出した油を広範囲で捕らえることができるだけでなく，スペクトル情報を解析することによって流出した油の量も測定することができる。ハイパースペクトルカメラを用いた油膜の観測に関しては，アメリカのメリーランド州などで観測が行われた例がある[13],[14]。

光を利用して油を検知するセンサとしては，ポリジメチルシロキサン（PDMS）とポリジアセチレン（PDA）を混合した高分子膜を用いたカラリメトリック方式のセンサも Kim らによって報告されている[15]。ポリジアセチレン（PDA）は機械的刺激によって光学特性が変化するメカノクロミック特性を有している。Kim らの開発した高分子混合膜は，油の吸収により膜の色が青から赤に変化し，油が膜に浸透するほど赤色が強くなる。これにより，ディーゼルオイル中に混入したケロシンなどを検出することに成功している。

さらに，水と油の誘電率の違いを利用する静電容量型センサがある。水の誘電率は油の数十倍であり，試料水に油膜が存在する場合は静電容量が通常よりも減少するため油膜を検知することができる。電極を試料水や油膜に直接接触させて静電容量を測定するものや，高分子に油を吸収させて測定するものがある。比較的古くから使用されている方式であるが，近年でも新しいものがいくつか研究されている。例えば，Ko らは砂糖の塊に PDMS をコーティングし，その後砂糖を溶解することで，図 3.8.4 に示されるような疎水性・親油性に優れたスポンジ状 PDMS を作製している[16]。このスポンジ状 PDMS を用いた静電容量型センサ（図 3.8.5）を開発し，静電容量が油の吸収により変化することを実証している。

水に溶解した油の検出では，空気中に気化しやすいという性質を利用してにおいセンサ（油臭センサ）が用いられる。においセンサには，金属酸化物半導体の抵抗変化を利用する半導体式センサ[17]などもあるが，油臭センサとしては水晶振動子式のものが実用化されている。水晶振動子は電子回路の基準クロック生成などに用いられる素子であるが，微小質量を高感度に計測できる超微量天秤（QCM：quartz crystal microbalance）としても広く用いられている。水晶振動子の電極表面に物質が付着すると，質量に比例して共振周波数が減少する。質量と共振周波数変化の関係は Sauerbrey の式としてよく知られている。水晶振動子の共振周波数は極めて安定度が高いため，QCM センサは半導体式センサと比べて高精度かつ高分解能でにおいを検出することができる。QCM 自体にはガス状物質を選択的に吸着する機能は無いが，電極に塗付する材料を適切に選択することによって，特定の物質に対してのみに感度を持たせることができる。油臭

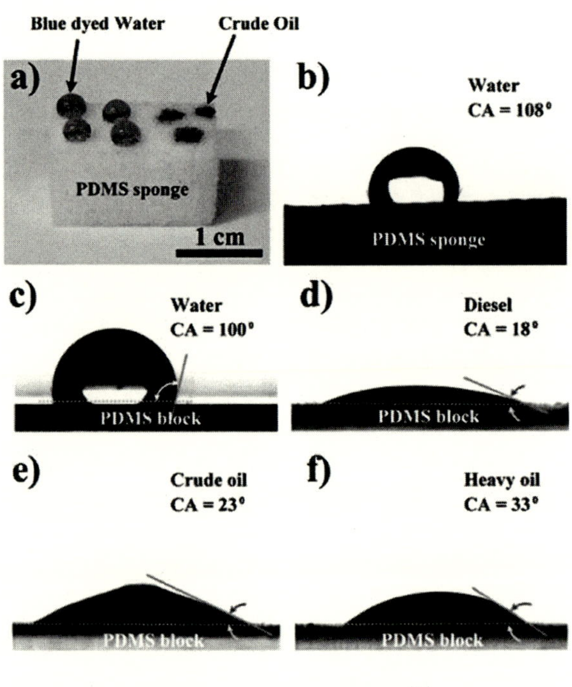

図 3.8.4　スポンジ状 PDMS[16]
優れた疎水性・親油性を持ち，油分を選択的に吸収できる。

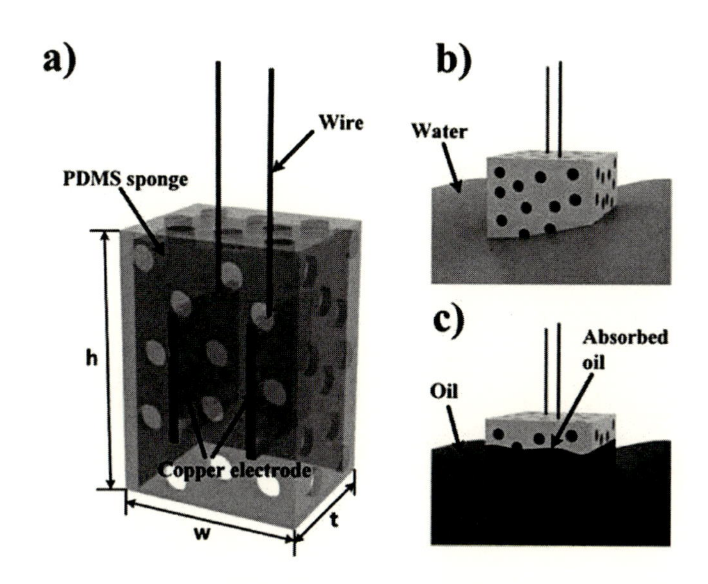

図 3.8.5　スポンジ状 PDMS を用いた静電容量型の油分センサの構造[16]

を検出する感応膜にはPVCブレンド脂質膜が用いられており，軽油，A重油，灯油といった種々の油臭物質を数十ppbレベルで検出することができる[18],[19]。QCMを用いた水中油分モニタシステムとしては，横河電機のQS1000が市販化されている[6],[20]。水から揮発する油の量は微量であるため，QCMの応答速度は遅く，センサ応答が定常状態となるまでには1時間程度かかる。このため，QS1000ではセンサ応答の変化量からアラームを判断する差分計測方式を取ることで，油分の混入から10分以内に警報を出すことができる。また，高分子を用いた水中油分センサも報告されている。例えば，de Smetらは，PDMS膜をくし型電極上に成膜したセンサを開発し，水中に溶存するノルマルヘキサンなどの汚染物質を検出できることを示している[21]。

3. 8. 3　河川水の浮遊物質検知技術

マイクロプラスチックと呼ばれる微小サイズのプラスチックも汚染物質として近年取り上げられている。マイクロプラスチックが生物に与える影響については明らかでない部分も多いが，疎水性が高く有害物質を吸着しやすいとも考えられている。日本の河川においても，その9割近くでマイクロプラスチックが検出されたとの報告もある[22]。しかしながら，マイクロプラスチックの目視検出は作業者の負担が大きいため，自動検出技術に関する研究が行われている。現在までにフーリエ変換赤外分光光度計（FTIR）やハイパースペクトルカメラのような近赤外線を用いた計測手法が提案されている[23],[24]。ポリエチレン，ポリプロピレン，ポリスチレンなどの近赤外領域での反射スペクトルがそれぞれ異なることを利用して，プラスチックやそれ以外の浮遊物質を画像解析によって識別することができる。

3. 8. 4　河川水・再生水の毒物検知技術

河川水や地下水などの水源の温存のために，下水処理水や雨水などの再生水利用も積極的に進められている。2018年には栗田工業が再生水供給サービスを始めるなど，再生水の利用は今後ますます広がって行くと予想される。河川水や再生水の安全性を確保するためには，シアン化合物や農薬，重金属（クロム，カドミウムなど）といった汚染物質を迅速かつ高精度に検出する必要がある。

シアン化合物のような毒物を検出するセンサには，毒物に対して感受性が高い細菌や生物を用いたバイオセンサがあり，富士電機や東亜ディーケーケーなどから水質安全モニタとして市販されている[(25), (26)]。水質安全モニタは，硝化細菌（ニトロソモナス）を固定化した微生物膜と溶存酸素電極によって構成される。ニトロソモナスは好気性条件化でアンモニア（NH^{4+}）を亜硝酸（NO_2^-）に酸化する。水が汚染されていなければ水中の溶存酸素はこの酸化反応によって消費される。しかし，水が毒物で汚染されている場合はニトロソモナスの呼吸活性が低下するため，酸素消費量が低下する。したがって，溶存酸素電極を用いて酸素消費量をモニタリングすることによって毒物による水の汚染を検知することができる。また，別の細菌を利用した毒物センサとして，鉄酸化細菌を利用したバイオセンサが開発されており，バイオセンサ型有害物質監視支援装置という名称で東芝より製品化されている[(27)～(29)]。鉄酸化細菌の場合は，第一鉄イオン（Fe^{2+}）から第二鉄イオン（Fe^{3+}）への酸化反応の際に消費する酸素量をモニタリングする。原理は硝化菌と同様に酸化反応によるものであるが，酸性環境で生息する菌であるため，他の微生物の繁殖が起こりにくいことが特長である。さらに，有機物を必要とせず鉄イオンだけに依存する化学合成独立栄養生物であるため，試料水中の有機物濃度に依存しない測定が可能となる。

その他にも，魚類を用いて毒物を検出するセンサとして，ヒメダカの挙動を監視することで水質をモニタリングするシステムが環境電子より製品化されている[(30)]。このシステムでは，ヒメダカの挙動をCCDカメラで撮影し，ヒメダカの動きが鈍ったり，死亡したりといった異常を画像解析によって自動認識し，段階的に警報を発するようになっている。ヒメダカは小型であるため毒物に対して反応が早い。環境電子によれば，濃度1 mg/Lのシアン化カリウム濃度に遭遇したヒメダカは，5分後には仮死状態となって沈んでしまうとのことである。魚類による水質モニタリングについては，本章コラムも是非ご一読頂きたい。

また，水中の重金属を測定できるセンサとして，蛍光色素を利用したセンサが北海道大学の佐藤らによって開発されている[(31), (32)]。佐藤らは，特定のイオンの吸着によって，その蛍光特性を変化させるフルオロイオノフォアという有機低分子化合物に着目し，蛍光色素母骨格であるボロンジピロメテン（BODIPY）にイオン配位子としてピリジン誘導体を導入した蛍光色素（BDP-TPY）やアミノ基を導入した色素（BDP-DPA）を合成している。これらの色素に重金属イオンが導入されると，BDP-TPY の場合は吸収及び蛍光波長が長波長側にシフトし，BDP-DPA の場合は短波長側にシフトする（図3.8.6および図3.8.7）。BODIPY に導入する材料によって，波長の応答やイオン選択性をコントロールできるため，これらの材料は複数種の金属イオンを定量

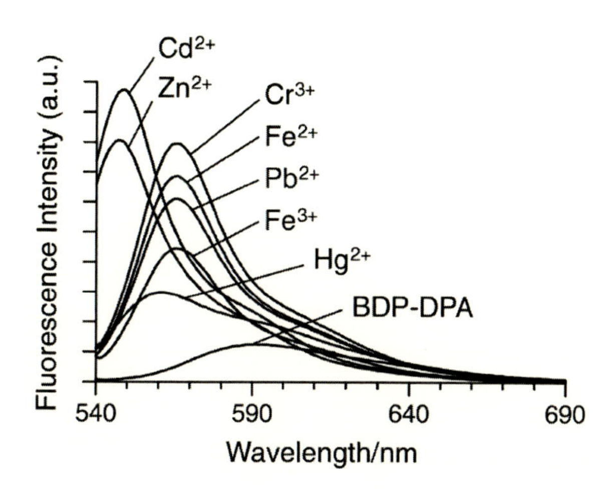

図 3.8.6　BDP-DPA に単一の金属イオンを加えた時の蛍光スペクトル変化[32]

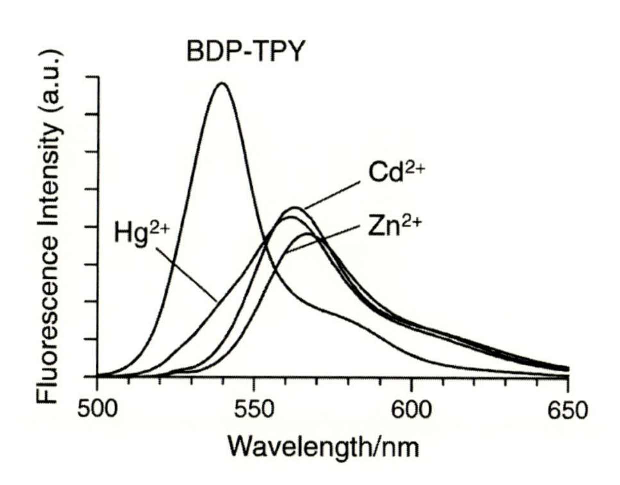

図 3.8.7　BDP-TPY に単一の金属イオンを加えた時の蛍光スペクトル変化[32]

するためのセンサとして有望である。

参考文献

(1) 環境省：「別表1 人の健康の保護に関する環境基準」,
https://www.env.go.jp/kijun/wt1.html
(2) 環境省：「水環境総合情報サイト」,
https://water-pub.env.go.jp/water-pub/mizu-site/Bunpu/all.asp

(3) セントラル科学：「バイオセンサ式迅速 BOD 測定器 Quick BOD α5000 型 製品カタログ」, https://aqua-ckc.jp/data/BOD_5000_180216.pdf
(4) Y. Li, J. Sun, J. Wang, C. Bian, J. Tong, Y. Li, and S. Xia：“A rapid and sensitive bod biosensor based on ultramicroelectrode array and carboxyl graphene”, Proceedings of the 12th International Conference on Nano/Micro Engineered and Molecular Systems (NEMS), pp.278-282 (2017)
(5) T. Yamashita, N. Ookawa, M. Ishida, H. Kanamori, H. Sasaki, Y. Katayose, and H. Yokoyama：“A novel open-type biosensor for the in-situ monitoring of biochemical oxygen demand in an aerobic environment”, *Scientific Reports*, Vol.6, 38552 (2016)
(6) 横河電機：「QS1000 微量水中油分センサ 技術資料」, https://web-material3.yokogawa.com/TI12Y08A01-01.pdf
(7) 金川直樹・増澤栄一・金井秀夫：「油膜センサ」, 富士時報, Vol.77, No.3, pp.219-222 (2004)
(8) 青木　隆・平岡睦久・菊池智文：「環境水質（湖沼・河川・上水）を見守るセンサ技術」, 富士時報, Vol.74, No.8, pp.444-448 (2001)
(9) 内田　暁・仲谷　英・大嶋航介・大谷義彦・山田哲司：「画像処理を用いた水面上の油膜検知方法と手順に関する基礎的研究」, 電気設備学会誌, Vol.29, No.9, pp.777-782 (2009)
(10) 岩崎電気：「画像処理による油膜検知に関する基礎的研究（その 1）」, https://www.iwasaki.co.jp/tech-rep/technical/28/
(11) 岩崎電気：「画像処理による油膜検知に関する基礎的研究（その 2）」, https://www.iwasaki.co.jp/tech-rep/technical/37/
(12) R. N. Clark, G. A. Swayze, I. Leifer, K. E. Livo, R. Kokaly, T. Hoefen, S. Lundeen, M. Eastwood, R. O. Green, N. Pearson, C. Sarture, I. McCubbin, D. Roberts, E. Bradley, D. Steele, T. Ryan, R. Dominguez, and the Airborne Visible/Infrared Imaging Spectrometer (AVIRIS) Team：“A method for quantitative mapping of thick oil spills using imaging spectroscopy”, U. S. Geological Survey Open-File Report, 2010-1167 (2010)
(13) F. Salem, M. Kafatos, T. El-Ghazawi, R. Gomez, and R. Yang：“Hyperspectral image analysis for oil spill detection”, Airborne Visible/Infrared Imaging Spectrometer Workshop Proceedings (2002)
(14) F. Salem, M. Kafatos：“Hyperspectral image analysis for oil spill detection”, Proceedings of the 22nd Asian Conference on Remote Sensing (2001)
(15) D.-H. Park, J. Hong, I. S. Park, C. W Lee, and J.-M. Kim：“A colorimetric hydrocarbon sensor employing a swelling-induced mechanochromic polydiacetylene”, *Advanced Functional Materials*, Vol.24, No.33, pp.5186-5193 (2014)
(16) Y. Jung, K. K. Jung, B. G. Park, and J. S. Ko：“Capacitive Oil Detector Using Hydrophobic and Oleophilic PDMS Sponge”, *International Journal of Precision Engineering and Manufacturing-Green Technology*, Vol.5, No.2, pp.303-309 (2017)
(17) フィガロ技研：「TGS2602 空気の汚れ, ニオイ検知用ガスセンサ 製品情報」, https://www.figaro.co.jp/product/docs/tgs2602_productinfo_rev03.pdf
(18) 上山智嗣・土方健司：「水晶振動子式高感度油臭センサによる河川油汚染モニタリング」, *EICA*, Vol.8, No.3 (2003)

(19) S. Ueyama, K. Hijikata, and J. Hirotsuji：“Water monitoring system for oil contamination using polymer-coated quartz crystal microbalance chemical sensor”, *Water Science and Technology*, Vol.45, No.4-5, pp.175-180 (2002)
(20) 占部修司・松野　玄・坪田一郎・富山弘幸：「浄水場原水の微量油分監視システム」，横河技報，Vol.42，No.4 (1998)
(21) J. Staginus, I. M. Aerts, Z.-Y. Chang, G. C. M. Meijer, L. C. P. M. de Smet, and E. J. R. Sudhölter, “Surface-engineered Sensors：Polymer-based sensors for the capacitive detection of organic pollutants in water”, Proceedings of the 14th International Meeting on Chemical Sensors, pp.1141-1144 (2012)
(22) T. Kataoka, Y. Nihei, K. Kudou, H. Hinata：“Assessment of the sources and inflow processes of microplastics in the river environments of Japan”, *Environmental Pollution*, Vol.244, pp.958-965 (2019)
(23) アジレント・テクノロジー：「FTIR イメージングによるマイクロプラスチックの分析」，https://www.chem-agilent.com/appnote/pdf/low_5991-8271JAJP.pdf
(24) J. Shan, J. Zhao, Y. Zhang, L. Liu, F. Wu, X. Wang：“Simple and rapid detection of microplastics in seawater using hyperspectral imaging technology”, *Analytica Chimica Acta*, Vol.1050, pp.161-168 (2019)
(25) 福田政克・田中良春：「突発性水質事故とセンサ技術」，富士時報，Vol.71，No.6 (1998)
(26) 東亜ディーケーケー：「水質安全モニタ TCM-301 型 製品カタログ」，https://www.toadkk.co.jp/product_ex/metawater/common/pdf/tcm301.pdf
(27) 施　漢昌・邱　勇・佐藤岳史・原口　智：「バイオセンサ型水質監視支援装置の中国広水域への適用」，東芝レビュー，Vol.66, No.6, pp.28-31 (2011)
(28) 加藤孝夫・金子政雄・居安巨太郎：「上下水道分野における制御・計測技術」，東芝レビュー，Vol.56, No.10 (2001)
(29) 松永　是・藤沢　実・金子政雄・原口　智：「バイオセンサを用いた原水の水質監視支援」，東芝レビュー，Vol.55, No.6 (2000)
(30) 環境電子：「水質自動監視装置 water quality serverilance NBA-03」，http://www.kankyo-densi.com/bioassay/nba03.html
(31) 佐藤　久：「水環境保全と再生水安全性確保のためのマルチ重金属センサの開発」，JFE21世紀財団 技術研究報告書，pp.145-155 (2014)
(32) A. Hafuka, H. Taniyama, S.-H. Son, K. Yamada, M. Takahashi, S. Okabe, and H. Satoh：“BODIPY-based ratiometric fluoroionophores with bidirectional spectral shifts for the selective recognition of heavy metal ions”, *Bulletin of the Chemical Society of Japan*, Vol.86, No.1, pp.37-44 (2013)

3.9　センシング技術の水道水管理への応用
—オランダの事例紹介—

藤田夕希*

3.9.1　オランダの水道システムについて

人間が生活していく上で，安全な飲料水は必要不可欠なものであり，水道水供給事業体（水道セクター）にとって安全な飲料水の確保と供給は最重要課題である。そのためにさまざまな技術が必要であるが，近年では，センシング技術も安全な飲料水を支える手段の一つになってきている。本節では，KWR Watercycle Research Institute（KWR水循環研究所，以下，KWRと略す）に勤める筆者が，水道先進国であるオランダで行われているセンシング技術を活用した水道水管理の取り組みと事例・研究例について紹介する。

オランダの水道は漏水率が2.5%と世界でも極めて低く，また，水道水の質が高いためボトル入り飲料水の購入量がヨーロッパでも抜きんでて低い[(1)]。日本をはじめとする多くの国では，水道水の安全確保のために配水での塩素残留濃度を法律で定めているのに対し，オランダでは水道水の消毒に塩素を一切使っていない。塩素消毒なしの配水が可能なのは，水源確保や浄水処理に何重にも重ねた安全策を施しているからであり，また，厳格な水質監視システムを採用しているためでもある[(2)]。なお，オランダの水道システムについて日本語資料を参考文献（3）に示しているので，参照されたい。

このような質の高い水道水供給の背景には，先進的・革新的な技術が適用されやすい風土がある。具体的には，統合を繰り返して水道会社の数が激減したこと（現在は人口約1700万人に対して10の水道会社が存在する。これは人口一億二千万人に対して1300以上の上水道事業体を有する日本と比べて非常に少ない。），また，水道会社間に密接な協力関係があることが挙げられる。そして，水道会社が共同出資して設立したKWRが，実に70年にわたり水道セクターにおける調査研究及び開発業務に携わっていることも要因の一つとして挙げられる。各水道会社は研究資金を毎年KWRに拠出し，共同で研究プロジェクトを計画し実行することで，水道セクターが直面する問題への解決や革新的な技術開発に取り組んでいる。

3.9.2　オランダ水道セクターにおけるセンシング技術導入の動機と利点

1)　水道ビジネスとセンシング技術

ビジネスの場においてセンシング技術が意味をなすのは，センサから得られた情報を使うことでビジネスの使命や目的がより効率的または高度に達成できる時である。すなわち，センサはこの目的達成のための手段といえる。

水道セクターが果たすべき使命・目的は大きくは二つある。一つは安全な水道水を供給し人間

---

*　Yuki Fujita　オランダKWR水循環研究所　水文生態学チーム　研究員

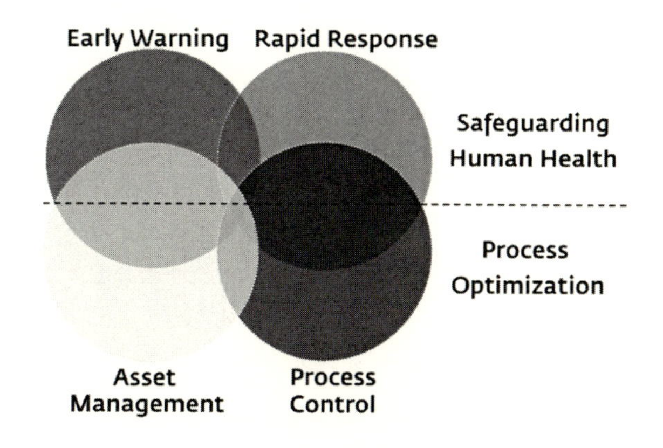

図 3.9.1　水道セクターにおける，センシング技術の導入が有用な 4 つのビジネス分野
出典：参考文献(4)

の健康を守ること，もう一つは水道水供給にまつわる様々なプロセスを最適化することである。これらの使命・目的を達成するため，センシング技術は，主に 4 つの分野で貢献できると考えられている[(4)]（図 3.9.1）。Early Warning はセンサによって異常を早期発見すること，Rapid Response はセンサ情報に基づいて素早い対応が可能になることである。これらにより，水道水の安全をより効率的かつ少ないコストで確保することが期待でき，水道セクターの一つ目の使命に貢献する。また，Asset Management はセンサ情報を用いて水道施設（主に配管）の更新など資産管理の効率化を行うこと，Process Control はセンサを使って浄水・配水などのプロセスを制御することである。これらは二つ目の使命である水道水供給プロセスの最適化に貢献し，最終的に運用コストの削減という形でビジネスに直接的な恩恵をもたらすことになる。

上に述べたビジネス面におけるセンサ導入の動機に加え，近年の急速なセンシング技術の進歩による性能の向上が，水道セクターにおけるセンシング技術活用の機運を後押ししている。また，オランダは地震などの自然災害が少なく地形が単純であるため，センサの設置・維持にかかる労力を比較的低く抑えられ，日本に比べてセンサを導入するためのハードルが小さいこともセンシング技術の積極的な活用の要因の一つと考えられる。

2)　配水管におけるセンシング技術の活用

オランダや日本に限らず，水道水管理を行う上で問題となってくるのが，その安全確保上アクセス困難な構造になっている配水管である。配水される水道水の水質監視は，基本的に浄水場の処理水と給水栓水（各家庭の蛇口から出る水）のサンプルのみで行われる。つまり，配水管網の入口と出口でのみ，検査を行っていることになる。しかし，汚染事故の多くはその中間部分，配水管網内で起こっているため，汚染発生場所や原因を特定するのが難しい。また，老朽化する配水管の保守管理は水道セクターの重要な任務の一つであるが，地下に広がる配水管内の状況を把握することは容易ではない。そのため，センサを用い配水管網内を監視できれば，そこから得られる情報は非常に有用であると考えられる。

配水管においてセンシング技術を活用する具体的な利点はいくつか挙げられる。一つ目は，リアルタイムで頻度の高いデータを得られることによる，汚染検知能力の向上である。これにより，微生物であれば感染リスクを軽減し，事故の発生場所の迅速な発見と対応につなげることができる。二つ目は，配水管網内にセンサを戦略的に配置しデータを取得することにより，管網全体の水質動態への理解を深めることである。三つ目は，センサの効率的な活用により水道水管理にかかる経費を削減できることである。例えば，水質モニタリングの一部をセンサが補完したり引き継ぐことにより，サンプル搬送や解析などにかかる費用を軽減でき，モニタリングにかかる経費全体の削減につながるかもしれない。また，センサによって配水管の状況を把握できれば，より効率的に配管更新の予定を立てることができ，アセットマネジメントの経費削減が見込まれる。

このようなセンシング技術の利点は明らかであり，近い将来に現行の水道水管理システムをセンシング技術を活用したより現代的なものに改変していく必要性については，オランダ水道会社のマネジメント層の間でも強く認識されている。しかし，実際に配水管網にセンサシステムを導入するには，数々の障害が存在する。近年，この障害を明らかにし解決策を探るため，水道会社・センサ会社・KWR が協働でセンシング技術の社会実装についての研究を活発に行っており，実務的運用に向けた具体的な努力がなされている。以下の項では，2 種類のセンシング技術について，水道セクターでの社会実装に向けた具体的な研究について紹介したい。

3. 9. 3　センサを用いた水道水の微生物的安全性の管理技術

1)　微生物検出センサ活用への期待

水道水の微生物的安全性の確保は，塩素消毒を使わないオランダにおいてきわめて重要である。そのため，飲料法の下，厳格な水質監視システムが確立されている。まず，浄水処理過程においては，原水や処理水の微生物濃度を測定するだけでなく，QMRA（Quantitative Microbial Risk Assessment; 定量的微生物リスク評価）という手法を用いて指標微生物への感染リスクを定量化し評価している。さらに，給水栓水でも定期的な水質検査が義務付けられている。例えば給水人口 50 万人の場合，大腸菌モニタリングに年間 700 回以上の給水栓水サンプリングが必要である。

水試料中の微生物測定のために現在標準的に使われているのは，寒天培地を用いた培養法であるが，培養法には数日間の培養とその後の微生物のカウントが必要で，時間と手間が膨大にかかる。また，給水栓水の場合，分析室へサンプルを搬送する必要があり，莫大な人件費もかかってしまう。そのため，より迅速にかつオンサイトで微生物を検出できるセンサを求める声は多く，ここ 10 年ほどの間にさまざまな微生物検出センサが開発されてきた。検出結果をほぼリアルタイムで継続的に獲得できることもセンサ導入のメリットであり，得られた情報を有効に活用することができれば，水道水からの微生物感染リスクを軽減できると期待される。

2)　微生物自動検出センサの技術

近年，さまざまな微生物検出センサが開発されているが，本項では，オランダ水道会社との共同研究で使われているBACMON（デンマークGrundfos社），BACTcontrol（オランダmicroLAN社）の二つの微生物検出センサについて紹介する。

BACMONは，細菌の数をカウントするセンサである（図3.9.2）[5]。サンプル流路上で千枚以上の顕微鏡3D画像が取得され，そこに存在するオブジェクトを59種の画像パラメータにより認識する。これをライブラリと照らし合わすことで，各オブジェクトは細菌か非細菌かに判別され，細菌の総数が計量されるようになっている。一度の菌数カウントは数分で完了するため，10分間隔で細菌数データを取得することが可能である。

BACTcontrolは，細菌由来の酵素を測定するセンサである（図3.9.3）[6]。測定する酵素は，細菌全体の活性指標としてアルカリ性ホスファターゼ，ふん便指標細菌である大腸菌，糞便大腸菌群，腸球菌の活性指標としてβ-グルクロニダーゼ，β-ガラクトシダーゼ，β-グルコシダーゼ

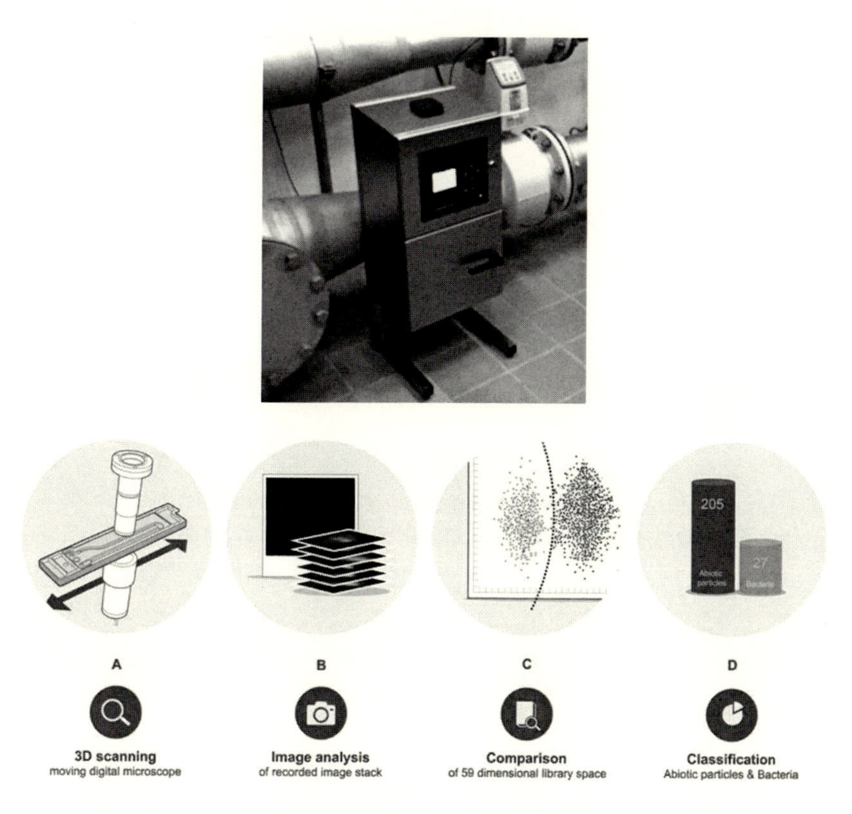

図3.9.2　細菌検出センサBACMON
顕微鏡3D画像の取得(A)，画像の解析(B)，ライブラリとの比較(C)，
細菌か非細菌かに判別(D)，というプロセスを経て細菌濃度が検出される。
出典：参考文献(5)

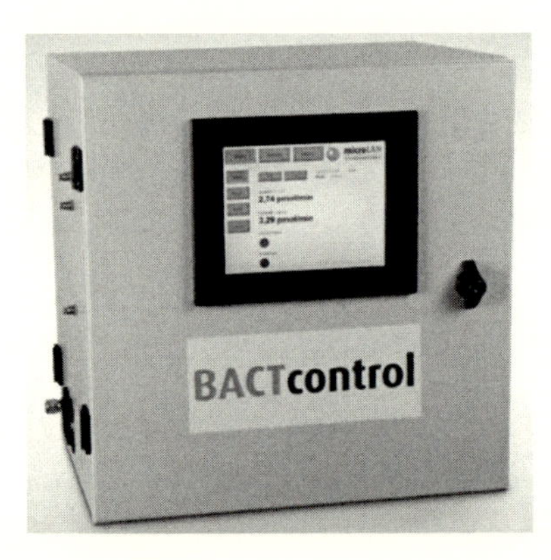

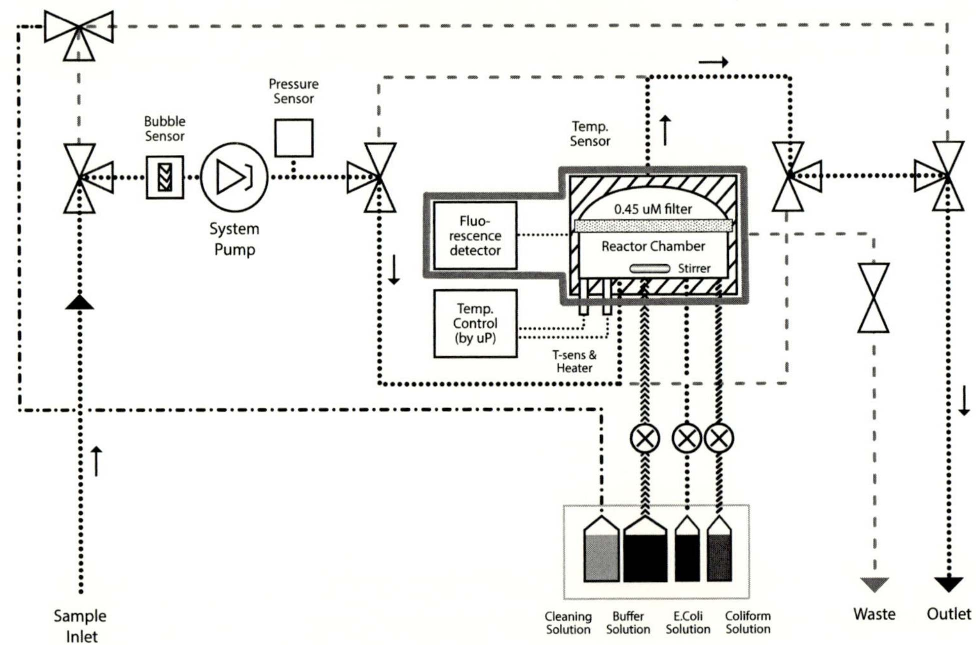

図 3.9.3　細菌検出センサ BACTcontrol
中央のグレー太線で囲んだ部分で蛍光検出器による測定が行われる。
出典：参考文献(6)

である。取り込まれた水試料はフィルターを通って濃縮された後，各酵素の最適温度に調節される。ここで一定の時間培養された細菌が産生する酵素が発色酵素基質を加水分解し，検体は蛍光を発するのだが，これを蛍光検出器によって測定する。計測に要する時間は約 1.5 時間である。

これらのセンサを水道水質監視のために利用するには，センサの精度がその目的に適したものであるかを検証する必要がある。そこで KWR では，培養された微生物ではなく自然界から抽出された微生物群集を含むサンプル，さまざまなタイプの水質，微生物密度が非常に低いサンプルなど，配水管網内の条件を模したサンプルを使ってセンサ検出能力の検証を進めている(7)。これらの研究結果はセンサ会社・水道会社と共有され，センサのさらなる改善に活かされている。このような努力を続けることにより，今後もセンサ導入への技術的な懸念が一つ一つ払拭されていくと期待される。

3）微生物検出センサの社会実装への取り組み

自動検出センサを微生物安全性監視の実務に導入するには，センサの技術面以外にも，さまざまな障害が存在する。Blokker らは水道会社への聞き取りなどをもとに，微生物センサ運用への障害・課題を明らかにし，それぞれにかかるコストについて検討した[(8),(9)]。コストの中で大きな割合を占めるのは，センサ自体の費用，および，設置・維持にかかる費用である。その費用はセンサ設置数にほぼ比例して上昇するが，センサ個数当たりの検知力はセンサの配置を最適化することで抑えられることが示唆された（この解析をコストリターン解析といい，次項で詳しく述べる）。さらに，センサ使用にかかるコストと現行のコストとの比較もおこなわれている。一例として，給水人口50万人のある地域を対象に，現行の培養法を用いた給水栓水検査にかかる年間総費用，および，同頻度の検査をセンサ BACTcontrol によって行った場合の年間総費用を試算し，比較した。これによると，センサを用いた場合，費用はやや上回ることが示された。これは逆に言えば，センサを使った場合，維持費を多少上乗せするだけで測定頻度を大幅に増やすことが可能であるということになり，アップスケールを容易に行える点で大きなアドバンテージであるといえる。

前述の他，センサシステムによる微生物安全性監視の実現のためには，社員の補充や教育，部署の新設や改変など組織としてさまざまな投資と共に，現行の法律の変更が必要となってくる。現行法で定められた微生物安全性監視基準は培養法を用いることを前提として作成されており，給水栓水のサンプリングが必須であるからである。現行の法律に沿った上でセンサを補完的に使用しようとすれば，コストが上乗せされるだけである。センサ運用にも対応できるような法律改変を目指すには，複数の水道会社が共同して政府に働きかけることが必要になるであろう。

センシング技術の導入にかかるコストを評価する際には，究極的には何を実現したいかといった長期的な戦略・目標を明確化させることも重要である。現在と同程度の精度で微生物安全性を評価したいのであれば，現行の培養法を用いた監視システムの方が，新しくセンシング技術を取り入れるよりも安上がりである。しかし，より精度が高くロバストな微生物安全性監視システムを目指したいのであれば，培養法のみでの実現は不可能であり，センシング技術を活用した次世代型のモニタリングシステムが必須となるであろう。

4）微生物検出センサ運用効果の試算例

微生物センサを導入した場合，微生物安全性確保への効果はどのくらいになるのであろうか。Blokker らはモデル研究を行い，センサ使用により配管上での糞便汚染後の感染リスクがどの程度軽減されるかを定量化した。このモデルでは，ある地域の配水管網を使い，汚染場所，汚染開

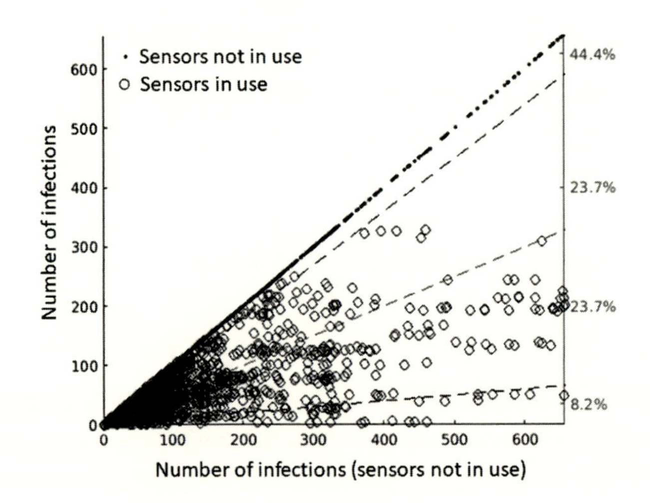

図 3.9.4　微生物センサ導入による，汚染時の微生物への感染リスク軽減率のモデル試算
5000 ケースの汚染シナリオについて軽減率を試算した。X 軸はセンサ不使用時の感染数，Y 軸はセンサ使用時の感染数（白丸点）およびセンサ不使用時の感染数（小さい黒丸点）を示す。破線は，センサ使用による感染率の低下が，上から順に 10%，50%，90%であることを示す。図右側の数字は，感染率低下の程度毎（上から順に，0-10%，10-50%，50-90%，90-100%）のケース割合を示す。参考文献(10)を英訳。

始時間，汚染継続時間，汚染濃度についてさまざまな条件で組み合わせたものを 5000 ケース用意した。センサにて汚染を検知した場合は該当地域に煮沸アドバイスを発令すると仮定し，センサを使用した場合と使用しなかった場合で微生物感染率をシミュレーションしたところ，センサ使用により感染率が平均 25%減少することが示された[(10)]（図 3.9.4）。

センサ使用が実際の感染率減少にどのくらい貢献できるかは，異常を検知した後の対策の効率にも依存する。そこで，水道会社の災害対策チームが参加し，実際の配水管網の水理モデルを使い，配水管上で糞便汚染が起こった場合の対策発令までの一連の流れをシミュレーションした[(11)]。ここにおける対策とは，バルブの調整と顧客への煮沸アドバイスをさす。この結果，センサデータを使用することにより，汚染水を受け取る世帯が 94%減少することが示された。この研究ではある場所で起こった一つの汚染ケースしか試されておらず，定量化されたセンサの効果は目安でしかない。しかし，実際の運用条件に近い状況のもとでシミュレーションを行うことで，センサデータを既存のシステムに組み込むうえでの具体的な問題点が浮き彫りになり，また，水道会社実務者の意識向上にもつながった。センサ運用に向けた次の段階では実際の配管網内のパイロット研究が必要であり，そのための計画準備が現在着々と進められている[(12)]。

3. 9. 4　早期異常検知システムの最適化にむけた取り組み

1)　ケミカルセンサを用いた早期異常検知システム

これまで述べてきたように，センシング技術を用いた早期異常検知は，水道セクターが期待する分野の一つである。水道水の安全性を確保する上で，異常を早期に検知できることの意義は大きい。早期検知により，汚染地域の拡大を防ぐことができ，また，事態収拾にかかる時間とコストが軽減できるからである。そのためには，前項の微生物のような特定の汚染をターゲットにした監視だけでなく，“いつもとは違う状態”を検知できるより汎用性の高い異常検知システムも有用である。技術が成熟の域に近づいているケミカルセンサは，水質監視に使われている実用例も多く，今後水道セクターでの実務的運用が期待されるセンサである。本項では，このケミカルセンサを用いた水質の早期異常検知システムの最適化に向けた研究について紹介したい。

2)　早期異常検知システムのコストリターン解析

まずは，センサの早期異常検知におけるコストリターン解析について紹介する。使用したセンサは，光学屈折率を用いて様々な種類の化学的汚染を検出するセンサ Eventlab（Optiqua 社）である。6つの実在する配水ネットワーク上で行われたモデルシミュレーションによると，センサ数を増やすことで汚染検知精度が上がることが示されたが，その増加率はネットワーク間で異なった[13]（図 3.9.5）。この結果からは，コスト当たりの検知精度が地方に比べて都市部で高くなっていることが分かる。この違いは，都市部ではキロメートル当たりの配水量が多く，また，配水管が分岐型でなくグリッド型であることに起因すると示唆された。さらに，最適化ツール

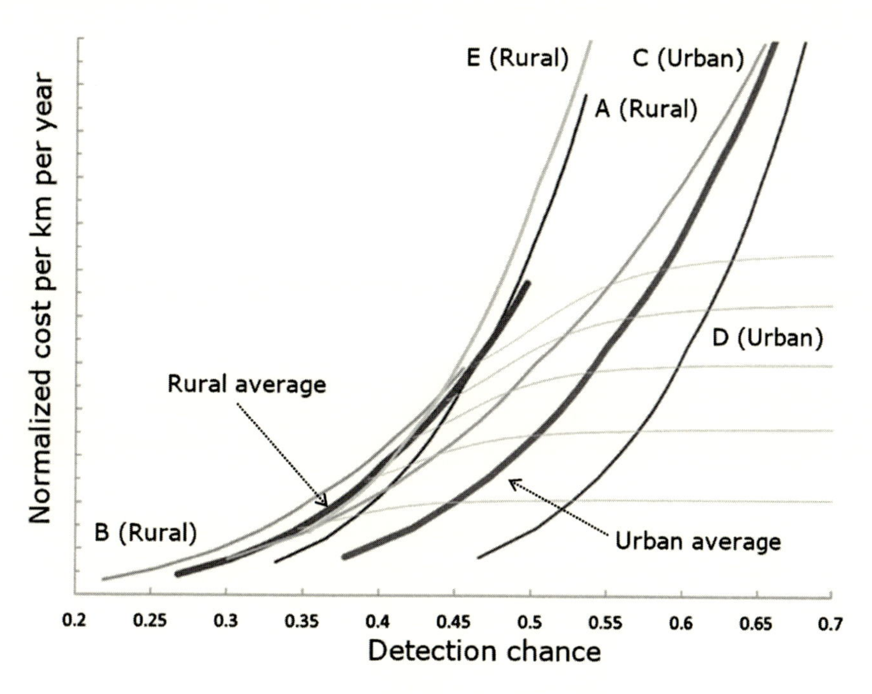

図 3.9.5　センサのコストリターン解析

X 軸はセンサによる汚染検知割合，Y 軸は 1 年間 1 キロメートル当たりのセンサコスト（相対値）を示す。センサコストにはセンサ維持管理のための費用も含む。コストリターン曲線は，5 つの異なる地域（A-E）ごとに示した。また，都市部の配水ネットワークの平均と地方の配水ネットワークの平均を太線で示した。参考文献(13)から著者の了承を得て改変。

図 3.9.6　センサ配置デザインの最適化
水質汚染の検知率を最大化させる水質センサの位置を，センサ総数が 40 個（濃いグレーの輪），80 個（薄いグレーの輪），160 個（黒点）の条件下で別々に示した。出典：参考文献(15)

(CST[14]) を用いた研究によると，センサの設置個数の違いにより，汚染検知精度を最大化するためのセンサの配置位置が異なることが分かった（図 3.9.6)[15]。これらの結果は，センサ設置数・設置場所を効率的に決定するためには，対象となる配水管ネットワークの特徴を加味したモデル研究を用い，十分な事前検討が必要であることを示している。なお，KWR が水道会社と協同開発中のソフトウエアプラットフォーム Gondwana では，目的と条件に応じたセンサの最適な設置場所など，配水管網にまつわる様々な最適化問題の解決法を探ることができる[16]。

3) 早期異常検知システムの効率化とデータ解析

センサのコストリターン率を上げるためには，センサ利用目的を水質の早期異常検知のみに限定するのでなく，他の目的とうまく組み合わせて二重三重の利益を受けられるよう工夫することも有効である[17]。例えばケミカルセンサに加えて水圧センサを設置することで，水質異常の検知だけでなく広範囲な水圧のモニタリングも可能になり，バルブ開閉状態の確認や漏水の検知などに役立てることができる。また，前項で紹介した微生物センサも活用できれば，微生物安全性も含めたより包括的な水質監視に運用できる可能性が広がる。さらに，近接した地点の同一種類のセンサからの情報，もしくは，同一点に設置された複数種類のセンサからの情報を同時に解析することで，センサの不具合などによる検出漏れを発見できる利点もある。このように，複数個，複数種類のセンサを用いるシステムは冗長性を確保する上でも重要である。

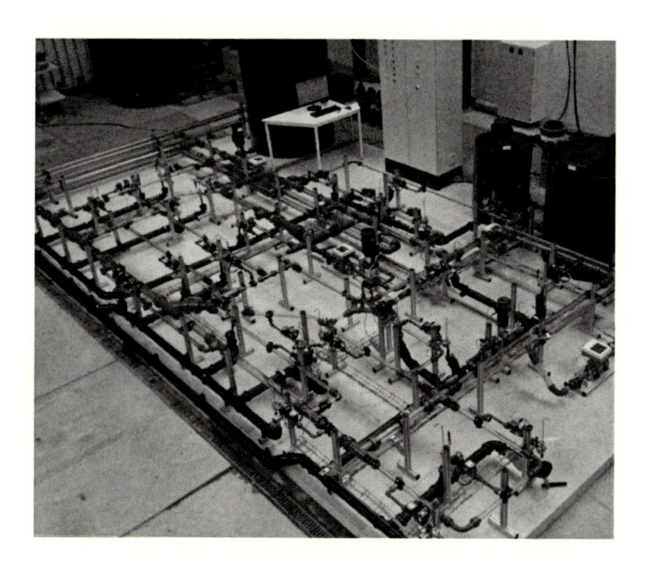

図 3.9.7　水道会社 Vitens のセンサネットワーク試験設備
出典：参考文献(19), (20)

センサ情報を意思決定に効率よく活かすためには，得られたデータをリアルタイム（またはそれに近い速さ）で自動的に解析していく必要がある。そのため，センサの開発と並行して，センサデータの解析手法も次々と開発されている。例えば，センサにより異常が検知された時に水道実務者が最も必要とする情報は，異常発生場所がどこであるかということであろう。異常の発生場所は，センサ情報を水理モデルと組み合わせてトレースバック解析することで特定することができる[18]。また，van Summeren ら[19], [20]は，グラフ理論を用いセンサ間の相関を加味することで，水理モデルを使わずとも配水管バルブ開閉状態などの異常を検知できるアルゴリズムを開発した。

早期異常検知を目的としたセンサシステムの実用性を試すには，コントロールされた条件下でデータ取得から解析までを検証できる実験サイトが非常に有効である。KWR は水道会社 Vitens と協働し，センサ運用テストのための配水管網実験サイトをデザインし建設した（図 3.9.7）。今後は，このような実験サイトを用いて様々なシナリオ下での早期異常検知の精度を検証していくとともに，実際の配水管網上に設置されたセンサを用いて早期異常検知の運用実績を積み上げていくことが求められる。

3. 9. 5　今後の展望

センシング技術を現場で効率的に運用するには，センサ自体の開発だけでなく，最適なセンサ配置デザインの研究，センサ導入に係る費用と効果の見極め，センサから得られるデータの解析，また，それらを意思決定の場にどう活用させるか，など，センサを取り巻く包括的なサイクルに対する考慮が不可欠である。そのためには，それぞれを担う専門家・実務者間の密接な意見交換や共同研究・共同開発が非常に重要な役割を果たすであろう。

組織内の縦割り意識が低く横の交流が盛んなオランダでは，センサシステムのように分野を超えた協力関係が必要な革新的技術を受け入れやすい風土がある。とは言え，水道水供給は公共サービスのひとつという側面もあり，水道業界はオランダの中でも比較的保守的なセクターである。センサシステムの導入に関しても，想像以上に慎重に議論を進めているという印象を持っている。だからこそ，さまざまな観点から障害と課題をつぶさに検討し，センサのもたらす利点をセクター内で共有する努力を丁寧に進め，一歩ずつ着実にセンサシステムの構築に取り組んでいると考えられる。センサの持つ可能性を水道水管理に最大限に生かすには，既存のシステムに場当たり的にセンシング技術を付け足すのでなく，現行のシステムの大幅な改変が必要である。その大きな一歩を踏み出す日はそう遠くないと期待している。今後の動向に注目したい。

謝辞

本節の執筆にあたり，京都大学の伊藤禎彦教授には素稿に目を通していただきご助言いただいた。また，KWR の Joost van Summeren 氏，Patrick Smeets 氏，Nikki van Bel 氏，Peter van Thienen 氏からは，資料及び情報の提供をいただいた。ここに深く感謝する。

参考文献

(1) P. J. de Moel, J. Q. J. C. Verberk, and J. C. van Dijk：“Drinking water：principles and practices”, Singapore：World Scientific Publishing, 413p (2006)

(2) P. Smeets, G. Medema, and J. Dijk：“The Dutch secret：How to provide safe drinking water without chlorine in the Netherlands”, Drinking Water Engineering and Science, pp.1-14 (2009)

(3) 伊藤禎彦：「オランダの水道事情」，空気調和・衛生工学，Vol.85, No.9, pp.9-16 (2011)

(4) A. J. Kronemeijer, A. Brandt, and S. Kools：“Future of Sensoring at KWR”, BTO 2014.023, KWR Watercycle Research Institute, 26p (2014)

(5) B. Højris et al.：“A novel, optical, on-line bacteria sensor for monitoring drinking water quality”, *Scientific Reports*, Vol.6, Article No.23935, pp.1-10 (2016)

(6) J. Appels *et al.*：“Safety and quality control in drinking water systems by online monitoring of enzymatic activity of faecal indicators and total bacteria”, in Microbiological Sensors for the Drinking Water Industry, T. L. Skovhus and B. Højris, Editors, IWA Publishing, pp.171-195 (2018)

(7) N. van Bel：“Prestatiekenmerken van de E. coli bepaling met het online monitoringssysteem BACTcontrol”, BTO 2017.039, KWR Watercycle Research Institute, 22p (2018) (In Dutch)

(8) L. Hessels and E. Bergsma：“Belemmeringen voor innovatie：verkenning van de

drempels voor de implementatie van online E. coli sensoren in het leidingnet", BTO 2017.086, KWR Watercycle Research Institute, 33p (2017) (In Dutch)
(9) E. J. M. Blokker and P. W. M. H. Smeets : "Toegevoegde waarde online E. coli sensor in het distributienet", BTO 2017.014, KWR Watercycle research Institute, 26p (2017) (In Dutch)
(10) E. J. M. Blokker and L. van Laarhoven : "De reductie van het infectierisico met behulp van online E. coli sensoren in het distributienet ; op basis van het QMRA-model", BTO 2017.013, KWR Watercycle Research Institute, 34p (2017) (In Dutch)
(11) E. J. M. Blokker and G. A. M. Mesman : "Responsstrategie na meting E. coli door sensoren", BTO 2017.080, KWR Watercycle Research Institute, 20p (2017) (In Dutch)
(12) E. J. M. Blokker, P. W. M. H. Smeets, and L. Hessels : "Implementatie automatische snelle detectie van fecale verontreiniging in het distributienet", BTO 2018.018, KWR Watercycle Research Institute, 32p (2018) (In Dutch)
(13) J. R. G. van Summeren : "Investeringen en prestaties van sensornetwerken in het drinkwater- distributienet", KWR 2016.052, KWR Watercycle Research Institute, 45p (2016) (In Dutch)
(14) P. van Thienen *et al.* : "Bounds on water quality sensor network performance from design choices and practical considerations", *Water Practice and Technology*, Vol.13, No.2, pp.328-334 (2018)
(15) J. R. G. van Summeren *et al.* : "Kostenefficiënte toepassing van sensoren voor meerdere doelen in het drinkwaterdistributiesysteem", BTO 2016.048, KWR Watercycle Research Institute, 42p (2016) (In Dutch)
(16) P. van Thienen and I. Vertommen : "Gondwana : a generic optimization tool for drinking water distribution systems design and operation", *Procedia engineering*, Vol.119, pp.1212-1220 (2015)
(17) D. Kroll and K. King : "Methods for evaluating water distribution network early warning systems", *Journal : American Water Works Association*, Vol.102, No.1, pp.79-89 (2010)
(18) I. Vertommen *et al.* : "De bron van verontreinigingen bepalen met hydraulische softwarepakketten", H2O/13 januari 2017, 8p (2017) (In Dutch)
(19) D. Vries and J. R. G. van Summeren : "Sensornetwerken in het distributienet dragen bij aan het vergroten van de systeemkennis", BTO 2018.019, KWR Watercycle Research Institute, 35p (2018) (In Dutch)
(20) J. R. G. van Summeren : "Experimenten met sensoren in het schaalmodel van leidingnet Leeuwarden als testomgeving voor realtime monitoring", BTO 2017.085, KWR Watercycle Research Institute, 38p (2018) (In Dutch)

3.10 まとめ

山口富治*

本章では，主に農業分野や防災分野での水センシング技術についてまとめた。農業分野での水センシング技術の応用例として，FD法を用いた植物の茎内の水分計測例を紹介した。また，弾性波などを用いた植物の水ストレスセンシング技術を紹介し，X線に比べて水に吸収されやすい中性子線を用いたラジオグラフィについて述べた。これらの技術は，植物に含まれる水の非侵襲計測を可能にするものである。

さらに，水分量，EC，pH，温度センサを集積化したマルチモーダルセンサについて述べ，防災分野や農業分野での活用例を紹介した。加えて，土中水分量の観測方法および斜面防災対策技術を詳述した。これらの技術は，センサネットワーク技術との組み合わせにより，安心・安全な地域づくりに役立っている。

河川水や再生水の水質を管理するためのセンサとして，BODセンサや油分・油膜センサ，毒物センサも取り上げた。近年では，マイクロプラスチックのような微小物質も水汚染物質と考えられるようになっており，微小浮遊物質を検出するためのセンシング技術が今度発展していく可能性がある。また，水道システムにおいて効率的に水センシング技術を運用するための研究例として，オランダのKWR水循環研究所での取り組みを紹介した。

今回取り上げたセンサ以外にも，半導体技術やプリンテッドエレクトロニクスを用いた小型で省電力なセンサが多数開発されている。これらのセンサとセンサネットワーク・クラウドサービスとの連携によるIoT化がさらに進められ，農作業の省力化や災害による被害の軽減などに貢献していくことが期待される。

* Tomiharu Yamaguchi　東京電機大学大学院　工学研究科　助教

コラム

アユは河川の水質センサ

南戸秀仁*

鮎（アユ）は清流の王者とも称えられ，その容姿の美しさ，食味の良さから，日本の清流を代表する魚として古来より愛されてきた。

鮎は成長すると，川を上り，しばらくは昆虫食になり，やがて，川底の石に付着した藻類を食べるようになる。身はスイカやウリのような独特の香気があることから「香魚」とも呼ばれている。筆者のアユ釣り歴は約 60 年，家から自転車で約 10 分の手取川で，6 月の解禁から 9 月中旬の「落ち鮎」の頃まで，いわゆる鮎の「縄張りを張る」習性を利用した「友釣り」ではなく，「加賀毛バリ」を用いた「毛バリ釣り」を楽しんでいる。毛バリは江戸時代の加賀藩で生まれ，その種類は約数百種に及び，毛バリ一つ一つに名前がついている。図 1 に代表的な加賀毛バリの外観写真を示す。この毛バリは一本一本，手作りで作製されるため，同一の名前の毛バリでも，若干色の混ざり具合や毛の長さが異なる。筆者は，約 300 種類，約 500 本の毛バリを所有しているが，毎年使う毛バリは数種類で，得意バリの名前は「黒椿の錦巻き」という毛バリで，胴体にピンクとグリーンのラメ糸をらせん状に巻いているのが特徴である。特に朝夕の暗い時間帯によく釣れる毛バリである。毛バリは手作り故，比較的高価であり，近年では，1 本約 400 円程の価格で売られている。

鮎は，微弱な明るさを感知する立派な視覚センサを持ち，明るい天空を背景にして，それと餌料生物との間に生じるごくわずかな明度差を感知して，餌を取り込むものと思われている。そし

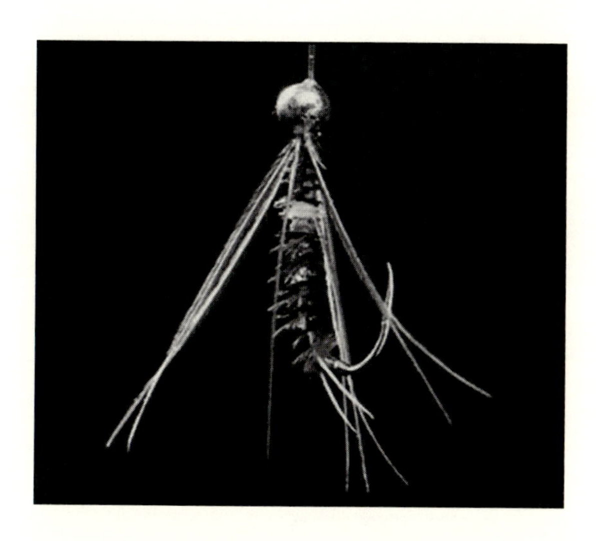

図 1　鮎釣りに用いる加賀毛バリ

* Hidehito Nanto　金沢工業大学　大学院工学研究科　高信頼ものづくり専攻　教授

て，子鮎では，緑色系統の色にほとんど色覚を持たなかったが，成長するにつれ，すべての色に反応をするようになる。可視光の中では，赤色と青色には敏感で，特に，赤色に忌避行動を示す。一方，視覚刺激の弱い黄緑色には，赤色とは逆に集まってくる習性を示す。また温度センサも備えており，成長とともに冷水を好むようになり，河口から温度の低い上流へ遡上する水温選好性の生態を持つ。

鮎は「澄み水」を好み，濁り水や汚水を嫌う性質を持つ。特に，見た目は濁っていなくても化学物質や生活排水で汚染された水を嫌い，特に稚鮎は，10 億分の 1（1 ppb）というごくごく微量でも合成洗剤の臭いを嫌がって避ける。

私が鮎釣りを楽しんでいる河川でも，年々，水の汚染が進んでおり，近年は，遡上する鮎の絶対的な数が減り，ダムなどの影響もあり，雨が止んでもなかなか透明な水にならず，常に少し濁った状態が続く。鮎にとっては住みにくい河川環境となっている。鮎の生育状況，ひいては鮎の釣果が，河川の汚染状況を反映し，まさに水質のセンサになっている。

鮎の釣れる河川では，6 月に鮎漁が解禁になり，11 月に落ち鮎になって川から鮎がいなくなる。するとそれから後，人がほとんど訪れないので，冬の間に，川が自分たちで元の姿に戻っていくのであるが，廃水等の影響により，河川環境のサステーナビリティが揺らいでいるのが現状である。年々，鮎が少なくなる（釣果が減少している）現実に，鮎釣りが趣味の一人である私は強い危機感を覚えている今日この頃である。

第4章　生活にかかわる水センシング

4.1　はじめに

南保英孝*

我々の生活において，水は必要不可欠なものである。もちろん生命維持のために水は必須であるが，逆に水によって生命を失うこともある。例えば大雨や大雪などの異常気象によってインフラの混乱が発生し，深刻な場合には命が脅かされることもある。また，洪水や土石流などにより，直接的な危険性はもちろん，水質汚染による健康被害なども発生しかねない。本章では，生活という範疇の中でも，上で述べたような我々の安全・安心に関わる水のセンシングに着目した。

ここでは，安全・安心に関わる水のセンシング技術の応用事例として，3つの項目を取り上げる。まず4.2節では，水を用いた融雪装置において，どのようにセンサが用いられているか，また，これからどのようなセンサの応用が期待されるかについて述べる。4.3節では，近年異常気象の一つとして問題となっているゲリラ豪雨に着目し，ゲリラ豪雨の予測に関わるセンシング技術や技術の発達により予測精度の向上が進んでいる実態について述べる。さらにIT技術を駆使し，予測結果を効果的に人々に伝達するための様々な試みについて解説する。4.4節では，近年着目されているナノバブル・マイクロバブルを利用した水質調査の技術と手法について述べる。

---

* Hidetaka Nambo　金沢大学　理工学域電子情報学系　准教授

4.2 融雪装置における水センシング

南保英孝*

冬季に積雪の多い地方では，道路に積もった雪が通行の妨げになるため，積もった雪を取り除き安全な通行を確保することが重要となる。これは，単に移動手段を確保するだけではなく，流通の確保という面でも重要である。例えば，2018年（平成30年）は全国的に雪が多く，豪雪となった北陸地方の幹線道路である国道8号線では約1500台の車両が立ち往生することとなり，高速道路も通行止めとなった。また，豪雪の影響により物流が停止し，コンビニエンスストア等での品薄やガソリンスタンドの燃料不足による給油制限などが生じる事態となった[1]。豪雪は極端な事例であるが，通常の積雪でも交通や物流に少なからず影響を与えるため，積雪への対処は必須である。

道路に積もった雪に対する対処方法としては，除雪または融雪となる。除雪は文字通り雪を取り除くことであり，重機等を利用して物理的に排除する（図4.2.1)。融雪は雪を溶かすことであり，道路においてはロードヒーティング，散水，融雪剤の散布などの様々な手段が用いられている。本節では，道路に埋設された散水ノズルからの散水による融雪手段について取り上げる（図4.2.2)。

なお，散水ノズルからの散水による融雪装置の考案者は，新潟県長岡市にある柿の種で知られる浪花屋製菓の創業者の今井幸三郎氏であり，昭和36年に長岡市の公道に初めて設置されたと言われている[2]（ただし諸説ある)。

以下では，まず融雪装置の設備と一連の動作の流れについて概説し，その中で使用されるセンシング技術と，今後センシング技術が適用できる可能性について述べていく。

図4.2.1　重機による除雪の様子[3]

＊ Hidetaka Nambo　金沢大学　理工学域電子情報学系　准教授

図 4.2.2　散水による融雪の様子[4]

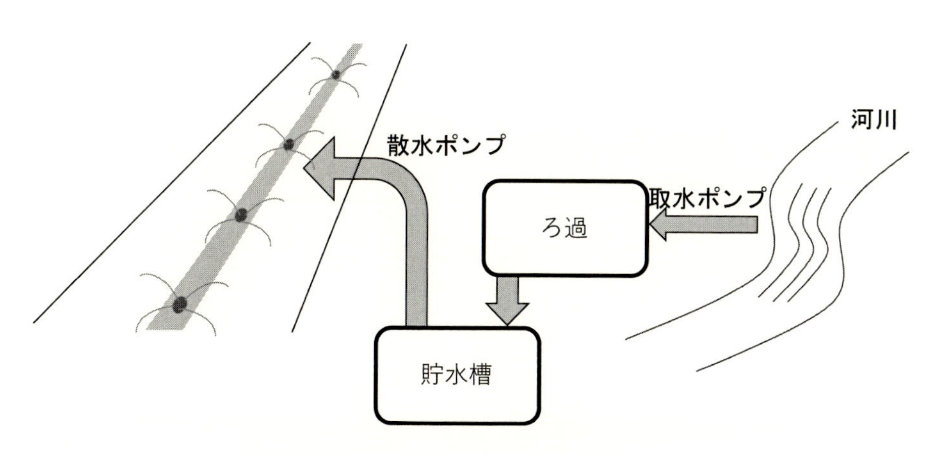

図 4.2.3　融雪装置の概略
出典：南保英孝「生活分野における水センシング」
（平成 31 年電気学会全国大会 S26-4 図 1）

4. 2. 1　融雪装置の各機器と散水の流れ

散水によって雪を溶かすためには水が必要である。一般に，公道における融雪装置では，地下水や河川水をくみ上げて散水に利用している。ただし，地下水のくみ上げによって生じる地盤沈下が問題となっており，近年では融雪装置を新設する場合には，できるだけ河川水を利用することを優先されることもある。地理的な問題などにより河川水を利用することが困難である場合には，やむを得ず地下水を利用しているということである。

図 4.2.3 に河川水を利用する融雪装置の概略図を示す。河川水は取水ポンプにより取り込まれ，ろ過装置によりゴミなどを除去した後，貯水槽に貯められる。貯水槽に貯められた水が，散水ポ

ンプを通して道路等に埋設された散水ノズルから散水される。

図 4.2.4 ～ 4.2.8 に，実際の融雪装置の写真を示す。これらの写真は，金沢市若松町にある公園付近に設置された融雪装置の関連設備である。この設備は，金沢市鈴見町から若松町に通じる距離 2.1 km に渡る市道（田井・田上線）に設置された散水ノズルを 2 系統に分けて制御している。

図 4.2.4 は公園脇を流れる河川に面した壁面に設置された取水口の写真である。撮影時は特に問題なかったが，時期によっては流木や枯れ葉などが取水口周辺に堆積しており，融雪装置を稼働させる時期が始まる前にはそれらを取り除く作業が必要となる。

図 4.2.5 はろ過装置の外観と，その内部の写真である。内部にはフィルタが設置されたおり，取り込んだ水をフィルタに通すことで，取水口で取り除くことができなかった枯れ葉やゴミ等が除去される。フィルタのメンテナンスも取水口のメンテナンスと同様である。

図 4.2.6 は融雪装置の制御盤である。取水ポンプ，散水ポンプの On/Off の制御，ポンプの稼働状況や，貯水量などの監視ができる。また，これらの情報は遠隔でも確認できるようになっている。

図 4.2.7 は道路に埋設された散水ノズルから水が散水される様子である。また，図 4.2.8 に散水

図 4.2.4　融雪装置の取水口の様子

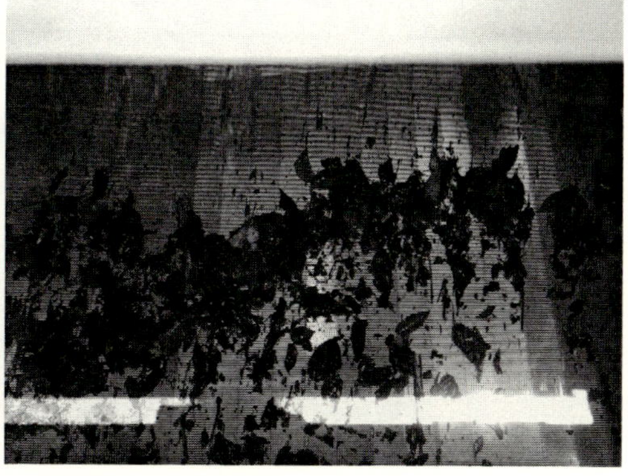

図 4.2.5　ろ過装置
（左：ろ過装置外観，右：ろ過装置内部のフィルタ）
出典：南保英孝「生活分野における水センシング」
（平成 31 年電気学会全国大会 S26-4 図 2）

図 4.2.6　制御盤

図 4.2.7　散水の様子
出典：南保英孝「生活分野における水センシング」
（平成 31 年電気学会全国大会 S26-4 図 3）

図 4.2.8　散水ノズル

口となるノズルを示す。ノズルにはホコリやゴミが詰まることがあり，こちらも稼働時期の前にメンテナンスが行われる。

4. 2. 2　融雪装置の稼働

融雪装置の稼働に関しては，手動によって行われるものと，自動的に行われるものがある。手動の場合には，例えば金沢市では，各所に設置されたカメラ画像や現場パトロール，積雪の状況，気象情報，国・県からの情報を基に，融雪装置の稼働を総合的に判断する。装置の操作に関しては，市役所内の PC からの遠隔操作，または現地での操作によって行われる。一方，自動的に行う場合には，センサにより降雪を検知し，融雪装置の稼働が行われるものがある。降雪の検知方法には，主に光学式と抵抗式の 2 種類がある[5]。

図 4.2.9 に光学式の降雪検知装置の仕組みを示す。光源から光を照射し，雪片からの反射光を受光部で検知するものや，雪片によって遮られた光を遮光センサによって検知するものがある。なお，雪以外の物体に反応しないように，温度センサと組み合わせて用いられる。

また，図 4.2.10 に抵抗式降雪検知装置の仕組みを示す。暖められたパネル上に櫛状電極を配置し，パネル状に落下した切片が溶けることにより，電極間の抵抗が変化する。この変化を捉えて降雪を検知する手法である。こちらも，温度センサと併用し，誤判別を防止している。

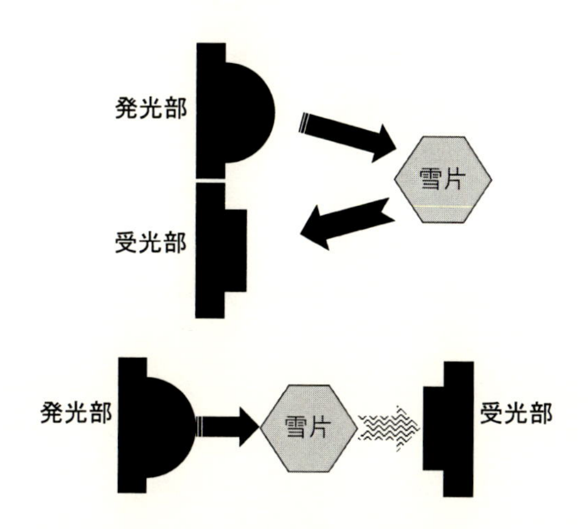

図 4.2.9　光学式降雪センサの仕組み
出典：南保英孝「生活分野における水センシング」
（平成 31 年電気学会全国大会 S26-4 図 4）

図 4.2.10　抵抗式降雪センサの仕組み
出典：南保英孝「生活分野における水センシング」
（平成 31 年電気学会全国大会 S26-4 図 5）

4. 2. 3　融雪装置に関わるセンシング

融雪装置の一連の動作の流れの中で，センサが用いられている箇所はそれほど多くはない。前述した降雪検知センサの他に，積雪量を測定するセンサ，貯水槽の水位やポンプの流量を計測するためのセンサ等である。これらは，融雪装置の稼働・運用に関わるものであり，正常な動作の確認やメンテナンスのために必要な物である。一方で，融雪装置の取水口やろ過装置においては特にセンサは用いられていなかった。取水口やろ過装置のゴミ等の状況を計測し，メンテナンスのタイミングを自動的に知らせることは可能であるが，実際には定期的な清掃で十分であることが多く，センサ等の導入によるコストを考えると効果的ではないということである。また，散水ノズルのつまりをセンサによって検知することは可能であるが，センサ等の導入にかかるコストを考えるとあまり現実的ではないようである。

なお，融雪装置の稼働に関わるセンシングについては，センサや IoT を導入する余地があると思われる。現在では，センサやカメラなどを設置した場所における測定結果を基に融雪装置の稼働を決めているが，これは定点での離散的な観測である。今日，道路を走る自動車には様々なセンサやカメラなどが備わっており GPS や通信機能も持っている。すでに，個々の車で測定された情報や車の位置情報を共有し，自動運転をはじめ様々な技術が実用化に向けて研究されている[6]。また，車内にスマートフォンを設置し，スマートフォンの加速度センサを用いて，現在走行中の道路の路面状況を推定する手法[7]や，タイヤの内部にセンサを設置して路面状況を推定する手法[8]など，新たなセンシング技術の研究も行われている。これらのセンサやカメラを利用することで，走行中の車両を一つのセンサノードと考え，各ノードが走行中の道路の積雪状況，路面状況を収集することができる。収集した情報はノードの位置情報とともに集約され，これらをより効率的な融雪装置の制御のために利用することは充分可能であると考えられる。ただし，一

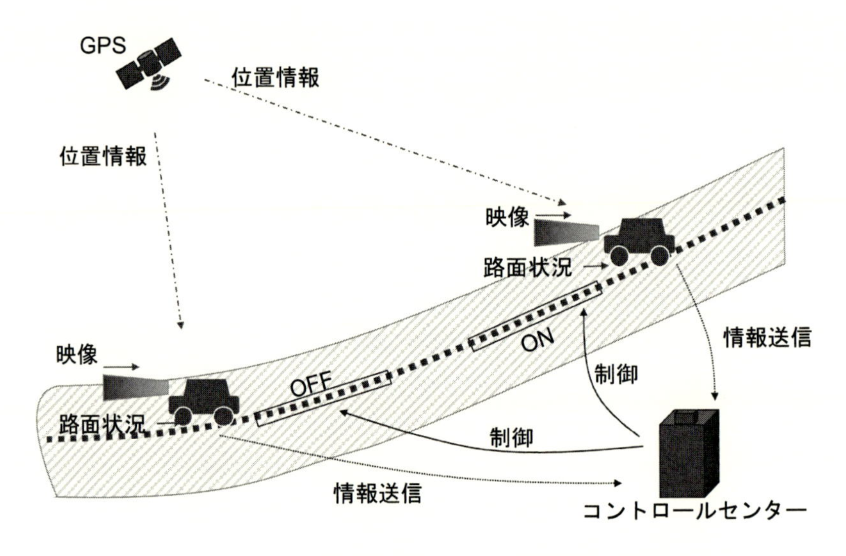

図 4.2.11　車載センサを利用した融雪装置の制御

番の問題はコストであり，一年のうちの限られた時期しか稼働しない設備にどこまで投資できるかを検討する必要がある。

さらに，散水後の水については余り着目されていないようである。例えば，散水後の排水量を測定することで，融雪の効果が測定できるのではないかと考えられる。また，散水や道路脇に溜まった水が車にはねられて歩行者にかかってしまうことが少なくない。例えば，歩行者の位置を考慮して散水ノズルを制御することが有効であると考えられる。これらを実現するためには散水量や排水量だけではなく，散水装置周辺のさまざまな情報，例えば，気温や湿度などの環境情報，交通量の予測，歩行者の有無などを統合し，判断・制御を行う必要がある。また，前述した個々の車両からリアルタイムに収集した情報も必要になると考えられる。

融雪装置の制御に限らず，今後は様々なセンサとそれらによって収集された情報を適切に分析するソフトウェア技術，つまりセンシングシステムが重要となる。近年のIoTの発展をふまえると，上記に挙げた事例を実装するための技術的な問題はクリアされつつあり，実現の可能性は高いのではないかと考える。

参考文献

(1) 平成30年豪雪：https://ja.wikipedia.org/wiki/平成30年豪雪（2019/3/31アクセス）
(2) 消雪パイプ：https://ja.wikipedia.org/wiki/消雪パイプ（2019/3/31アクセス）
(3) 無料写真素材写真AC：
https://www.photo-ac.com/main/detail/2189597?title=除雪作業（2019/3/31アクセス）
(4) 無料写真素材写真AC：
https://www.photo-ac.com/main/detail/2119358?title=融雪道路%E3%80%802
（2019/3/31アクセス）
(5) 新潟電機㈱：降雪検知センサ「スノーコン」「光スノーコン」
http://www.snowcon.com（2019/1/9アクセス）
(6) 青木啓二：”自動運転車の開発動向と技術課題：2020年の自動化実現を目指して”，情報管理 Vol.60，No.4，pp.229-239（2017）
(7) 野村智洋，牧野友哉，白石陽：“スマートフォンを用いた路面状況変化の検知手法”，マルチメディア，分散協調とモバイルシンポジウム2013論文集，pp.131-138（2013）
(8) タイヤと路面を感知する技術：
https://www.bridgestone.co.jp/technology_innovation/cais/（2019/3/31アクセス）

4.3　ゲリラ豪雨の検知と通知技術

石垣　陽[*1]，中島広子[*2]，島崎　敢[*3]

4.3.1　ゲリラ豪雨とは

ゲリラ豪雨とは，狭い地域に激しい雨が短時間に降る現象を言い，時間雨量が 50mm を超える雨を指す場合が多い[(1)]。ゲリラ豪雨という用語はマスメディアなどで広く使用されているものの，現時点では気象庁等の公的機関が定める正式な気象用語とは認められておらず，従って明確な定義が無い点に注意が必要である[(2)]。ゲリラ豪雨の原因は多くの場合，積乱雲の急速な発達であり，その雨の範囲は狭く（数百 m ～ 10km），数十分の短時間のうちに，竜巻・ダウンバーストを伴って発生することがあり[(3)]，また数十分で収まる場合もある。ゲリラ豪雨の原因となる積乱雲にはシングルセル（寿命 1 時間，大きさ数 km 程度），マルチセル（シングルセルが連続的に複数発生する），スーパーセル（回転を伴って長時間持続する積乱雲で竜巻・突風・降雹の親雲となる）等がある。またゲリラ豪雨の発生要因の一つとして，都市化によるヒートアイランド現象との関係性が指摘されている[(4)]。その原理として，地表が暖められ上昇気流が発生することで積乱雲が急速に発生し，豪雨や竜巻，雹，落雷などが局地的に発生すると考えられる。積乱雲の発達が急速である点や，豪雨のエリアが短時間で移動することから，ゲリラ豪雨の予報・予測は非常に難しいとされる。

ゲリラ豪雨に関連する気象用語としては，気象庁の定める局地的大雨（急に強く降り，数十分の短時間に狭い範囲に数十 mm 程度の雨量をもたらす雨），あるいはよりスケールの大きい集中豪雨（狭い範囲に数時間にわたり強く降り，100mm から数百 mm の雨量をもたらす雨）等が挙げられる。ただし集中豪雨とは，主に台風・前線・低気圧等によって広範囲（100km ～ 1000km）にもたらされる強い雨を意味する事があり，その持続時間は数日であり，予測も数日前には可能であることが多いとされるため，ゲリラ豪雨とは特徴が異なる。

ゲリラ豪雨に対する都市の脆弱性として，コンクリートやアスファルトで舗装されていることによる都市河川の急激な水位上昇や，地下空間の高度利用（地下街，地下鉄，地下道），あるいは人口，交通・通信網，経済活動の集中といった都市独特の特性が挙げられる。これまで，既に豪雨による都市型水害も発生しており，2008 年には神戸市都賀川の水難事故で 5 人が死亡，豊島区雑司ヶ谷の下水道事故で 5 人が死亡，香川の河川水難事故で 2 人が死亡した。この他，2009 年から 2012 年まで立て続けに那覇，練馬，羽田空港，横須賀などで氾濫や水没事案が発生し，死者やケガ人が出ている。将来，極端な降水はより強く，より頻繁となる可能性が非常に高いと

＊1　Yang Ishigaki　ヤグチ電子工業㈱　取締役 CTO
＊2　Hiroko Nakajima　(国研)防災科学技術研究所　気象災害軽減イノベーションセンター　連携推進マネージャー（特別技術員）
＊3　Kan Shimazaki　名古屋大学　未来社会創造機構　モビリティ社会研究所　特任准教授

されており（IPCC 気候変動に関する政府間パネル第五次評価報告書，2013），現に大雨（50mm/h 以上）の年間発生回数は 39 年間で 1.5 倍に増えている（気象庁「気候変動監視レポート 2014」）。今後の都市部におけるゲリラ豪雨に起因する災害の予防と減災のためには，より高度な観測・解析・予測技術や，的確な情報伝達と行動変容のための技術・社会制度設計が求められるだろう。

4.3.2　ゲリラ豪雨をもたらす積乱雲のセンシング

ゲリラ豪雨をもたらす積乱雲の観測やその発生予測は，被害の予防・軽減に不可欠である。以下に現時点の観測，予測技術について簡単に説明する。

従来のレーダー（C バンドレーダー）は，1 km メッシュで 5 分毎の観測であったが 最新の X バンドマルチパラメータレーダー（MP レーダー）が開発されたことにより，250m メッシュで 1 分毎の観測が可能となった。レーダー観測から情報配信に要する時間も約 5 分～ 10 分から，約 1 分へと短縮された。これによって早期かつ高精細な降雨観測が可能となった。国土交通省は，全国主要都市を中心に MP レーダーを設置し，X バンド MP レーダーネットワーク（XRAIN）により電波を使って雨の強さと雨の範囲を観測することにより，ほぼリアルタイムで高精度の雨量情報の配信を実現している[(5)]。

一般に積乱雲から雨が降り始めて，その雨粒が地上に到達するまでに要する時間が約 10 分程度であるとされており，このような時間差を利用した大雨情報伝達システムの検討もなされている[(6)]。従って MP レーダーであっても，降雨の予測は 10 分前までが物理的な限界となるだろう。そこでより早いゲリラ豪雨の予測のため，積乱雲の発生から衰退期の積乱雲の一生を観測する新しい研究も進められている。

防災科学技術研究所は，降雨開始前の水蒸気，晴天域の気流，雨滴形成前のデータをリアルタイムに取得し，データ同化による積乱雲による発達の早期予測の研究を進めている。先端的リモートセンサを駆使し，積乱雲の発生から発達期，最盛期，衰退期までの過程を様々な計測機器で観測するマルチセンシングという手法により，雨が降り始める前の豪雨を予測するものである。豪雨が降り始める前の積乱雲の発生・発達初期段階の観測には，大気等からの電波を観測し水蒸気の量を測定するためのマイクロ波放射計，空中を浮遊するエアロゾルの挙動により空気の流れを測る大型ドップラーライダー，雨粒に成長する前段階の雲の粒を観測するための雲レーダーを利用している。これらの観測データを雲水量に変換し，豪雨の予兆をできるだけ早く捉え，精度の高い予測を目指している。また，近年には，内閣府は，施策として高速で 3 次元の降水と風のデータを得ることができるマルチパラメータフェーズドアレイレーダー（MP フェーズドアレイレーダー）の開発を進めた[(7)]。これにより局地的大雨の 10 ～ 20 分前予測精度の向上，強風域の 1 時間先予測および竜巻警戒地域の市町村単位への絞込みが期待される（図 4.3.1）。

このように，ゲリラ豪雨の観測・予測のためには，積乱雲の生成過程に応じた多種・多数のセンサが組み合わされた複雑なセンサフュージョンが必要とされ，それを支えるレーダーの技術が

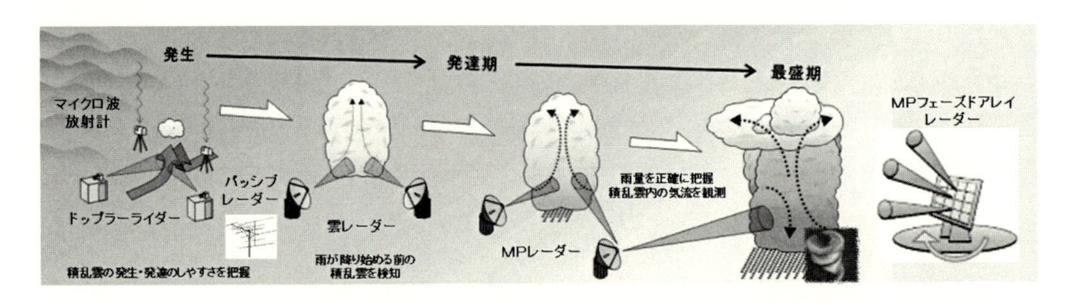

図 4.3.1　積乱雲の生成過程（一生）とセンシング技術
出典：岩波越「リモートセンシング技術による積乱雲の一生の観測」
（電気学会全国大会　S2-3，2015 年 3 月，図 1）

向上し，予測技術開発も進んでいる。これらの技術に基づく高精度な予測情報を，必要な人々にどのように伝え，また災害の軽減に繋げるかも，今後検討すべき重要な課題の 1 つである。

4. 3. 3　ゲリラ豪雨と情報伝達

ゲリラ豪雨の発生は突発的であり，その被害を軽減するためには，被災が見込まれるエリアの人々に対して可能な限り正しく早く警戒情報を伝達する必要がある。しかし，情報を伝達されたからといって，必ずしも受け手がリスク回避行動（例：安全な場所への避難）をとるとは限らない。近年の水害事例を見ると，情報が届かない，または，避難指示等を受けても避難しないケースも見受けられる（表 4.3.1）。ゲリラ豪雨における情報伝達設計においては，情報を受け取る人々が状況を理解し，避難が必要な状況においては，適切な行動変容を起こすようなデザインが求められる。

田中ら[8]は，従来の行政判断による避難情報提供による伝達の遅れや，避難情報が理解できず適切な行動変容が起こらない課題を解決し，災害時における住民の円滑な避難行動を促すために，避難勧告・避難指示の発令前に情報を市民へ広く提供することを考案し，新しい災害情報伝達モデル（図 4.3.2）として 2003 年に提唱した。本モデルは，行政判断を待たずに，科学的な観測データを随時，地域住民に公開・情報提供することで，自主的な判断と避難へと結びつけようとするものである。当然のことながら住民は一般市民であり，専門家と違って気象データや災害リスクといった科学的なデータを読み解く能力は低い。しかし，専門家と住民が互いに話し合って疑問を解消することで，住民の中にリスクに対する適切な認識が芽生え，自ずと内発的な避難行動に結びつきやすくと考えられる。このモデルは当時，内閣府・消防庁・気象庁による調査委員会で採用され，2004 年 3 月から「避難準備情報」として全国で運用された。

ゲリラ豪雨の情報伝達においても，観測・予測データをいち早く地域住民に伝え，それを元にリスク認知がもたらされれば，適切な状況判断に繋がる可能性があるだろう。例えば洪水ハザードマップの作成・配布は，目に見えないリスクを事前に認知させるための一方策であるといえ

表 4.3.1　近年の豪雨被害における情報伝達の課題例

日時	場所	内容	人的被害	状況	特性
2010/7/15	岐阜県 可児市	豪雨で河川が氾濫し水がアンダーパスに流入	死者4名， 行方不明者2名， 重傷者1名	大型トラック等が流れるとともに，アンダーパスを通過しようとした乗用車が被災	災害発生頻度の低い地域。洪水予報は，道路通行者にはきわめて届きにくい。
2011/9/4	和歌山県 那智勝浦町	川の氾濫と土石流による複合水災害が発生	死者28名， 行方不明1名， 負傷者4名	避難所でも1.3mの浸水。災害発生時刻は深夜	日本有数の多雨地域であり，「いつもどおりの雨」という意識で，早期避難せず。 深夜の豪雨で，避難できずに孤立。
2011/9/20	愛知県 名古屋市	大雨で河川水位が短時間で上昇し内水氾濫被害	死者・ 行方不明者3名， 負傷者4名	避難勧告等は，伝達方法や避難者の少なさなどの問題	市は100万人へ避難勧告を実施したが，実際に避難したのは約5千人（0.5%）だった。

国土交通省「大規模水害時の避難手法検討ガイドブック案」被災事例カード（洪水）より作成

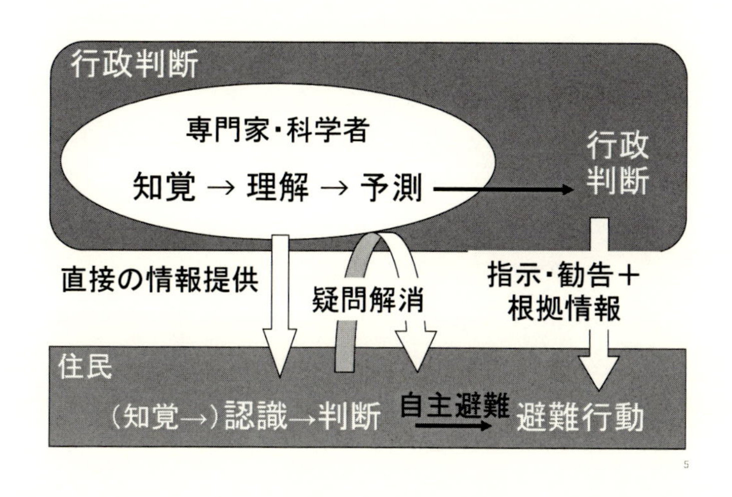

図 4.3.2　田中らによる「自主避難」を促すための新しい防災情報伝達モデル

る。一方で近年はスマートフォンによる気象・防災アプリが盛んに開発されており，利用者も多い。これらのアプリの中には，ゲリラ豪雨の情報を含む高度なリアルタイム気象情報を配信しているものもあり，防災情報の観点からも重要である。気象・防災アプリで提供されている情報項目の例を表 4.3.2 に示す。このように，現代のアプリでは様々な気象・防災情報が入手可能であることがわかる。

表 4.3.2　防災・気象アプリで提供されている気象・防災情報の例

気象情報	気象情報以外
天気予報（記号）	標高
天気予報（テキスト）例：晴のち曇	ハザード情報
天気予報（10 分間隔）	洪水情報（河川情報）
天気予報（1 時間間隔）	避難情報（L アラート連携）
天気予報（3 時間間隔）	避難可能な場所の検索
予報範囲（市町村単位）	類似の災害，過去の災害
予報範囲（数 km 単位）	SNS 連携
レーダー雨量（5 分間隔）	行動アドバイス
レーダー雨量（10 分間隔）	利用者参加型（気象）
レーダー雨量（1 時間間隔）	利用者参加型（災害）
レーダー（静止画）	運行状況（公共交通機関）
注意報・警報（気象情報）	経路表示
注意報・警報（文章付き）（気象情報）	ユーザー位置情報（GPS）
気温	ライブカメラ
雷情報	プッシュ通知（メール通知）
風向風速	プッシュ通知（ポップアップ）
降水量	ポップアップ通知音（選択性）
降水確率	振動（バイブレーション）

（作成：国立研究開発法人 防災科学技術研究所　中島広子，宮島亜希子　2018.1 時点）

次に，一部の気象アプリについて，提供されている気象情報についての予報間隔とリードタイムを調査した結果を図 4.3.3 に示す。このように予報間隔とリードタイムはアプリによって大きく異なることがわかった。しかし，利用者がこれらの違いを正しく理解し，自らのニーズやリスクに応じて使い分けができているかどうかは疑問である。今後は，アプリごとの特徴や機能を簡易的に比較できるようなポータル情報の整備も求められるだろう。

一方で気象・防災情報に関しては専門的な単位・用語が多く，その意味や重大性のイメージがアプリ上で正しく表現されていない場合が多いこともわかった。例えば雨の「強さ」の指標について，アプリでは「降水量」あるいは「mm」と表記されていても，実際には明らかに降雨強度（mm/h）を意味している事例が多数見つかった（例：表 4.3.3 のアプリ）。他にも，レーダーの凡例がアプリによって異なり，情報の可視化方法が統一されていないこともわかった。今後は，アプリにおける気象用語の適用や，情報表現について統一的にルール・ガイドラインの検討・策定が求められるだろう。

次の項目では，気象・防災用語における情報発信者側（行政・アプリ設計者等）と受信者側（地域住民等）との間で起こる認識の「ズレ」に着目し，今後の気象・防災情報伝達の課題を探りたい。

アプリA

予報間隔＼リードタイム	1時間先	今日明日	1週間先	10日先	備考
10分	天気 降水量(mm)				①天気予報 •提供単位は1kmメッシュ •週間予報は気象庁準拠 •情報の提供元企業は、別の会社 ②レーダー情報 •なし ③その他 •防災情報（風水害）
1時間		天気 降水量(mm) ※24h先まで			
3時間					
6時間		降水確率			
1日		天気 気温(最高最低)	天気 気温(最高最低) 降水確率		

アプリB

予報間隔＼リードタイム	1時間先	今日明日	1週間先	10日先	備考
10分	天気 (詳細天気)				①天気予報 •詳細な現在天気を表示 •最寄のライブカメラ表示 •独自予報 ②レーダー情報 •5分間隔で、1時間前から1時間先まで •1時間前から現在、及び30分先まで250mメッシュ、30分先から1時間先まで1kmメッシュで雨雲、雪雲を表示 •雨雲ver，雨/雪ver，あり ③その他 •ユーザー参加型機能 •防災情報、生活情報、季節情報、など多数コンテンツ
1時間		天気，気温 降水量（ミリ） 風向風速			
3時間		天気，気温 降水量（ミリ） 風向風速			
6時間					
1日				天気 気温(最高最低) 降水確率	

アプリC

予報間隔＼リードタイム	1時間先	今日明日	1週間先	10日先	備考
10分					①天気予報 •10分毎（過去1時間）と1時間毎（過去1日）の観測値を表示（最寄アメダス） •過去の天気(当日1時間毎)を表示(現況かは不明) •10日先まで6時間予報を出してる •独自予報 •現在地天気と市区町村天気の表示方法が違う ②レーダー情報 •10分間隔で、1時間前から1時間先まで •1時間前から現在、及び30分先まで250mメッシュ、30分先から1時間先を1kmメッシュで雨雲、雪雲を表示 •距離スケールが分かりやすい、表示色の変更ができる ③その他 •防災情報、天気図、レジャー情報、季節情報等コンテンツが豊富
1時間		天気，気温，湿度 降水量（mm/h） 降水確率，風向風速			
3時間					
6時間				天気 気温 降水確率	
1日		天気 気温（最高最低） 降水確率※午前午後		天気 気温(最高最低) 降水確率	

アプリD

予報間隔＼リードタイム	1時間先	今日明日	1週間先	10日先	備考
10分					①天気予報 •10分毎（過去1時間）と 1時間毎（過去12時間）の観測値を表示（最寄アメダス） •過去の天気(当日1時間毎)を表示(現況かは不明) •複数の気象会社から情報を入手 ②レーダー情報 •雨雲レーダー，雨雪レーダー（5分間隔で、1時間前から1時間先、それ以降は1時間毎に6時間先） •1時間前から現在及び30分先まで250mメッシュ、30分先から6時間先を1kmメッシュで雨雲、雪雲を表示 •雷レーダー（10分間隔で、1時間前から1時間先） •積雪深情報 ③その他 •防災情報、指数、運行情報、など多数コンテンツ •ユーザーが実況天気を投稿できる→投稿の状況を表示
1時間		天気，気温，湿度 降水量(mm) 降水確率，風向風速			
3時間					
6時間		降水確率			
1日		天気 気温（最高最低）	天気 気温（最高最低） 降水確率		

アプリE

予報間隔＼リードタイム	1時間先	今日明日	1週間先	10日先	備考
10分					天気予報 •過去の天気（当日3時間毎）を表示(現況かは不明) •週間予報は気象庁準拠 •情報の提供元企業は、別の会社 ②レーダー情報 •1時間間隔で、6時間先まで •おそらく6時間先まで1kmメッシュで雨雲、雪雲を表示（県単位での表示がメイン。小さくぼやけていて詳細が分かりづらい ③その他 •天気図、衛星、アメダス、波、今日の概況(地域単位) •防災情報、天気ニュース、指数
1時間					
3時間		天気，気温，湿度 降水量(mm) 風向風速			
6時間		降水確率			
1日		天気 気温（最高最低）	天気 気温（最高最低） 降水確率		

（作成：国立研究開発法人 防災科学技術研究所　宮島亜希子　2018.1 時点）

図 4.3.3　気象・防災アプリの予報間隔とリードタイム

4. 3. 4 気象・防災用語における認識のズレ

情報伝達は，発信者による情報の符号化，媒体による伝達，受診者による復号という一連のプロセスを取る。このプロセスが円滑に行われるためには，符号化を行う発信者と復号を行う受信者（受け手）が認識を共有している必要がある。例えば「もうすぐ土砂降りの雨が降る」という情報を伝える場合に，情報の発信者と受信者がイメージする「土砂降り」が概ね一致していなければ情報は正確に伝わらない。災害情報の伝達は，科学者や専門家が発信者となり，一般市民が受け手となることが多い。この両者が伝達される情報について常に共通認識を持っていればよいが，両者の知識の量や情報処理の方略は異なっていると考えられ，情報の受け手が理解する内容は，必ずしも情報発信者の意図通りではないと言える。

天気予報や気象アプリ（表4.3.3参照）では一般に雨の量は「ミリ」という単位の数字で伝えられるか，「○○降り」や「○○の雨」のような言語表現で伝えられることが多い。また，大雨によって危険が迫っている場合には，避難行動を促すために自治体から「避難勧告」など決まった用語の避難情報が発信されることになっている。

雨量の表現で用いられる「ミリ（mm)」は，降った雨がどこにも流れない場合，そこに何mmの深さの水たまりができるかを表している。天気予報などでは1時間あたりの雨量を指すことが多いようだが，ゲリラ豪雨のような局地的な雨は定常的ではなく1時間の間にも雨量を大きく変える。そこで，専門家の間では10分間雨量が用いられる場合がある。また，洪水や土砂崩れなど災害との関連は単位時間あたりの雨量よりも積算雨量の方が大きいため積算雨量が発信される場合もある。これらのことは情報の発信者である気象の専門家にとっては常識だが，情報の受け手である一般市民は雨量がどの時間あたりのものなのかをあまり意識していない可能性がある。また，水たまりの深さとしての「○ mm」は比較的イメージを共有できていると考えられるが，例えば1時間あたり10mmの水たまりを形成する雨がどの程度の降り方なのかイメージできる人はあまり多くないかもしれない。

この点について，筆者らは降雨装置で人工的に降らせた雨を体験した実験参加者に雨量を当ててもらう実験を行った[9]。この実験では，はじめに21名の実験参加者に，何ミリの雨が降っているかを伝えずに1時間あたり60mm・180mm・300mmの3種類の雨を体験してもらった。

表4.3.3　雨の予報に関する表現例

アプリ（A～I)	A	B	C	D	E	F	G	H	I
降水量／降雨強度の表示	mm	降水量（mm)	降水量（単位なし）	降水 ○○（mm)	雨の強さ ○ mm/h	降水量（mm/h)	○○ mm/h	○○ mm/h	降水量（mm/h)
雨の通知例	まもなく本降りの雨が降り出します	パラパラと傘が必要な雨を降らせる雨雲が○○区に接近中	雨雲が近づいています。	○区に雨雲が近づいています。	強い雨（○mm/h）の予測をお知らせします。	雨雲が近づいています。	—	現在地周辺10kmで上空に大量の雨粒を～。	—

（作成：国立研究開発法人 防災科学技術研究所　中島広子・宮島亜希子，2018.1時点）

次に，体験した3種類の雨を配置した数直線上に1時間あたり50mm・100mm・200mmの雨がどこにあたるかを記入してもらった（図4.3.4）。仮に，数値で表現された雨量から感じるイメージと，眼の前で降っている雨のイメージが実験参加者の中で一致していれば，50mm・100mm・200mmの雨はそれぞれ「キ」の少し左，「ス」，「ノ」と「ハ」の間に印をつけるはずである。しかし，実際には図4.3.5に示したように実験参加者が推測した雨量は実際の雨量と大きくずれていた。この結果は，数値で表現された雨量から感じるイメージと，実際の雨のイメージが一致していないことを示しており，情報の受け手の多くは「○mmの雨が降る」という情報を受け取っても，どのくらいの雨が降るのかイメージできないことが明らかとなった。

この実験では，気象庁が公開している「天気予報等で用いる用語」の中の「雨の強さと降り方」で目安としている用語（表4.3.4）についても数直線上にプロットしてもらった。図4.3.6と図4.3.7はこれらのプロット結果をまとめたものであり，図中の縦の実線はそれぞれ気象庁が目安としている数値を示している。これを見ても，気象庁が目安とする雨量と，実験参加者が評価した雨量は大きくずれており，言語表現による雨量の伝達でもイメージを十分に伝えられていな

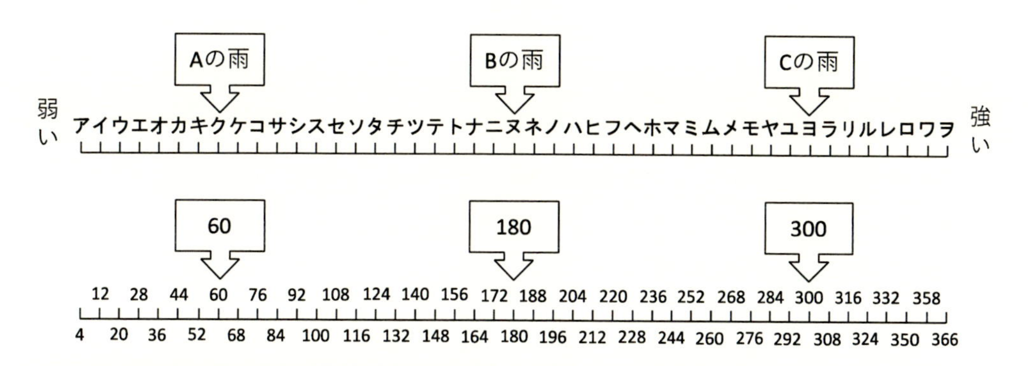

図4.3.4　実験参加者が回答時に参照した目盛り（上段）と，対応する雨量（下段；単位はmm/h）

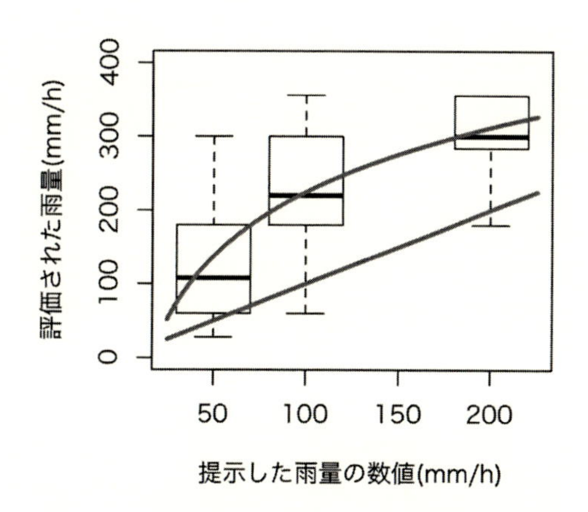

図4.3.5　数値の表現と評価された雨量の箱ひげ図
（斜めの直線はy=x，曲線は評価値の対数近似曲線）

表 4.3.4　気象庁，天気予報等で用いる用語・雨の強さと降り方

表現の種類	雨量の表現	気象庁が示している目安
強さ	強い雨	20〜30 mm/h
	激しい雨	30〜50 mm/h
	非常に激しい雨	50〜80 mm/h
	猛烈な雨	80 mm/h 以上
例え	ザーザー降りの雨	10〜20 mm/h
	どしゃ降りの雨	20〜30 mm/h
	バケツをひっくり返したような雨	30〜50 mm/h
	滝のような雨	50〜80 mm/h

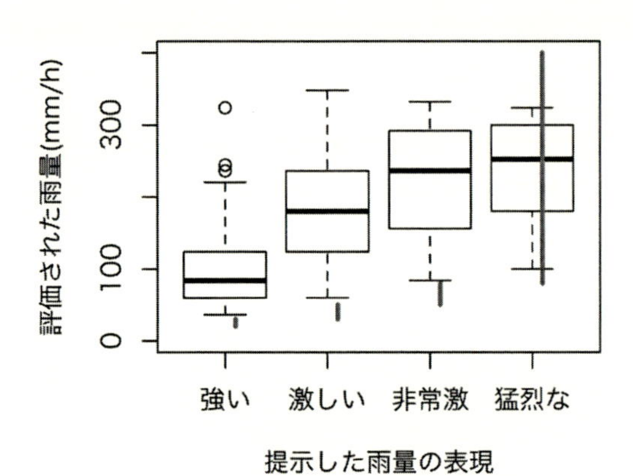

図 4.3.6　強さの表現と評価された雨量の箱ひげ図
（縦の実線は気象庁の目安）

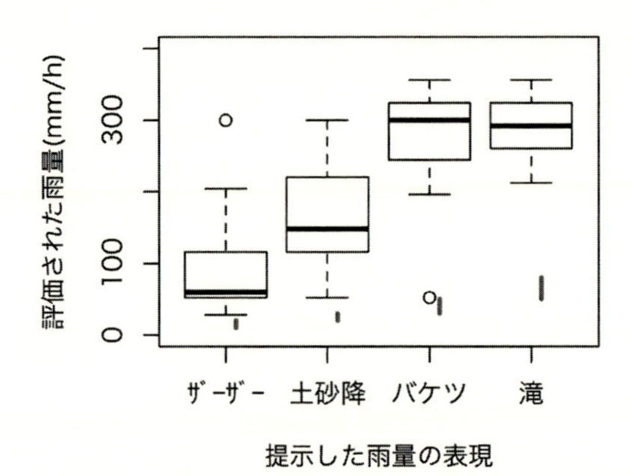

図 4.3.7　例えの表現と評価された雨量の箱ひげ図
（縦の実線は気象庁の目安）

いと言える。今後は，「強さ」や「例え」における認識のズレを解消できる適切な表現方法について，さらなる研究が求められる。また外国人観光客など外国語の話者に向けた適切なリスクの表現方法についても検討が必要となるだろう。

最後に，行政が発信する避難情報用語のイメージに関する調査についても紹介しておきたい。筆者らは防災意識尺度[10]の得点が全国平均よりも1SD以上離れていない，すなわち標準的な防災意識を持つと考えられる大学生69名を対象に，避難情報用語から感じられる重大性についてサーストンの一対比較法を用いた調査を行った。避難情報の用語はもともと「避難指示」「避難勧告」「避難準備情報」の3種類であったが，2016年の台風10号の被害を受けて「避難指示」は「避難指示（緊急）」に，「避難準備情報」は「避難準備・高齢者等避難開始」に名称変更された（「避難勧告」は名称変更なし）。そこで，名称変更前後の5種類の用語と5種類の注意報や警報（ダミー刺激），併せて10種類の用語の重大性について，どちらが重大だと感じるか総当たりのペアを作成して選択を求めた。その結果，評価された重大性は「避難指示（緊急）」＞「避難勧告」＞「避難準備・高齢者等避難開始」＞「避難指示」＞「避難準備情報」という順序になった。上位3つを見ると，2016年の名称変更後の用語は，情報発信者が意図した重大性の順序に並んでいるため，名称変更は有効であったと言えるだろう。一方，名称変更後の用語を除いてみると，主観的重大性は「避難勧告」＞「避難指示」＞「避難準備情報」となり，本来最も重大な「避難指示」は「避難勧告」よりも重大性が低いと評価されてしまっている。

カーネマンによって広く知られるようになった二重過程理論によれば，人間の脳では直感的なシステム1と分析的なシステム2が別々の処理をしており，通常はシステム1が優位，すなわち，直感的な処理が優先されがちであると言われている。二重過程理論に基づいて重大性評価の結果を考察してみると，落ち着いて考えたり辞書を調べたりすれば，「お勧め」である「勧告」よりも「指示」の方が強い用語であることに気づくが，直感的には普段めったに使わない用語である「勧告」の方が日常的に用いている「指示」よりも重大だと感じでしまった可能性があると言えるだろう。緊急時など認知的リソースが減少した場合にはシステム1の優位性はより強まるという報告もあり，危機が差し迫っている場合には正確な情報理解がより困難になることが予測される。したがって，情報の発信者は，受け手の中にどのような心的過程があり，重大性がどう評価されるかを意識した情報発信を行わなければ，適切な防災行動に導くことはできないと考えるべきだろう。

4.3.5　今後の展開

ゲリラ豪雨の観測・予測技術と，その情報伝達手段及び，気象・災害情報の伝達モデルとそこでの課題について解説してきた。現在，スマートフォンの世帯あたりの普及率は増加しており，いわゆるガラケー（従来型携帯電話）を上回り67.4%となっている（平成28年度内閣府「消費動向調査」)。また，民間気象会社による気象・防災情報サービスの多くがスマートフォンアプリによる情報提供を行っており，大雨情報の入手におけるモバイル端末（タブレット端末，スマー

図 4.3.8 「あめふるコール」を用いた社会実験における降雨予報通知イメージ

トフォン，携帯電話等）の利用者が 61.8%，そのうち 47.5%がスマートフォンアプリから情報を入手しているとされる（平成 28 年度気象庁「防災気象情報の利活用状況等に関する調査結果」）。ゲリラ豪雨は，突発的でいつどこでどの程度の強い雨が降るか，直前にならないと分からない。全国どこでもプッシュ通知で情報を提供できるスマートフォンは，ゲリラ豪雨予測情報を提供するには適した媒体といえる。

著者らはこれまで，大雨予報の情報設計に関する検討を行ってきた。スマートフォンアプリ「あめふるコール」（開発：アールシーソリューション株式会社）を活用して，大雨予報において，利用者が予報を受信した際に雨の強さがイメージできたか，どのような行動とるのかの社会実証実験（2018 年 8 月 6 日から 10 月 31 日）を実施した。実験には，行動変容を促すための仕掛けを用いた。1 つは「アニメーション表現による降雨強度の理解促進」である。予測される降雨強度に応じて図 4.3.8 左にあるようなカエルのアニメーションが表示されることで，従来の「猛烈な」「何 mm/h」といった文字・数値ではなく，映像として雨量のイメージを直感的かつ親しみを持って理解してもらう試みである。もう 1 つは「インセンティブによる避難行動の誘発」であり，ゲリラ豪雨が来るにも関わらず現在屋外に居て，屋内への退避（避難）が求められる人々に対して，近隣の店舗で使える電子ギフトを提供するものである（図 4.3.8 右）。

本稿執筆時点では未だ十分なデータが集まっていないが，「アニメーション表現による降雨強度の理解促進」については文字・数値よりも「わかりやすい」と答えた被験者が多く，雨の強さもイメージしやすかった傾向にある。一方，行動には影響が見られなかったことから，雨の強さをイメージできるようになることと行動には乖離があるといえよう。

前述した観測技術や様々な気象アプリのように，現在は強力な技術インフラが次々と登場し，地域住民の生活に「普段使い」のツールとして浸透しつつある。一方で，気象・防災アプリをダウンロードしていないスマホユーザーや，そもそも気象や防災に関心が低い住民がいることも忘れてはならない。気象情報に関心が高い住民は，初期避難行動を起こしやすいとしている研究もある[11]。そのため，日ごろから気象や防災に関心を持つことが被害の軽減に繋がるともいえる。今後は，例えば，ゲーミフィケーション（gamification）のように，収集，関係，達成，フィードバック，自己実現，導入，成功体験といったモチベーションの要素を取り入れ，関心を高めることも重要であろう[12]。実世界における課題解決のためにゲーム（遊び）の要素を取り入れることで自然と人々の行動を変容できる可能性がある。またアプリ開発において人間中心の設計思想やユーザビリティを軽視してはならない。どんなに機能が充実していたとしても，使い勝手や操作性に問題があればユーザーを獲得できないであろう。

将来の気象・防災情報は他の様々なサービス（例：ソーシャルメディア，シェアリングエコノミー，画像・動画共有サービス等）と融合させることが可能であり，今後は災害被害低減に役立つ様々なアプリ・サービスが研究開発されるものと期待される。今後も地域住民の心理作用や人間系のモデルが着目され，利用者の目線で，適切な行動変容に向けた「自主避難」を促すための新しい防災システムの実装が望まれる。

参考文献

(1) 総務省 HP 資料：最近の気象現象の変化について（気レ X 参 2-1）
http://www.soumu.go.jp/main_content/000526164.pdf (2019/3/28 アクセス)
(2) 本原稿執筆時点（2019/4/1）
(3) 気象庁 HP 資料：さまざまな気象現象
https://www.jma.go.jp/jma/kishou/know/whitep/1-1-2.html (2019/3/28 アクセス)
(4) 環境省 HP 資料：ヒートアイランド現象の現状
https://www.env.go.jp/air/life/heat_island/manual_01/01_chpt1-1.pdf
(2019/3/28 アクセス)
(5) 国土交通省 Web ページ参考資料：ＸバンドＭＰレーダについて
http://www.mlit.go.jp/common/000165825.pdf (2019/4/1 アクセス)
(6) 防災科学技術研究所プレス発表資料：10 分先の大雨情報　社会実験のため 1000 名のモニターを募集　～関東の一部で激しい雨が降る１０分前にメールで情報配信～
http://www.bosai.go.jp/press/2015/pdf/20150521_02_press.pdf (2019/4/1 アクセス)
(7) 岩波越：”リモートセンシング技術による積乱雲の一生の観測”，2015 年 3 月 15 日電気学会全国大会シンポジウム，S2：自然災害低減のためのリモートセンシング技術
(8) 田中健次，伊藤誠：”災害時に的確な危険回避行動を導くための情報コミュニケーション”，日本災害情報学会誌，No.1, pp.61-69, 2003.
(9) Shimazaki, K., Nakajima, H., Sakai, N. & Miyajima, A. : "Gaps between the Transmission and Reception of Information on Rainfall Amounts, *Journal of Disaster Research*", Vol.13, No.5, pp.879-886, 2018.
(10) 島崎敢，尾関美喜："防災意識尺度の作成（1)"，日本心理学会第 81 回大会発表論文集，

p69, 2017.

(11) N. Kiyoshige, Y. Kumagai "Analysis on interrelations between warnings dissemination and initial evacuation behaviors during a flood disaster" *Journal of Social Safety Science*, Vol.2, pp.169-178, 2000.

(12) J. Kumar and M. Herger："Gamification at Work: Designing Engaging Business Software", The Interaction Design Foundation, 2013.

4.4　マイクロバブルを用いた水質調査

池沢　聡*

粒径が数百マイクロメートル以下に微細化された気泡（マイクロバブル）は，水面への浮上速度が緩やかで，水中に長時間滞留することから，酸素供給を目的とした水環境の改善[1),(2)]や，水産有用魚介類の成長促進[3)]など，様々な業界[4)]で活用されている。

従来，微小気泡はダム湖等の閉鎖性水域湖底への酸素供給や，気泡浮上による撹拌で沈降物の堆積防止に役立てられてきた。近年では，マイクロバブルの自己加圧効果や帯電性，圧壊といった特性に着目し，少量のオゾンガスと圧壊を組み合わせることで環境ホルモンなどの難分解性有機系化合物を効果的に完全分解するほか，ノロウィルスの不活化やレジオネラ菌の殺菌など感染症対策に役立てられることが報告されている[(1)]。

マイクロバブルの気相－液相の界面周囲の帯電構造は，表面電荷に対する対イオンにより電気二重層が形成されており，バルク部分との電位差として，接触相から外側に，表面電位，ヘルムホルツ面のシュテルン電位，気泡に連動して移動する滑り面のゼータ電位の順で電位勾配が生じている。

マイクロバブルのゼータ電位は電場印加により移動方向と移動量を測定することで求めることが可能であり，また浮上速度から気泡粒径を求めることが可能である。マイクロバブルはゼータ電位計測から負に帯電していることが報告されており，静電気的な作用により周囲の物質を吸着するため，化学的な前処理不要の微小物質輸送体として機能することが着目される。マイクロバブルが帯電していることにより気泡同士が反発して合体を防ぎ，気泡濃度の低下を防いでいる。

マイクロバブルは自己加圧効果があることが知られており圧壊を引き起こす[(5)]。圧壊は，もともとは超音波工学において知られている現象で，音圧変化の過程で水中で陰圧時に発生したキャビテーションが陽圧時に急激に気泡が縮小し，気泡内の圧力が急上昇する。圧壊速度が充分に速いと断熱圧縮の効果が得られるため，高温高圧な微小領域を形成する。高温高圧な微小領域の周囲ではOH等のフリーラジカルを発生させるため，様々な溶存化学物質を分解することが可能である。マイクロバブル発生装置を利用することにより，あらかじめ多量に気泡を生成することが可能であるため，上述の陰圧・陽圧の超音波印加で生成する方法よりも効率的に圧壊現象を誘発することが可能である。

圧壊現象の誘発には気泡が溶存する液体に外部から物理的な刺激を与える必要がある。衝撃波を与えるには様々な方法があるが，本研究ではレーザープラズマによる衝撃波生成に着目した。パルスレーザーは時間的にも空間的な集光領域に対しても正確な衝撃波印加が可能である。レーザー誘起ブレークダウン分光法（Laser-induced Breakdown Spectroscopy, LIBS）と組み合わせることにより，分光分析をリアルタイムで行うことが可能であるため，マイクロバブル水中の溶

* Satoshi Ikezawa　東京農工大学　工学府　機械システム工学専攻　特任助教

存化学物質，溶存気体，水溶液のすべての組成分析を同時に行うことが可能である。LIBSではレーザープラズマの熱緩和課程における発光現象を正確に時間分解計測することが可能である。本稿では微小気泡用のガスの一種として，アルゴン微小気泡とレーザープラズマ発光スペクトルの増強効果について紹介したい。

LIBSでは被測定材料にパルスレーザーを集光照射し，照射部位をプラズマ化し，その熱緩和課程で制動輻射（Bremsstrahlung）と原子線（イオン線）発光の収束時間の違いを利用して原子線のみを抽出し（時間分解），元素の組成分析を行う。図4.4.1はLIBSを用いた水質化学成分分析システムである。

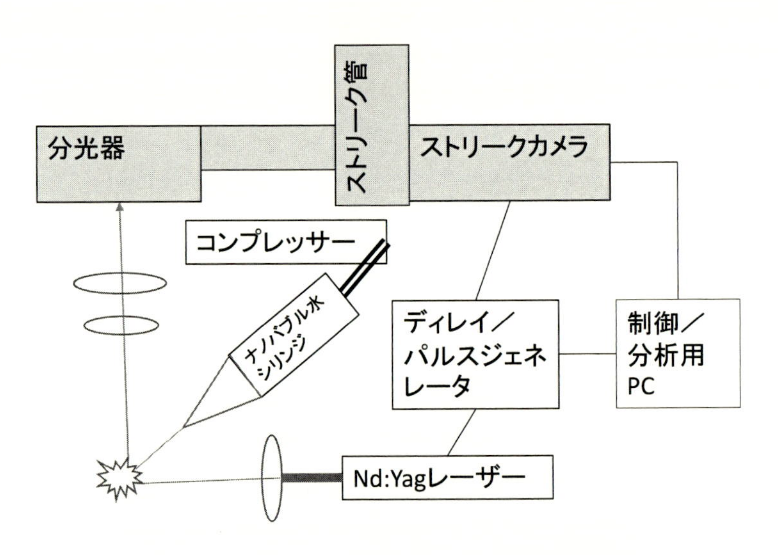

図4.4.1　ナノバブル水測定用LIBS分析装置概略図

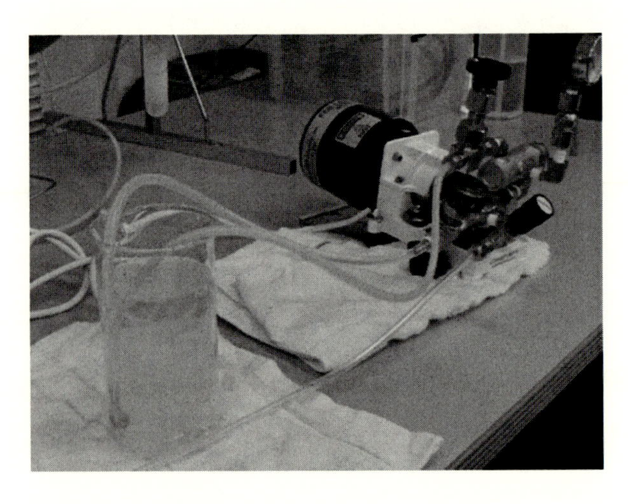

図4.4.2　ナノバブル水の生成
Nanobubbles（ϕ = 50～400 nm）　2.6 million/1 mL

図4.4.2はマイクロ/ナノバブル発生装置でビーカー内の水にアルゴンガスの気泡を発生させている写真である。気泡粒径が数10マイクロメートル以上の状態にあるときは白濁しているが，装置を稼働し続けるとマイクロバブルは大気中に放出され，ナノサイズの気泡が液中に残留し透明色に戻る。

図4.4.3は上述の装置を用いて通常の水の水素スペクトルを得たものである。5回の実験を行い，いずれも同程度の信号強度が得られた。これに対して図4.4.4はアルゴンナノバブルを水溶

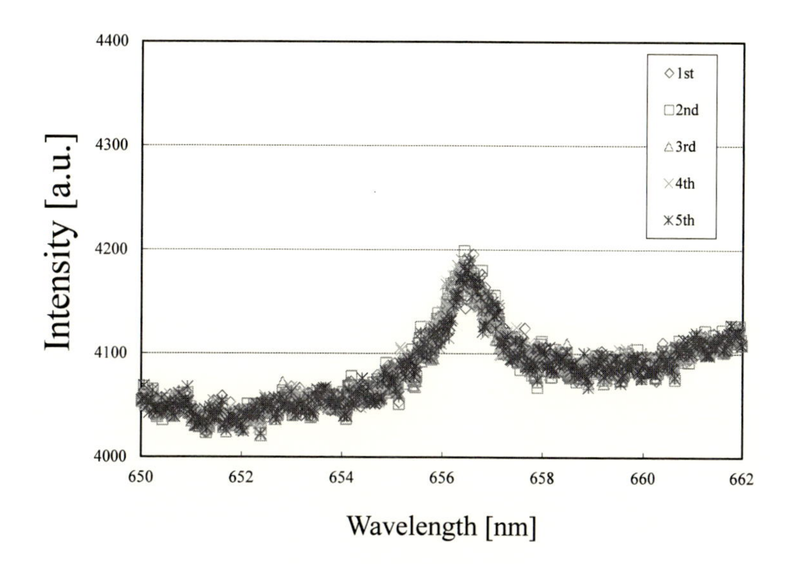

図4.4.3　水の水素スペクトル

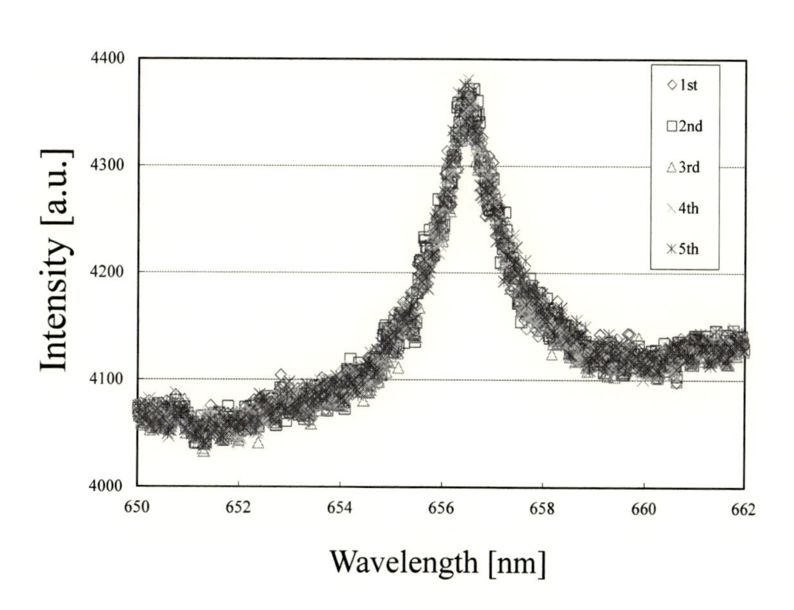

図4.4.4　アルゴンナノバブル水に対する水素スペクトル

液に混入して水素スペクトルを得たものである。アルゴンガスの効果により，他の元素のスペクトルも同様に信号が増強しており，アルゴンガスによる増強効果が確かめられた。

アルゴンガスによる増強効果の理由としては，次のように考えられる。LIBSで生成する熱プラズマの特徴は，電子のみならずイオンや原子などの重い粒子も高温度範囲にあり，熱プラズマは通常は0.5気圧以上を指し，プラズマのエネルギー密度が大きく，被加熱物質を短時間で高温にすることが可能であるアルゴンガスの場合，熱プラズマの電離度は非常に小さいが，対して他の2原子分子では水素分子（3800K, 4.4eV），酸素分子（4300K, 5.1eV），窒素分子（7500K, 9.1eV）が最大の解離エネルギーとなる。本LIBS装置では8nsの短時間に50μm径のレーザースポットに50mJのエネルギーを持つパルスレーザーを照射し，ごく初期段階では30,000K以上の高温状態を局所的に生成する。被測定物質は高温のアルゴンプラズマに包み込まれ，解離反応の平衡状態が継続することにより高温保持が維持するものと考えられる。また，マイクロ－ナノバブルによる効果であるが，アルゴンガス利用の他の方法には噴霧装置[6]や微小液滴に対するアルゴンガスの伴走流の導入[7]も存在しているが，マイクロ－ナノサイズの微小気泡化は上述の圧壊現象との相乗効果や気泡径の均一化やプラズマ領域の固定などに対して利点が大きい。

参考文献

(1) 高橋正好，『マイクロバブルを利用した環境浄化と食の安全確保』，日本海水学会誌　第59巻　第1号　17-22 (2005)

(2) Yumi Imanishi, Kazumasa Ito, Tetsuo Hotta, Hironori Matsuzaki, "Study on the micro bubble", *Anucal report of resco*, Vol.3, 5-9 (2005)

(3) Hideki Tsuge, :"Fundamentals of Microbubbles and Nanobubbles", *Bull. Soc. Sea Water Sci., Jpn.*, Vol.64, 4-10 (2010)

(4) Tomohiro Marui,:"An Introduction to Micro/Nano-Bubbles and their Applications", *Systemics, Cybernetics and informatics*, Vol. 11, No.4 68-73 (2013)

(5) Ashutosh Agarwal, Wun Jern Ng, Yu Liu, :"Principle and applications of microbubble and nanobubble technology for water treatment", *Chemosphere*, Vol.84, 1175-1180 (2011)

(6) Akshaya Kumar, Fang Y. Yueh, Tracy Miller, and Jagdish P. Singh, "Detection of Trace Elements in Liquids by Laser-Induced Breakdown Spectroscopy with a Meinhard Nebulizer", *Applied Optics*, Vol.42, Issue 30, pp.6040-6046 (2003)

(7) Satoshi Ikezawa, Muneaki Wakamatsu, Joanna Pawlat, Toshitsugu Ueda, "Sensing System for Multiple Measurements of Trace Elements Using Laser-Induced Breakdown Spectroscopy", *IEEJ Transactions on Sensors and Micromachines* Vol.129, No.4, pp.115-119 (2009)

4.5 まとめ

南保英孝*

本章では，生活分野における水のセンシング技術として，融雪装置に関する現時点とこれからのセンシング技術，ゲリラ豪雨の発生予測に関するセンシング技術と情報伝達に関わるIT技術，さらに，マイクロバブルを用いた水質調査に関するセンシング技術について調査・考察を行った結果を報告した。これらは，我々の日々の生活に欠かせない基盤や安心・安全などに大きく関わるものの一部であり，基盤の維持や管理，安心・安全の確保においてセンシング技術の重要性は今後も高まっていくことは明らかである。さらに今後は，より高い精度，速度，コストパフォーマンスなど，センサシステムに対する要求も高度になり，それに伴い新しいセンサやセンシング技術の開発が必要となると考えられる。

---

* Hidetaka Nambo　金沢大学　理工学域電子情報学系　准教授

コラム

水道事業民営化

大薮多可志*

家庭において，水道の蛇口をひねると飲用可能な水を得ることができる。厚生労働省のデータによると，現在の水道普及率は98%を超えている。飲用井戸を利用している家庭もあり100%の普及率を達成することは難しいが，ほぼ上水道が普及したといってよい。終戦直後の1950年の普及率は26%程度であり，1975年頃に急増し，1980年に90%を超えた。その後も徐々に増加し現在の普及率に達している。

水道管の耐用年数（寿命）は40年程度といわれている。多くの自治体の浄水施設や水道管が老朽化し補修費用が掛かり更新も遅れている。2018年に水道法が改正された。水道事業の経営基盤強化の下に，事業者に施設の維持と修繕を義務付けるとともに，官民連携や広域連携を促すものである。仏英米などの海外巨大資本にも市場を開くことになる。私が住む金沢市の水道料金徴収はフランス企業の日本法人がおこなっている。「水を守ることは，命を守ること」といわれ，水道は国民生活に直結するインフラである。

フィリピンの首都マニラでは，民営化により水道料金が5倍になった。南米のボリビアでは，飲み水の高騰や水質悪化に対する不満が大規模な暴動に発展した。民営から公営に戻す海外自治体も増えている。外国資本が導入され運営権を委ねることになれば，水道事業は一部ブラックボックス化される懸念もある。水道，電気，ガスなどの基本的ライフラインは，料金のみならず住民に対するサービスや品質（水質）の担保が求められる。そのために税金も投入されてきた。日本は降水量も多く，水道水はおいしく，安全を意識しないで利用しているが，水道事業の見える化を進め，安全・安心でリーズナブルな水の提供の維持が必須である。民間参入はこの趣旨に整合するのだろうか。人口減少で水道事業が赤字体質に陥っている自治体も多くあるが，北九州

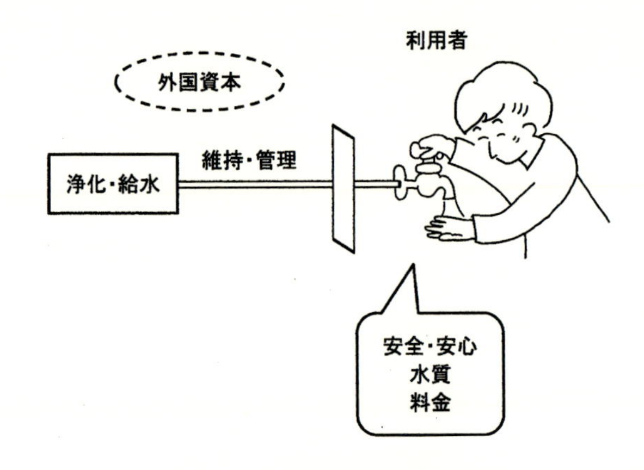

図1　水道事業に外国資本

* Takashi Oyabu　NPO法人　日本海国際交流センター　主任研究員

市は隣接自治体と事業統合し，料金の値下げや緊急時の機能を強化したという成功事例もある。
　水質の悪化は重大な影響を与え，細菌混入など生物化学兵器としてテロなどの可能性もある。水は最も重要なライフラインといえる。今後，住民の安全・安心を守る高度なセンサシステム技術の導入は不可欠である。水道施設の所有権は各自治体に残しつつ，事業の運営権を民間に委ねるコンセッション方式（concession）は最良なのか。各自治体は，現状を検証し住民が主体となる策が求められる。命と健康に関わることであり，ある程度の値上げもやむを得ないが，民営化導入には十分な検証が必要である。

第５章　医療・健康にかかわる水センシング

5.1　はじめに

小野寺　武*

日本においては，2015年には65歳以上の人口が26.6%を占める超高齢化社会となっている[1]。15～64歳人口は，1995年をピークに一貫して減少しており[2]，いかに労働者人口を確保していくかが喫緊の課題である。健康寿命（日常生活に制限のない期間）と平均寿命の差は男女で多少異なるが10年ほどであり[3]，健康寿命を延伸することが解決策の一つであると考えられる。そのためには，新しいヘルスケアサービスの発展が必要である[4]。大きな病院にかかる前に，町の医院，家庭や個人で健康状態や生活習慣病患者の栄養状態をモニタリングする技術が必要となる。近年，加速度センサやジャイロ，フォトダイオードなどのフィジカル（物理）センサは小型化・高性能化が進んでいる。それらが搭載されたスマートウォッチやアクティビティトラッカーに代表されるモバイルデバイスやウェアラブルデバイスが普及しており，日常的に心拍数，歩数，運動時間，睡眠状態などを容易に把握し，クラウド上にデータを保存し，体調を管理することが可能となっている。

一方，ケミカル（化学）センサは対象となる化学物質が多種多様であり，存在の状態も様々であるため，人の健康状態のモニタリングが可能なセンサや病気を診断するセンサは発展途上にある。成人の体液総量は61%程度であり[5]，測定対象となる化学物質の多くは液体中に存在することになり，健康や病気の状態を把握できるバイオマーカーは体液により体内を巡り，血液，尿，汗，唾液中で検出することができる。また，体の水分を把握すること自体も，体の状態を把握するためには重要な項目となっている。本章では，血液，尿，汗，唾液中のバイオマーカーや水分状態の把握を可能とするセンサデバイスやセンシング技術について述べる。

---

* Takeshi Onodera　九州大学　大学院システム情報科学研究院
情報エレクトロニクス部門　准教授

参考文献

(1) 総務省統計局，平成27年国税調査人口等基本集計結果（2016）：
https://www.stat.go.jp/data/kokusei/2015/kekka/kihon1/pdf/gaiyou1.pdf （2019年4月アクセス）
(2) 総務省統計局，平成27年国税調査就業状態等基本集計結果（2017）：
https://www.stat.go.jp/data/kokusei/2015/kekka/kihon2/pdf/gaiyou.pdf （2019年4月アクセス）
(3) 厚生労働省，健康日本21（第二次）の普及啓発用資料（2013）：
https://www.mhlw.go.jp/bunya/kenkou/dl/kenkounippon21_sura.pptx （2019年4月 アクセス）
(4) 政府広報オンライン，暮らしに役立つ情報（「健康長寿社会」の実現を目指す！ 健康・医療戦略）：
https://www.gov-online.go.jp/useful/article/201408/2.html#anc01 （2019年4月アクセス）
(5) 岡野栄之 鯉渕典之，植村慶一監訳 オックスフォード生理学原書4版 p.29（2016）

5.2 体液

小野寺　武[*1]，遠藤達郎[*2]，鶴岡典子[*3]，平野　研[*4]

5.2.1 水分

成人男性の体組成の61%は水であり，タンパク質16.8%，脂肪16.5%，炭水化物，ミネラル，核酸がそれに続く。体の水分分布は，細胞内液が67%，細胞外液が33%である。細胞外液は，間質液と血漿に分けられる[(1),(2)]。細胞の浸る細胞外液は，今の海の1/3の濃さの数億年前の海と似た成分で構成され[(3)]，体内の海ともいわれる[(4)]。

5.2.2 血液，血清，血漿

体液の中でも血液は，ヒトをはじめ生物が生きるために必要不可欠な酸素・栄養分の運搬，代謝産物を腎臓や肺・皮膚に輸送して排泄する，体温の恒常性を保つ，等の役割を果たすだけではなく生物の健康状態，すなわちガンや生活習慣病等各種疾病の発症・重篤度を知るのに重要な情報源である[(5)]。血液中には，赤血球・白血球のほか，アルブミン・グロブリン・フィブリノゲン・電解質等多種にわたる物質が混在している[(6)]。この多種にわたる物質中から疾病に関連するバイオマーカーを特異的に検出・定量可能なセンサを開発することで，我々ヒトの健康状態を知ることができる。血液は，前述したとおり疾病の発症・重篤度を知るのに重要な情報源であるが，ガン等重篤な症状を引き起こす疾病を診断するためには血液中に存在するごく低濃度のバイオマーカーを検出・定量可能なセンサ開発が必要となっている。

また，血液を用いたセンシングには，採取した血液そのままの状態である「全血」のほかに，「血漿」「血清」に大別することができる。全血は，血球・白血球・血小板などの血球成分が約45%を占め，約55%が液体成分の血漿となっている。加えて血漿のうち90%以上が水となっている。また血漿は，抗凝固剤を添加することにより，フィブリノゲン等凝固因子が凝固することを抑えたものであるのに対し血清は，血液凝固に関与する主な因子であるフィブリノゲンが顕著に減少したものである。健康診断をはじめ，血液中の種々のバイオマーカーを検出・定量する際にはこの全血・血漿・血清のいずれかを使用することとなるが，取り扱いによって測定結果が大きく変動する可能性がある[(5)]。

＊1　Takeshi Onodera　九州大学　大学院システム情報科学研究院
情報エレクトロニクス部門　准教授
＊2　Tatsuro Endo　大阪府立大学　大学院工学研究科　物質・化学系専攻　准教授
＊3　Noriko Tsuruoka　東北大学　大学院工学研究科　助教
＊4　Ken Hirano　(国研)産業技術総合研究所　健康工学研究部門　主任研究員

5. 2. 3　尿[1],[2]

ヒトは，組織の成長と維持，生殖のために必要な物資（有機体）を食し，補給している。腎臓により，過剰な水，塩分，老廃物の排泄を行い，体内の浸透圧の調節も行っている。成人で生成される尿の量は約 1 ～ 1.5L である。ヒトの腎臓は，握りこぶしほどの大きさで，腹腔の背中側に左右に 1 個ずつある[7]。また，100 ～ 130 万個ほどのネフロン（腎小体とそれにつながる細管）を含んでいる。腎小体は，糸球体という毛細血管の束を包み込むボウマン嚢からできている。糸球体から血液中の血漿や低分子がボウマン嚢に漉し出されて，原尿ができ，腎細管で原尿から必要な成分が再吸収される。腎細管に残った液が腎盂，膀胱に流れ，尿となって排出される[7]。尿の成分は，食事により変化するが，正常状態では，タンパク質，グルコース，アミノ酸は，含まれない。クレアチニン，リン酸，尿素などは，血漿中よりも濃縮される。表 5.2.1 に血漿中および尿中の主要な物質の濃度を示す。尿の pH は血漿や細胞外に比べて酸性側に寄り，pH 4.8 ～ 8.0 の間を変動するが，通常は 5 ～ 6 程度である。

表 5.2.1　血漿中および尿中の主要な物質の濃度

物質	濃度（mM）		比（U/P）中間値で算出
	血漿（P）	尿（U）	
Na^+	140-150	50-130	0.6
クレアチニン	0.06-0.12	6-20	144
尿素	4-7	200-400	54.5
グルコース	3.9-5.2	0	0

5. 2. 4　皮下組織液

皮下組織液は，真皮や皮下組織に満たされている組織液つまり皮膚細胞間の間質液で（図 5.2.1），主な成分は血漿である。血液により運ばれた酸素やタンパク質などの物質は毛細血管壁を介して間質液へと拡散する。間質液に含まれるこれらの物質は組織の細胞へ拡散する。ヒトの体液のうち 1/3 は間質液を含む細胞外液であるが，このうち 1/4 は血管内に，残りの 3/4 は間質に分布している[3]（図 5.2.2）。組織液には，タンパク質，脂肪酸，コエンザイム，アミノ酸，糖類，ホルモン，神経伝達物質，電解物，細胞からの老廃物が含まれる。毛細血管壁は分子量の大きな成分は通過できず，低分子量の物質は血管壁を越えて拡散できるため，皮下組織液には血中の濃度とほぼ同じ濃度の物質が含まれている。皮下組織液からセンシングされる主な物質にはグルコースや乳酸がある。糖尿病における血中グルコース濃度（血糖値）や運動時の血中乳酸濃度はそれぞれ糖尿病や運動負荷強度の指標となるが，微量であるが採血を伴う計測であり，被検者への負担は大きい。皮下組織液中のグルコースや乳酸濃度は血管から拡散した血中由来の物質であるため，採血による測定の代わりに皮下組織液中の物質濃度を計測することで，非観血的なセンシングが行える可能性がある。

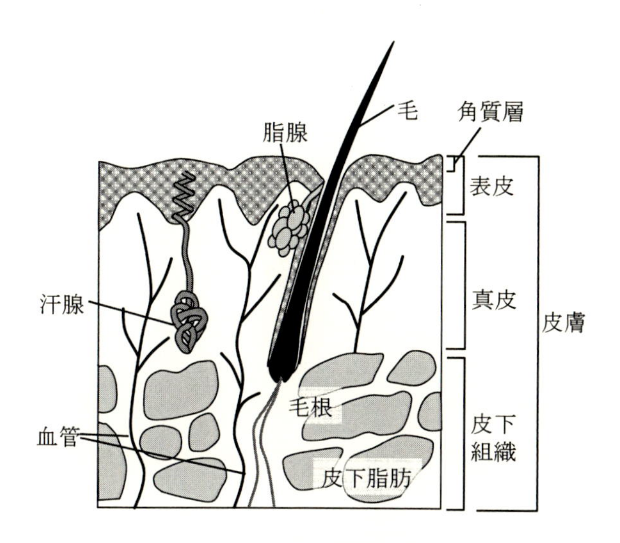

図 5.2.1　皮膚の断面構造

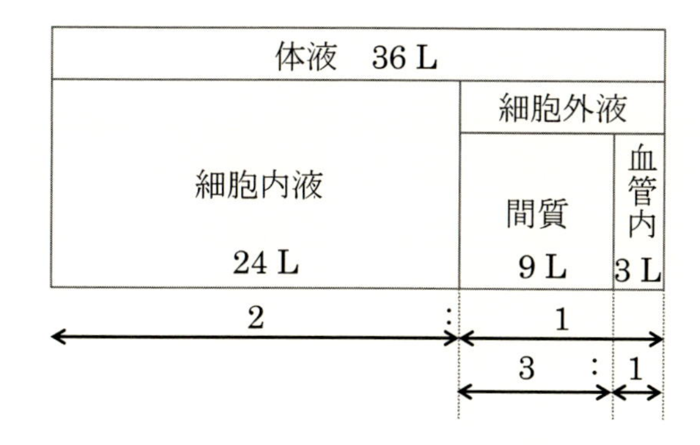

図 5.2.2　体液の分布量（体重 60kg の場合）

5. 2. 5　汗

汗は皮膚の体表から分泌される液体であり，発汗には温熱性発汗と精神性発汗がある。温熱性発汗は深部体温の上昇などにより無毛部を除く全身で生じ，その蒸散により体温を下げる働きをする。精神性発汗は情動的興奮などにより手のひらや足の裏，額などに発汗するもので，いわゆる手に汗握る現象である。汗のセンシングには，汗の量の計測と汗の成分の計測を行うセンサが開発されている。精神性発汗における発汗量の計測は精神的ストレスの計測につながるとされており，精神的ストレス状態や不安などの主観的要素の強い尺度を定量的に評価するための応用研究や，より直接的な用途として手掌多汗症の重症度診断などに役立てられてきた[(8),(9)]。温熱性発汗における発汗量の計測は，発汗領域が広範囲に渡ることから，交感神経障害部位の特定を目的としたものが主であった[(10)～(12)]。汗腺には，エクリン腺とアポクリン腺がありヒトは，一部（腋窩，乳頭周囲，肛門周囲）以外の大部分はエクリン汗腺である。汗の 99% 以上は水分であり，その他は主としてNaClが含まれる。また，血漿由来の低分子量の物質（グルコース，アミノ酸，尿素，乳酸等）も微量に含まれる。

5.2.6 唾液

唾液は，耳下腺，顎下腺，舌下線の左右3対といくつかの小唾液腺から分泌されており，口腔環境を一定に整えている。唾液（分泌）には，粘膜保護・自浄・潤滑・体液量調整・pH緩衝・抗菌・消化・組織修復・再石灰化・う蝕（虫歯）予防などの作用があり、多くの機能を果たしている。また唾液分泌量は，正常なら1日に1～1.5リットル程度とされる。唾液の99％以上が水分であり，無機質と有機質が残りの半分ずつを占める。この水分以外の1％未満の成分には，アミラーゼ・リパーゼなどの消化に関わるものや免疫グロブリンA（IgA）など殺菌・抗菌作用を持つものの他，生体防御の機能を担う生理活性成分を含むことが知られている[(13), (14)]。この唾液に含まれる生理活性成分には，咀嚼刺激による唾液腺由来の生理活性因子[(15)]などの他に，ストレスなど心理社会的環境からの刺激による因子[(16)]も含まれており，生理学的な評価方法として期待されている。とくに唾液中のコルチゾールは，血中のコルチゾールと非常に相関が高いことが知られており[(17)]，ストレスの評価指標として注目されている。

唾液を計測・分析することは，侵襲的な採血を伴う血液検査と比較して，非侵襲かつ被検者自身で採取できる利点もある。そのため，唾液の生理活性成分を高感度に計測できるセンシング技術の研究開発は，新たな生理学的な評価手法を提供するものと期待されている。後述の5.6.2項では，近年社会的関心が高いストレスに関連し，FETデバイスによる唾液中のストレスマーカーのセンシングについて述べた。

5.2.7 涙

涙（涙液）は，主涙腺から鼻腔に向かって常に分泌され，分泌量と排出量が絶妙なバランスを保つようにコントロールされている。それにより，目の乾燥の防止，目の表面に血管がないことによる酸素や栄養の供給，目に入った異物や老廃物の洗浄，涙液に含まれるリゾチーム等の殺菌作用による感染予防，目の表面の治癒，光の屈折を整え鮮明像を得るための潤滑などの働きをしている。涙は2層構造となっており（さらにムチン層を分けて3層構造とする場合もある），外気と接している油層はマイボーム腺から分泌される油によって涙が蒸発するのを防いでいる。油層と目の表面の間にある液層は，上まぶたの裏側にある涙腺から分泌され，涙液の95％を占める層であり，上述の栄養補給や感染予防など重要な機能を果たしている。また液層には結膜のゴブレット細胞より分泌される粘液であるムチンが含まれ，涙液が目の表面に均一に分布する土台として安定性に重要な役割を果たしている[(18)]。

涙液には上述の目の保護機能を果たす成分の他，生理活性物質も含まれている。そして涙液は常に1分間に2μL流れているため，生理活性物質の濃度の時間変化をみることができる体液として注目されている。とくに糖尿病管理のための涙液グルコース検出は，採血と異なり非侵襲で被検者の負担が少ない手法として期待されている[19]。グルコースセンサーを備えたデバイスを眼瞼の下に装着するものやGoogleのようにコンタクトレンズ型の無線式センサなどが提案されている[20]~[22]。涙液の高感度センシング技術により新たな生理学的な検査手法の提供が期待される。後述の5.6.1項では，近年グルコース以外で注目されている生理活性物質のための安価なペーパー流体デバイスによるセンシングについて述べた。

参考文献

（1）G. Pocock, C. D. Richards, D. A. Richards 著，岡野栄之，鯉淵典之，植村慶一　監訳：「オックスフォード生理学」，丸善（2016）

（2）岡田泰伸　監訳：「ギャノング生理学　原書第23版」 丸善（2011）

（3）藤田芳郎，志水英明，富野竜人，野村篤史，三木祐介：「研修医のための輸液・水電解質・酸塩基平衡」，pp.2-6，中外医学社，東京都（2015）

（4）田中（貴邑）冨久子：「カラー図解　はじめての生理学　上　動物機能編」，講談社（2016）

（5）高木　康：「検体の採取と結果の解釈の注意点」，日本内科学会雑誌，Vol.97, No.12, pp.2892-2896（2008）

（6）D. Basu, R. Kulkarni：“Overview of blood components and their preparation”, *Indian Journal of Anaesthesia*, Vol.58, No.5, pp.529-537（2014）

（7）数研出版編集部：「視覚でとらえるフォトサイエンス生物図録」，数研出版（2000）

（8）大橋俊夫，宇尾野公義：精神性発汗現象：“測定法と臨床的応用”，スズケン医療機器事業部，pp.3-5, 39-44（1993）

（9）河崎雅人，高島征助，小西忠孝，坂口正雄：“精神性発汗による心理的負荷量の推定に関する研究”，医科器械学，Vol.66, No.12, pp.679-683（1996）

（10）V. A. Low, P. Sandroni, R. D. Fealey, P. A. Low：“Detection of small-fiber neuropathy by sudomotor testing”, *Muscle Nerve*, Vol.34, No.1, pp.57-61（2006）

（11）Therapeutics and Technology Assessment Subcommittee of American Academy of Neurology: Assessment: “Clinical autonomic testing report of the therapeutics and technology assessment subcommittee of the American academy of neurology”, *Neurology*, Vol.46, No.3, pp.873-80（1996）

（12）嶋田裕之，小坂理，川端幸一，蔦田強司，三木隆己，池田仁，上田進彦，木原幹洋：“糖尿病性自律神経障害の評価方法に関する検討-QSARTの有用性について”，自律神経，vol. 36, No.6, pp.538-542（1999）

（13）厚生労働省e-ヘルスネット「唾液分泌」：
https://www.e-healthnet.mhlw.go.jp/information/dictionary/alcohol/ya-004.html

（14）Wikipedia「唾液」：
https://ja.wikipedia.org/wiki/唾液

（15）細井和雄：“咀嚼系の唾液腺生理活性因子に対する影響”，日本咀嚼学会誌，Vol.3, No.1,

pp.11-16（1993）
（16）井澤修平，小川奈美子，原谷隆史：“唾液中コルチゾールによるストレス評価と唾液採取手順”，労働安全衛生研究，Vol.3, No.2, pp.119-124（2010）
（17）B. S. McEwen：“Allostasis and allostatic load：implications for neuropsychopharmacology”. Neuropsychopharmacology. 2000；22：108-124
（18）大塚製薬，「涙の働きと構造」：
https://www.otsuka.co.jp/health-and-illness/dry-eye/functions-of-tears/
（19）一般財団法人材料科学技術振興財団：“涙液・唾液中の成分分析”，MST技術資料，No.C0487（2017）
（20）Wikipedia「Googleコンタクトレンズ」：
https://ja.wikipedia.org/wiki/Google_コンタクトレンズ
（21）J. T. La Belle, A. Adams, C.-E. Lin, E. Engelschall, B. Pratt, C. B. Cook：“Self-monitoring of tear glucose：the development of a tear based glucose sensor as an alternative to self-monitoring of blood glucose”, *Chem. Commun.*, Vol.52, pp.9197-9204（2016）
（22）A. Hennig, J. Lauko, A. Grabmaier, C. Wilson：“Wireless tear glucose sensor”, *Procedia Eng.*, Vol.87, pp.66-69（2014）

5.3 血液・血清中のバイオマーカーセンシング

遠藤達郎*

5.3.1 フォトニック結晶を用いたバイオセンシング

血液・尿・汗・涙液・唾液等の生体試料は水を主成分とし，たんぱく質・イオン・低分子化合物等種々の物質が存在している[1]。これら生体試料中に存在する種々の物質濃度は，生活習慣病やがん・神経変性疾患など各種疾病を発症・重篤化することで変動することが知られている[2]。よってこれら物質を検出・定量することは疾病の発症・重篤化の予防につながることが期待される。

これまでに様々な検出原理を用いて生体試料中の疾病関連マーカー分子（バイオマーカー）を検出・定量可能なセンサが多種開発されている[3)~(5]，操作が煩雑，結果が得られるまで長い時間を要する，といった課題のほか，検出・定量には酵素や蛍光色素といった特定標識剤を導入する必要があるといった課題がある。これら課題を解決するために，ナノメートルサイズの誘電体が周期的に配列した光学素子「フォトニック結晶（Photonic crystal：PhC）」[6,7]を用いたバイオセンサが注目されている。

PhC は，ポリマーやガラス・シリコンなどを基材としたナノメートルサイズ構造が周期的に配列，すなわち周期的な屈折率分布を有している。この周期的な屈折率分布は，誘電体の物性（屈折率）・サイズ・周期を制御することで，変更することが可能である。加えて，この周期的な屈折率分布を制御することが，任意波長の光をブラッグ反射させることができる[8]。PhC を用いたバイオセンサは，このブラッグ反射を検出原理として用いるものである。PhC のより観察されるブラッグ反射波長・強度は，PhC 周囲の屈折率に対して鋭敏に変化する。これは，PhC 周囲にて抗原抗体反応や DNA ハイブリダイゼーション等生体試料中のバイオマーカーと生体認識素子との特異的な結合・解離によって誘起される屈折率変化からバイオマーカーの検出・定量が可能となることを意味している。よって PhC を用いたバイオセンサは，前述した特定標識剤を導入することなく，バイオマーカー検出・定量が可能である[9]。

PhC を用いたバイオセンサには，これまでにシリコン基板を基材として使用し，赤外領域の光源を用いて高感度バイオセンシングを実現した報告がある[10]。また，シリカやポリスチレンナノ粒子を自己組織化させることで PhC を作製し，バイオセンサへ応用する研究も報告されている[11]。これまでに報告されている PhC を用いたバイオセンサは，高感度にバイオマーカーが検出可能である反面，電子線描画装置や反応性イオンエッチング装置等の高額・大型の製造装置が必要といった課題があった。

これら課題を解決するために筆者らは，ナノメートルサイズの構造を，鋳型を介してポリマーフィルム上へ転写する技術であるナノインプリントリソグラフィ（Nanoimprint lithography：

---

* Tatsuro Endo　大阪府立大学　大学院工学研究科　物質・化学系専攻　准教授

NIL)[12]を用いてPhCを簡便・安価に作製し，バイオセンサへ応用することに成功している[13]~[16]。NILは，鋳型についてのみ電子線描画装置や反応性イオンエッチング装置を使用して作製するが，鋳型が破損・汚損されない限り複数回転写が可能である。加えて，転写に用いる基材には種々のポリマーが使用可能であり，安価である。また，ポリマーを基材として使用することは色素やナノ粒子等異種材料を包含させることも可能であることから，異なる機能を付与させることも可能である。

図5.3.1に筆者らが作製したPhC外観写真を示す。筆者らは，これまでにNILを用いてpoly (dimethylsiloxane) (PDMS) やpoly (vinylalcohol) (PVA)，poly (vinylchloride) (PVC) 等種々のポリマー上へPhCを作製することに成功し，これをバイオセンサへ応用してきた。

本PhCは，直径・間隔230nm，深さ（高さ）200nmのホールまたはピラーが周期的に配列しており，ブラッグ反射によって波長460nm近傍の光を回折・反射させることが可能である。波長460 nm近傍は，青～緑青の色彩を目視で観察することが可能である。この色彩は，目視で視認することが容易な波長帯域であり，バイオセンサへの応用を指向した際に安価・簡易な光学系で測定が可能という利点を有する。

PhCを用いたバイオセンシングは，PhC表面へ測定対象とするバイオマーカーに対して特異的に結合する抗体やプローブDNA等の生体認識素子をあらかじめ固定化することで実現可能である。あらかじめ生体認識素子を固定化したPhC表面へバイオマーカーが含まれる試料溶液を滴下，反応させることで，PhC周囲の屈折率が変化する。この屈折率変化によってブラッグ反射ピーク波長シフトまたは，フレネル反射強度変化が観察され，この変化量からバイオマーカーの検出・定量が可能となる。

筆者らは，これまでにC反応性タンパク質，フィブリノゲン，ヘモグロビンA1c（HbA1c）、インフルエンザウイルス等の種々の疾病に関連するバイオマーカー検出へ応用し，高感度に検出・定量することに成功している。血液中のC反応性タンパク質は，炎症や組織破壊病変の有無の評価，フィブリノゲンは感染症や悪性腫瘍の病態把握，HbA1cは糖尿病診断・血糖コントロールのために有効なバイオマーカーである。今後は，PhCの構造設計・基材の検討を進めることにより，さらなる高感度化が実現可能となることが期待できる。

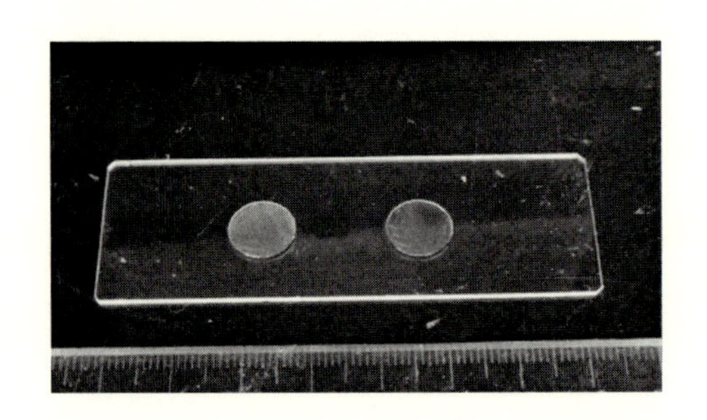

図5.3.1　NILを用いて作製したポリマー製PhC

5.3.2　局在表面プラズモン共鳴を用いたバイオセンシング

前述したフォトニック結晶を用いたバイオセンシングと同様に，生体試料中のバイオマーカー検出・定量にナノメートルサイズの構造を有する金属から観察される光学現象「局在表面プラズモン共鳴（Localized surface plasmon resonance：LSPR）」を用いたバイオセンサの研究も精力的に進められている[(17)～(19)]。

LSPRは，SPRと同様に自由電子の集団振動によって電場が形成される光学現象であるが，バルクの金属より観察されるSPRと異なる点は，ナノメートルサイズにまで微細化することによって局在化した電場が形成される点にある。これは，SPRでは全反射光学系が必要であったのに対し，特定波長の光吸収という形で特性評価が可能となることから，光学系が簡易となる利点がある[(20)]。すなわち，LSPRは，バルクの金属光沢とは異なる色彩を目視で観察可能であるということを示している。加えてLSPRは，金属ナノ構造のサイズ・形状・材料に依存した特定波長光の吸収ピークを観察することができる[(21)～(23)]。

LSPRを用いたバイオセンシングは，フォトニック結晶を用いたバイオセンシングと同様に，抗原抗体反応やDNAハイブリダイゼーション等の種々の生化学反応によって誘起される周辺屈折率変化を前述した吸収ピーク波長あるいはピーク強度シフトとして観察することができ，ここからバイオマーカーの検出・定量が可能となる[(24)～(27)]。

LSPRを用いたバイオセンサには，サイズ・形状の設計，材料等様々な視点から研究開発が進められている。LSPRを用いたバイオセンサとしてすでに実用化されているものとして，妊娠診断薬等で実用化されているイムノクロマトグラフィが知られている[(28)]。イムノクロマトグラフィでは，金ナノ粒子より観察される色彩を用い，バイオマーカーの検出・定量を可能としている。近年では，イムノクロマトグラフィのさらなる高感度化を指向した研究開発も進められている[(29)]。

しかし，イムノクロマトグラフィをはじめLSPRを検出原理として用いたバイオセンサは，ナノ粒子を用いたものが多く報告されているが，ナノ粒子合成・粒径制御に高い技術を要する。一方で金属ナノ構造を電子線描画装置やスパッタ装置を用いて作製し，バイオセンサへ応用する研究も盛んに進められている。電子線描画装置を用いた場合，任意のサイズ・形状を有する金属ナノ構造を作製することが可能であるが[(30), (31)]，大面積化が困難といった課題があった。

これら課題を解決するために筆者らは，より簡便かつ再現よく金属ナノ構造を作製するために，NILを用いて金属ナノ構造を作製し，バイオセンサへ応用することに成功している。NILに用いる鋳型は，ポリマー表面へナノ構造を転写するだけでなく，金属ナノ構造を作製するのにも有用である。図5.3.2にNILを用いた金属ナノ構造作製手順を示す。鋳型に対して真空蒸着・スパッタリングにて金属層を堆積させたのち，ガラスやポリマーフィルム上へ接着剤を介して金属層を接着，鋳型を機械的に離型させることによって鋳型の形状を反映した金属ナノ構造を作製することが可能である。

図5.3.3に作製した金属ナノ構造基板外観写真を示す。作製した基板は，直径230nm，高さ

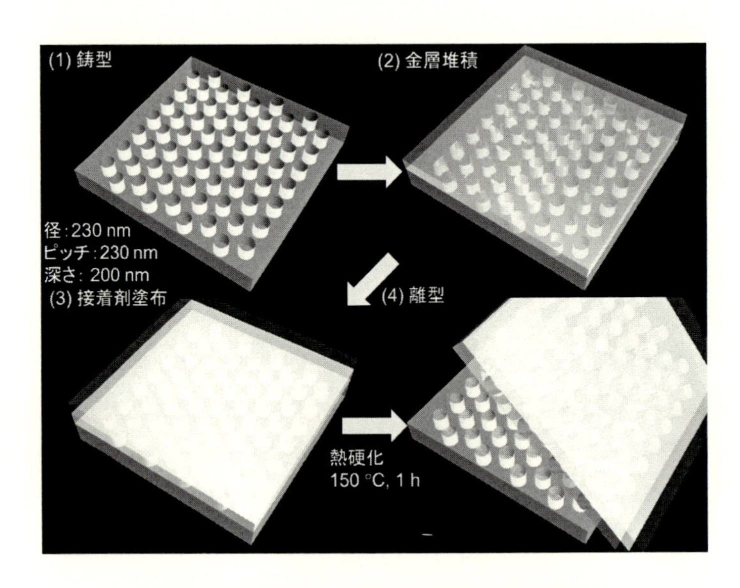

図 5.3.2　NIL を用いた金属ナノ構造作製手順概略図

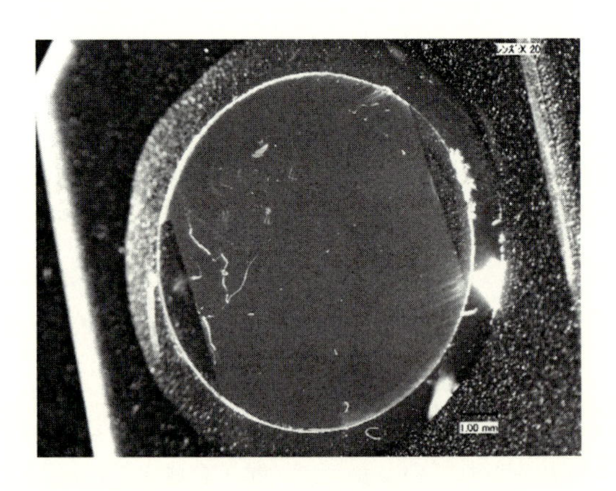

図 5.3.3　金属ナノ構造基板外観写真

200 nm の金ナノピラーが周期的に配列しており，堆積させたものであり，光回折による構造色とともに，LSPR に起因する赤紫色の色彩を目視で観察することができる。この金属ナノ構造基板作製に使用する金属は，金に限らず銀や銅，アルミニウム等種々の金属を用いて作製することが可能であり，併せて接着剤中に蛍光色素等を含有させることによって，バイオセンサだけでなく，幅広い分野への応用が期待できる。

また作製した金属ナノ構造基板を用いたバイオセンサ応用には，これまでに抗原抗体反応や DNA ハイブリダイゼーションの検出に成功しており，バイオセンサとして有用であることが明らかとなっている[32]。加えて本バイオセンサは，鋳型形状や堆積させる金属材料を検討することにより，さらなる高感度化が可能であることも明らかとなっている。

参考文献

(1) Darci R. Block and Alicia Algeciras-Schimnich："Body fluid analysis：Clinical utility and applicability of published studies to guide interpretation of today's laboratory testing in serous fluids", *Critical Reviews in Clinical Laboratory Sciences*, Vol.50, No.4-5, pp.107-124 (2013)

(2) Qinghua Feng, Mujun Yu and Nancy B. Kiviat："Molecular Biomarkers for Cancer Detection in Blood and Bodily Fluids", *Critical Reviews in Clinical Laboratory Sciences*, Vol.43, No.5-6, pp.497-560 (2006)

(3) Nuzianda Frascione, James Gooch and Barbara Daniel："Enabling fluorescent biosensors for the forensic identification of body fluids", *Analyst*, Vol.138, No.24, pp.7279-7288 (2013)

(4) Joseph Wang："Amperometric biosensors for clinical and therapeutic drug monitoring：a review", *Journal of Pharmaceutical and Biomedical Analysis*, Vol.19, No.1-2, pp.47-53 (1999)

(5) Celine I. L. Justino, Teresa A. Rocha-Santos, Armando C. Duarte and Teresa A. Rocha-Santos："Review of analytical figures of merit of sensors and biosensors in clinical applications", *TrAC Trends in Analytical Chemistry*, Vol.29, No.10, pp.1172-1183 (2010)

(6) Xudong Fan, Ian M. White, Siyka I. Shopova, Hongying Zhu, Jonathan D. Suter and Yuze Sun："Sensitive optical biosensors for unlabeled targets：A review", *Analytica Chimica Acta*, Vol.620, No.1-2, pp.8-26 (2008)

(7) Yunbo Guo, Jing Yong Ye, Charles Divin, Baohua Huang, Thommey P. Thomas, James R. Baker, and Theodore B. Norris："Real-Time Biomolecular Binding Detection Using a Sensitive Photonic Crystal Biosensor", *Analytical Chemistry*, Vol.82, No.12, pp.5211-5218 (2010)

(8) Kangtaek Lee, and Sanford A. Asher："Photonic Crystal Chemical Sensors: pH and Ionic Strength", *Journal of the American Chemical Society*, Vol.122, No.39, pp.9534-9537 (2000)

(9) Wei Zhang, Nikhil Ganesh. Ian D. Block and Brian T. Cunningham："High sensitivity photonic crystal biosensor incorporating nanorod structures for enhanced surface area", *Sensors and Actuators B：Chemical*, Vol.131, No.1, pp.279-284 (2008)

(10) Mindy Lee and Philippe M. Fauchet："Two-dimensional silicon photonic crystal based biosensing platform for protein detection", *Optics Express*, Vol.15, No.8, pp.4530-4535 (2007)

(11) Jian-Tao Zhang, Luling Wang, Jia Luo, Alexander Tikhonov, Nikolay Kornienko, and Sanford A. Asher："2-D Array Photonic Crystal Sensing Motif", *Journal of the American Chemical Society*, Vol.133, No.24, pp.9152-9155 (2011)

(12) Nazrin Kooy, Khairudin Mohamed, Lee Tze Pin and Ooi Su Guan："A review of roll-to-roll nanoimprint lithography", *Nanoscale Research Letters*, Vol.9, No.320, pp.1-13 (2014)

(13) Tatsuro Endo, Satoshi Ozawa, Norimichi Okuda, Yasuko Yanagida, Satoru Tanaka and Takeshi Hatsuzawa："Reflectometric detection of influenza virus in human saliva using nanoimprint lithography-based flexible two-dimensional photonic crystal biosensor",

Sensors and Actuators B : Chemical, Vol.148, No.1, pp.269-276 (2010)
(14) Tatsuro Endo, China Ueda, Hiroshi Kajita, Norimichi Okuda, Satoru Tanaka and Hideaki Hisamoto : "Enhancement of the fluorescence intensity of DNA intercalators using nano-imprinted 2-dimensional photonic crystal", *Microchimica Acta*, Vol.180, No.9-10, pp.929-934 (2013)
(15) Kenichi Maeno, Shoma Aki, Kenji Sueyoshi, Hideaki Hisamoto and Tatsuro Endo : "Polymer-based Photonic Crystal Cavity Sensor for Optical Detection in the Visible Wavelength Region", *Analytical Sciences*, Vol.32, No.1, pp.117-120 (2016)
(16) Tatsuro Endo and Hiroshi Kajita : "Label-Free Optical Detection of Fibrinogen in Visible Region Using Nanoimprint Lithography-Based Two-Dimensional Photonic Crystal", *IEICE Transactions on Electronics*, Vol.E100, No.2, pp.166-170 (2017)
(17) Jie Cao, Tong Sun and Kenneth T. V. Grattan : "Gold nanorod-based localized surface plasmon resonance biosensors : A review", *Sensors and Actuators B : Chemical*, Vol.195, No.1, pp.332-351 (2014)
(18) Borja Sepúlveda, Paula C. Angelomé, Laura M. Lechuga and Luis M. Liz-Marzán : "LSPR-based nanobiosensors", *Nanotoday*, Vol.4, No.3, pp.244-251 (2009)
(19) Jing Zhao, Xiaoyu Zhang, Chanda Ranjit Yonzon, Amanda J Haes and Richard P Van Duyne : "Localized surface plasmon resonance biosensors", *Nanomedicine*, Vol.1, No.2, pp.219-228 (2006)
(20) Christopher J. Orendorff, Tapan K. Sau and Catherine J. Murphy : "Controlled localized Shape-Dependent Plasmon-Resonant Gold Nanoparticles", *Small*, Vol.2, No.5, pp.636-639 (2006)
(21) Colleen L. Nehl and Jason H. Hafner : "Shape-dependent plasmon resonances of gold nanoparticle", *Journal of Materials Chemistry*, Vol.19, No.1-2, pp.47-53 (1999)
(22) Benjamin Foerster, Vincent A. Spata, Emily A. Carter, Carsten Sönnichsen and Stephan Link : "Plasmon damping depends on the chemical nature of the nanoparticle interface", *Science Advance*, Vol.5, No.3, pp.1-5 (2019)
(23) Amanda J. Haes, Shengli Zou, Jing Zhao, George C. Schatz and Richard P. Van Duyne : "Localized Surface Plasmon Resonance Spectroscopy near Molecular Resonances", *Journal of the American Chemical Society*, Vol.128, No.33, pp.10905-10914 (2006)
(24) Shun Wang, Wei Li, Keke Chang, Juan Liu, Qingqian Guo, Haifeng Sun, Min Jiang, Hao Zhang, Jing Chen and Jiandong Hu : "Localized surface plasmon resonance-based abscisic acid biosensor using aptamer-functionalized gold nanoparticles", *PLoS One*, Vol.12, No.9, e0185530 (2017)
(25) Sarah Unser, Ian Bruzas, Jie He and Laura Sagle : "Localized Surface Plasmon Resonance Biosensing : Current Challenges and Approaches", *Sensors*, Vol.15, No.7, pp.15684-15716 (2015)
(26) Afsaneh Salahvarzi, Mohamad Mahani, Masoud Torkzadeh-Mahani and Reza Alizadeh : "Localized surface plasmon resonance based gold nanobiosensor : Determination of thyroid stimulating hormone", *Analytical Biochemistry*, Vol.516, No.1, pp.1-5 (2017)

(27) Emiko Kazuma and Tetsu Tatsuma："Localized surface plasmon resonance sensors based on wavelength-tunable spectral dips", *Nanoscale*, Vol.6, No.4, pp.2397-2405 (2014)
(28) Sha Lou, Jia-ying Ye, Ke-qiang Li and Aiguo Wu："A gold nanoparticle-based immunochromatographic assay：The influence of nanoparticulate size", *Analyst*, Vol.137, No.5, pp.1174-1181 (2012)
(29) Ryo Tanaka, Teruko Yuhi, Naoki Nagatani, Tatsuro Endo, Kagan Kerman, Yuzuru Takamura and Eiichi Tamiya："A novel enhancement assay for immunochromatographic test strips using gold nanoparticles", *Analytical and Bioanalytical Chemistry*, Vol.385, No.8, pp.1414-1420 (2006)
(30) Neval A. Cinel, Serkan Bütün, and Ekmel Özbay："Electron beam lithography designed silver nano-disks used as label free nano-biosensors based on localized surface plasmon resonance", *Optics Express*, Vol.20, No.3, pp.2587-2597 (2012)
(31) Jianpeng Liu, Sichao Zhang, Yaqi Ma, Jinhai Shao, Bingrui Lu, and Yifang Chen："Gold nanopillar arrays as biosensors fabricated by electron beam lithography combined with electroplating", *Applied Optics*, Vol.54, No.9, pp.2537-2542 (2015)
(32) Kiichi Nishiguchi, Kenji Sueyoshi, Hideaki Hisamoto and Tatsuro Endo："Fabrication of gold-deposited plasmonic crystal based on nanoimprint lithography for label-free biosensing application", *Japanese Journal of Applied Physics*, Vol.55, 08RE02 (2016)

5.4 尿中のバイオマーカーセンシング

小野寺　武*

5.4.1 表面プラズモン共鳴センサを用いたバイオマーカー検出

尿の成分分析は高速液体クロマトグラフィ（HPLC）や特定の物質検出には，抗原抗体反応を用いる酵素免疫測定法（ELSIA）が用いられる。HPLCは，カラム保護のため，通常前処理が必要であり，ELISAは，洗浄や反応の操作が煩雑であり，迅速な測定が求められている。表面プラズモン共鳴（SPR）バイオセンサは，それらの代わりになり得る手段として，研究が進められており，研究現場では，医薬分野で生体分子間相互作用の計測に用いられている。

1980年代にスウェーデンのリンシェーピン大学のグループにより表面プラズモン共鳴（surface plasmon resonance：SPR）現象を用いたバイオセンサが提案された[1]。半円柱のプリズムの平面部にAuやAgなどの金属薄膜をコーティングし，プリズムの半円側から光を入射すると全反射に伴うエバネッセント波が生じる。その波数と金属薄膜の電子の疎密波である表面プラズモンの波数が一致したとき，共鳴が起こる。共鳴にエネルギーが使われるため，反射光強度が著しく減衰する現象が起こる。これがSPR現象である。通常の光では，伝搬速度が速く，表面プラズモンの波数と一致させることができないが，エバネッセント波は伝搬速度が遅いため，一致させることができる[2]。エバネッセントとは，「つかの間の」や「消えていく」などの意味である。その概要を図5.4.1に示す[3]。この時の光の入射角を共鳴角と呼び，金属表面近傍の屈折率（誘電率）に依存して変化する。

SPRバイオセンサが提案された初期の装置構成としては，光源にレーザー，検出素子にフォトダイオード，ゴニオメーターを用いて，角度を変えながら測定する機構が採られた。近年は，光源にLED，検出器にフォトダイオードアレイやカメラを用いて，駆動部がなくコンパクト，また，2チャンネル以上のマルチチャンネル測定が可能な装置構成がとられることが多い。くさび形の光を入射することで，様々な角度の光を同時に入射できるため，瞬時にSPRカーブを取得し，共鳴角が決定できる。マルチチャンネルの場合は，一つのチャンネルをリファレンスとして用い，測定チャンネルの測定値から，溶媒の屈折率による影響を差し引き，金属表面に固定化した物質と溶液中に含まれる物質の相互作用のみを測定することができる。図5.4.2にSPRセンサ光学系の一例を示す。

SPRバイオセンサには，回折格子型やプリズム型があるが，プリズムを用いたクレッチマン配置が標準的な構成となっている。金属薄膜には，AuやAgが用いられ，接着層として，2nm程度のTiやCrの上に約50nmの厚さでスパッタなどによりコーティングされる。プリズムに直接コーティングすると，再利用が困難になるため，プリズムと同じ屈折率のガラス板にスパッ

＊　Takeshi Onodera　九州大学　大学院システム情報科学研究院
情報エレクトロニクス部門　准教授

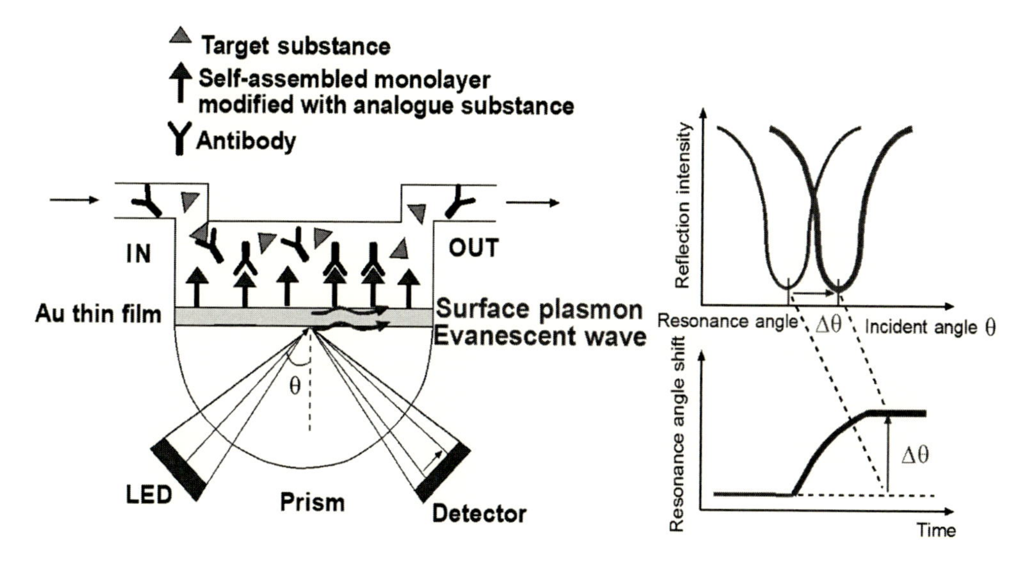

図 5.4.1　表面プラズモン共鳴センサの原理[3]
Springer Nature より許諾を受けて転載。

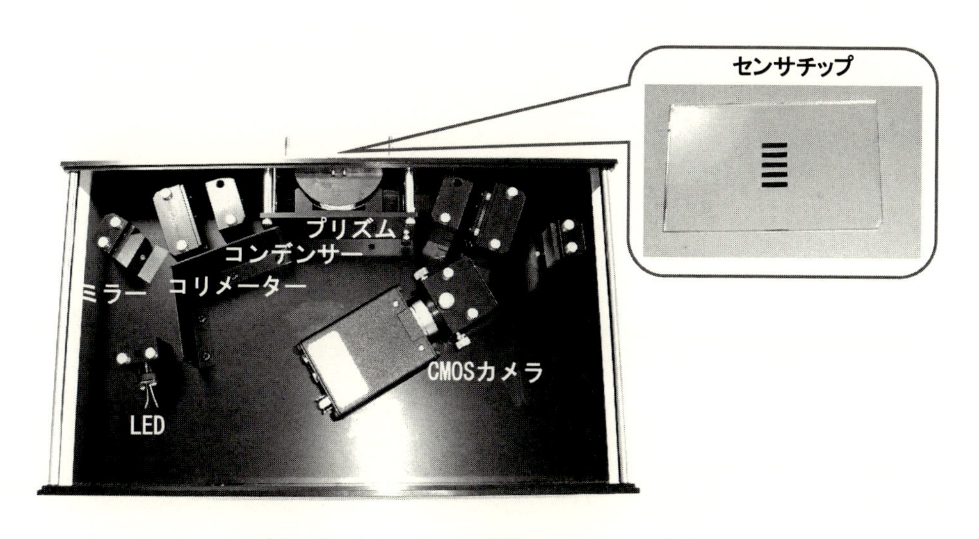

図 5.4.2　クレッチマン配置の SPR センサ光学系

タし，マッチングオイルやポリマーを介して，プリズムとの屈折率を一致させ，利用する。

共鳴角では，反射光強度が低くなっているため，検出器の出力には，暗部となって現れる。実際のカメラ画像の例を図 5.4.3 に示す。各 Ch の枠で囲まれた領域の最も暗い部分が共鳴角であり，そこを挟んで徐々に明るくなっている。エバネッセント波は，金薄膜表面から数百 nm 程度までしみ出し，指数関数的に減衰する。この暗部は金表面近傍の屈折率変化に伴い変化し，時間変化を追うと，図 5.4.1 右図のように，共鳴角度変化を捉えることができる。屈折率変化とセン

図 5.4.3　SPR センサのカメラ画像と SPR カーブの例（カーブは Ch4 のみを表示）

サ表面のタンパク質の質量変化が対応付けられており，質量変化も見積もることができる[4]。

実際の測定では ELISA のようなバッチ測定とは異なり，フローセルを用いて，反応の過程をリアルタイムに観察することができる。ターゲット物質の検出には抗原抗体反応がよく用いられ，その場合，抗体の抗原に対する高い特異性により，選択的に化学物質を検出することができる。抗体は，生物の免疫システムにおいて，外から体内に侵入したウイルスや細菌など異物の排除を担うタンパク質である。生体分子の測定には，イムノグロブリン G（IgG）とよばれるタイプの抗体がよく用いられる。IgG は分子量約 15 万のタンパク質であり，2 本のポリペプチド鎖（重鎖，軽鎖）から構成され，Y 字構造をしている。Y 字の両手部分の先端に，抗原認識部位があり，相補性決定領域と呼ばれる。この領域は，抗原の構造に対応して，アミノ酸配列が組み換えられる部分である。抗体と抗原との結合は，非共有結合であり，水素結合，ファンデルワールス力，静電相互作用で結合する[5]。この抗体と抗原の高い特異性は，よく「鍵と鍵穴の関係」に例えられる。

抗体は，抗原をマウスやウサギなどの動物に注射することで，人工的に得ることができるが，分子量 5000 未満の分子に対しては，生物は抗体を作ることができない。そのため，低分子に対する抗体は，ウシ血清アルブミン（BSA；分子量 67,000）や卵白アルブミン（OVA；分子量 45,000），スカシ貝ヘモシアニン（KLH；分子量 100,000 ～ 450,000），ロコガイヘモシアニン（CCH；サブユニットの分子量 404,000 および 351,000）のような分子量の大きいキャリアタンパク質に所望の構造を持つ低分子を結合し，免疫原とすることで，獲得することができる。免疫原性を持たないが抗体に結合できる低分子はハプテンと呼ばれ，低分子に対する抗体を作製可能であることが，ラントシュタイナーによって報告された[6],[7]。

図 5.4.4 に間接競合法の概要を示す[8]。間接競合法は，金薄膜表面に抗体ではなく，ターゲットと類似の構造を持つ化合物を固定する。あるいは，ターゲットに固定化に利用できる官能基が

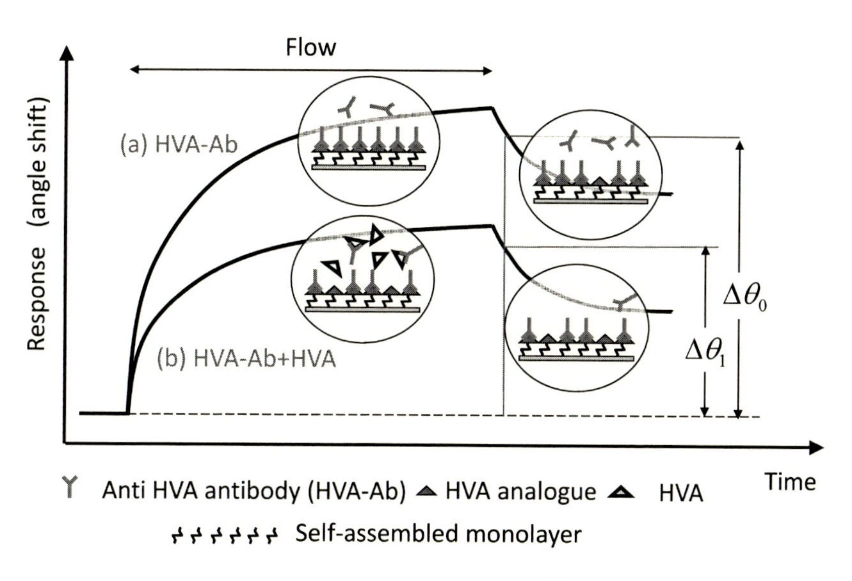

図 5.4.4　間接競合法の原理[8]

あれば，そのものを用いることもある。ターゲットに対する抗体は，この類似の構造を持つ化合物にも結合することができ，かつ，ターゲットにも結合することができることが必要となる。ターゲットの類似物質が固定化された状態で，一定濃度の抗体を流通すると，ターゲットの類似物質に抗体が結合し，図 5.4.4 中の(a)のように大きく共鳴角変化が起こる。この信号が基準となる。結合した抗体は，酸性バッファやアルカリ溶液，界面活性剤の水溶液を流すことにより，結合を解離し，ベースラインに復帰させることができる。次に抗体溶液とターゲットを混合し反応させてから流す。このとき抗体の濃度は，図 5.4.4(a)の応答を取得したときと同じ濃度になるように調整し，またターゲットの濃度は一定の希釈系列となるように調整する。ターゲットと抗体が結合することにより，金薄膜表面に固定化された複合体抗原への結合が阻害され，共鳴角度の変化が，図 5.4.4(b)のように減少する。このときの応答の比から検量線（応答特性）が得られる。低分子と抗体の分子量は 100 倍以上違うため，抗体の結合量の変化を測定することで，低分子の濃度を高感度に検出できる。このとき抗体とターゲットの親和性が，抗体と類似物質の親和性より高いほど，高感度に検出できる。ただし，抗体と類似物質の親和性が低すぎると，センサ表面への結合が得られなくなり測定不能になるため，バランスをとる必要がある。

ホモバニリン酸（HVA）は，総称でカテコールアミンと呼ばれる神経伝達物質の最終代謝物であり，尿中に排出される[9]。尿中の低分子がんバイオマーカーとして，臨床検査項目に入っている物質である。基準値は，2.1～6.3 mg/day であり，尿中の HVA 濃度が基準値より高値であれば神経芽細胞腫，悪性黒色腫，低値であればパーキンソン症候群，アルツハイマー病などが疑われる[10]。

SPR センサと抗体を用いて尿中 HVA の検出が試みられた[11]。SPR センサのセンサ表面は，

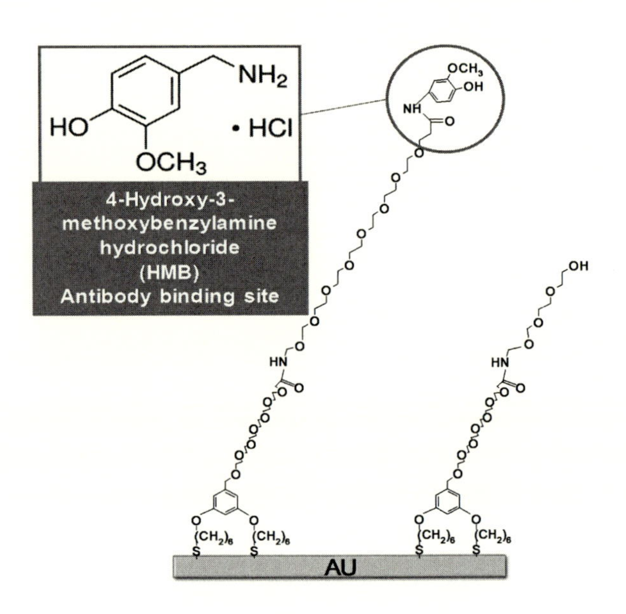

図 5.4.5　EG 鎖を有する SAM 表面

エチレングリコール（EG）鎖を有する自己組織化単分子膜（SAM）を用いて作製し（図 5.4.5），作製時の鎖長延長用リンカーの混合比により，非特異吸着抑制を最適化した。EG 鎖は，電気的に中性かつ親水性であり，また，フレキシブルなため，タンパク質などの非特異的な吸着を抑制する効果がある[12]。尿中の主要成分である NaCl，尿素，クレアチニンを用いて作製した人工尿に HVA を溶解し，間接競合法により，検量線を取得した。HVA の検出限界は 15 ppb となった。ヒトの成人男性 5 名の尿を採取し，遠心のみの前処理で，間接競合法により測定を行った。その結果，1 名は非特異吸着の影響で測定値を得ることが出来なかったが，その他は，HPLC/MS の分析値と濃度順位は一致した。しかしながら，SPR による濃度の推定値はずれが生じ，実用化に向けてはセンサ表面やモノクローナル抗体獲得することで，改善できる可能性がある。

ニトロソ化ストレスの関連バイオマーカーと考えられる 3-ニトロチロシン（3-NT）の SPR センサによる測定が試みられている[13]。3-NT-BSA を免疫原とし，ウサギ由来のポリクローナル抗体を取得し，間接競合法により，測定を行っている。SPR を原理とする BiacoreT200（GE ヘルスケアバイオサイエンス）を用い，CM5 チップ（カルボキシルメチルデキストラン修飾済み）に 3-NT-OVA を固定化し，人工尿中の 3-NT に対する検量線を取得し，検出限界 0.12 μg/mL で測定可能であった。また，測定時間 7 分で検出可能で，HPLC や ELISA より，短時間に測定可能であった。ヒトの尿に 3-NT を添加し，測定を行った場合も高い精度で検出可能であった。

SPR センサはセンサ表面の屈折率に敏感に応答するため，非特異吸着が起こると計測が困難，あるいは測定時の標準偏差が大きくなる。そのようなデメリットを補う，表面プラズモンの電場

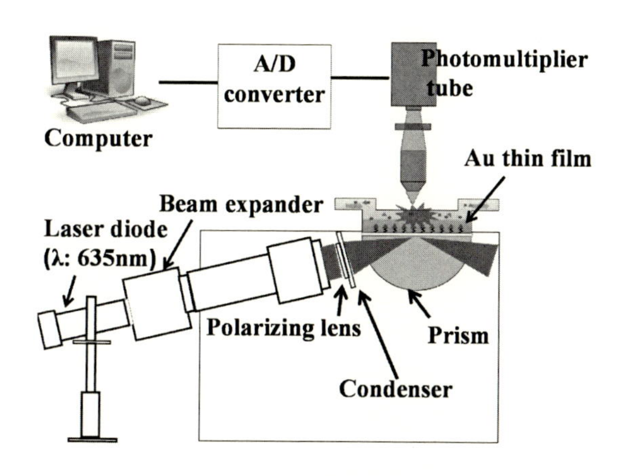

図 5.4.6　表面プラズモン励起増強蛍光分光法の測定系[17]
IEEE より許諾を受けて転載。

増強で，蛍光物質を励起し，蛍光測定による検出法，表面プラズモン励起増強蛍光（SPF）法が提案されている[14],[15]。これは抗体を Cy5 や Alexa Fluor などの蛍光物質で標識し，センサ表面に標識抗体を結合させ，SPR により蛍光を励起する。励起されるのは，エバネッセントの届く数 100nm のみであるため，バックグラウンドの影響を受けることなく，測定可能である[16]。測定系は，レーザーとプリズムを用い，ゴニオメーターなどにより，入射角度を変化させスキャンする方式の SPR 光学系を励起に用い，蛍光は光電子増倍管により観測する。あるいは，ゴニオメーターを使わず，くさび形の光を用いる光学系でも測定可能である。その光学系を図 5.4.6 に示す[17]。測定対象がタンパク質のような高分子の場合は，サンドイッチ法が用いられる。サンドイッチ法は，センサ表面に抗体を固定化し，抗体によりターゲットを補足したのち，蛍光標識した別のターゲットに対する抗体を流通し，結合させる方法である。低分子がターゲットの場合は，間接競合法で測定できる。回折格子（1 次元プラズモニック結晶）やナノホールアレイ（2 次元プラズモニック結晶）を用いたプリズムを必要としない SPR でも蛍光の励起が可能であり，腫瘍マーカーの検出が可能となっている[18]。

5. 4. 2　金ナノ粒子を用いた尿中バイオマーカー検出

尿中のバイオマーカーの簡便な検出方法として，金ナノ粒子の発色を用いたイムノクロマトグラフィがある。波長より短い直径の金属微粒子にも表面プラズモンが存在し，通常の光で共鳴させることができる。金の場合は，共鳴すると可視光が吸収されるため，赤色に発色する。抗原の入ったサンプルをサンプルパッドに滴下すると，サンプル溶液がセルロース膜を毛細管現象で水平移動する。金ナノ粒子で標識された抗体の保持されたコンジュゲーションパッドに到達すると，抗体と抗原が結合し，さらに移動する。判定ライン部分に固定化された二つ目の抗体で，抗原を捕捉すると，一つ目の抗体に標識された金ナノ粒子の発色がラインとして現れる。判定ラインの奥側には，コントロールラインがあり，使用済みかどうかを識別できる[19]。インフルエンザの簡易診断や妊娠検査キットに用いられている。妊娠検査キットでは，妊娠中に尿中に分泌されるホルモンであるヒト絨毛ゴナドトロピンを捉える。

1990 年代に金ナノ粒子の凝集による色調変化を利用した比色分析法が提案されている[20], [21]。2 種類の DNA プローブを別々の金ナノ粒子に結合し，DNA ターゲットがどちらのプローブとも相補的に結合する場合，凝集が起こり，局在プラズモン共鳴の吸収により，赤から青色に変化する。同様の手法を用いて，尿中のノルメタネフリンを検出する手法が提案されている[22]。ノルメタネフリンは，褐色細胞腫のバイオマーカーである。ノルメタネフリンの官能基，アミノアルコールとフェノール性水酸基を認識する 2 つの異なる低分子リガンドを 17nm の金ナノ粒子に修飾した。ノルメタネフリンが溶液中に存在すると，金ナノ粒子同士がリガンドとノルメタネフリンを介して架橋され，赤色から青色へ変化する。検出限界は 0.2 μM であった。人工尿を用いて，グルコースや尿酸，ドーパミン代謝物の HVA に対しては，応答しないことが確かめられている。

参考文献

(1) B. Liedberg, C. Nylander, and I. Lunström：“Surface plasmon resonance for gas detection and biosensing”, *Sensors and Actuators,* vol.4, pp.299-304 (1983)

(2) 河田聡・高木俊夫：“表面プラズモン共鳴センサとは”，蛋白質核酸酵素，vol.37, pp.p3005-3011 1992/11 (1992)

(3) T. Onodera, N. Miura, K. Matsumoto, and K. Toko：“Development of an “Electronic dog nose” based on an spr immunosensor for highly sensitive detection of explosives”, in *Anti-personnel Landmine Detection for Humanitarian Demining,* K. Furuta and J. Ishikawa, Eds., ed：Springer London, pp.193-205 (2009)

(4) E. Stenberg, B. Persson, H. Roos, and C. Urbaniczky：“Quantitative determination of surface concentration of protein with surface plasmon resonance using radiolabeled proteins”, *J. Colloid Interface Sci.,* vol.143, pp.513-526 (1991)

(5) Carl Branden (著)，John Tooze (著)，勝部幸輝（翻訳），福山恵一（翻訳），竹中章郎（翻訳），松原央（翻訳）：「タンパク質の構造入門，第 2 版」，ニュートンプレス (2000)

(6) 小山次郎：「免疫のしくみ」，化学同人 (1996)

(7) K. Landsteiner and P. A. Levene：“Observations on the specific part of the heterogenetic antigen”, *The Journal of Immunology,* vol.10, p.731 (1925)

(8) T. Onodera and K. Toko：“Towards an electronic dog nose：surface plasmon resonance immunosensor for security and safety”, *Sensors* (*Basel*), vol.14, pp.16586-616 Sep 5 (2014)

(9) 田村善蔵："カテコールアミン系の分析化学", 薬学雑誌, vol.100, pp.359-374 1980 (1980)
(10) 柴田洋孝："バニリルマンデル酸 (VMA), ホモバニリン酸 (HVA), in 臨床検査ガイド 2015 年改訂版 (三橋知明, Medical Practice 編修委員会 編), pp.435-437, 文光堂 (2015)
(11) 小野寺武, 園田英人, 松井利郎, 都甲潔："表面プラズモン共鳴センサを用いた尿中カテコールアミン代謝物の検出", 電気学会論文誌 E, vol.139, No.9 (2019) 掲載決定
(12) Y. Mizuta, T. Onodera, P. Singh, K. Matsumoto, N. Miura, and K. Toko："Development of an oligo (ethylene glycol)-based SPR immunosensor for TNT detection", *Biosens. Bioelectron.*, vol.24, pp.191-7 Oct 15 (2008)
(13) Q. He, Y. Chen, D. Shen, X. Cui, C. Zhang, H. Yang, *et al.*："Development of a surface plasmon resonance immunosensor and ELISA for 3-nitrotyrosine in human urine", *Talanta*, vol.195, pp.655-661 (2019)
(14) J. W. Attridge, P. B. Daniels, G. A. Robinson, and G. P. Davidson："Sensitivity enhancement of optical immunosensors by the use of a surface plasmon resonance fluoroimmunoassay", *Biosensors Bioelectron.*, vol.6, pp.201-214 (1991)
(15) T. Liebermann and W. Knoll："Surface-plasmon field-enhanced fluorescence spectroscopy", *Colloids Surf. Physicochem. Eng. Aspects*, vol.171, pp.115-130 (2000)
(16) 田和圭子："表面プラズモン励起増強蛍光分光 (SPFS：surface plasmon-field enhanced fluorescence spectroscopy) 法によるバイオ界面計測", 表面科学 = *Journal of The Surface Science Society of Japan*, vol.28, pp.724-727 (2007)
(17) S. Ito, S. Tanaka, R. Yatabe, T. Onodera, and K. Toko："Sensitive detection of 2,4,6-trinitrotoluene by surface plasmon fluorescence spectroscopy", *Proceedings of IEEE Sensors*, pp.325-328 (2014)
(18) 田和圭子："プラズモニックチップのバイオ分野への応用", 応用物理, vol.86, pp.944-949 (2017)
(19) E. B. Bahadır and M. K. Sezgintürk："Lateral flow assays：Principles, designs and labels", *TrAC, Trends Anal. Chem.*, vol.82, pp.286-306 (2016)
(20) C. A. Mirkin, R. L. Letsinger, R. C. Mucic, and J. J. Storhoff："A DNA-based method for rationally assembling nanoparticles into macroscopic materials", *Nature*, vol.382, pp.607-609 (1996)
(21) R. Elghanian, J. J. Storhoff, R. C. Mucic, R. L. Letsinger, and C. A. Mirkin："Selective colorimetric detection of polynucleotides based on the distance-dependent optical properties of gold nanoparticles", *Science*, vol.277, p.1078 (1997)
(22) T. M. Godoy-Reyes, A. M. Costero, P. Gaviña, R. Martínez-Máñez, and F. Sancenón："Colorimetric detection of normetanephrine, a pheochromocytoma biomarker, using bifunctionalised gold nanoparticles", *Anal. Chim. Acta*, vol.1056, pp.146-152 (2019)

5.5　皮膚組織液のセンシング

鶴岡典子*

皮膚中の組織液中の生体成分濃度計測では，糖尿病におけるインスリン作用の指標となるグルコース濃度や運動時の代謝の様子をセンシングする乳酸濃度の計測が代表的である。これらの計測は，大きく光などを用いる非侵襲的な手法，超音波等を用いて皮膚透過率を上げる手法，微小な針を刺入・留置する侵襲的な手法に分類される（図5.5.1）。

5.5.1　グルコース濃度のセンシングの用途

食事等により摂取された栄養素は分解されエネルギー（ATP：アデノシン三リン酸）となるが，糖質は体内で分解されグルコースとなる。体内の代謝では，グルコースが中性脂肪に変換されて貯蔵されたり，たんぱく質の分解産物からグルコースが作られたりする（糖新生）など，糖質，脂質，たんぱく質は互いに変換されて利用される[1]。グルコースは生体に最も重要なエネルギー源であり，血液の流れに乗って全身の細胞に運ばれ，取り込まれる。血中のグルコース濃度（血糖値）はほぼ一定値に維持されている。これは，インスリンをはじめとするホルモンや神経

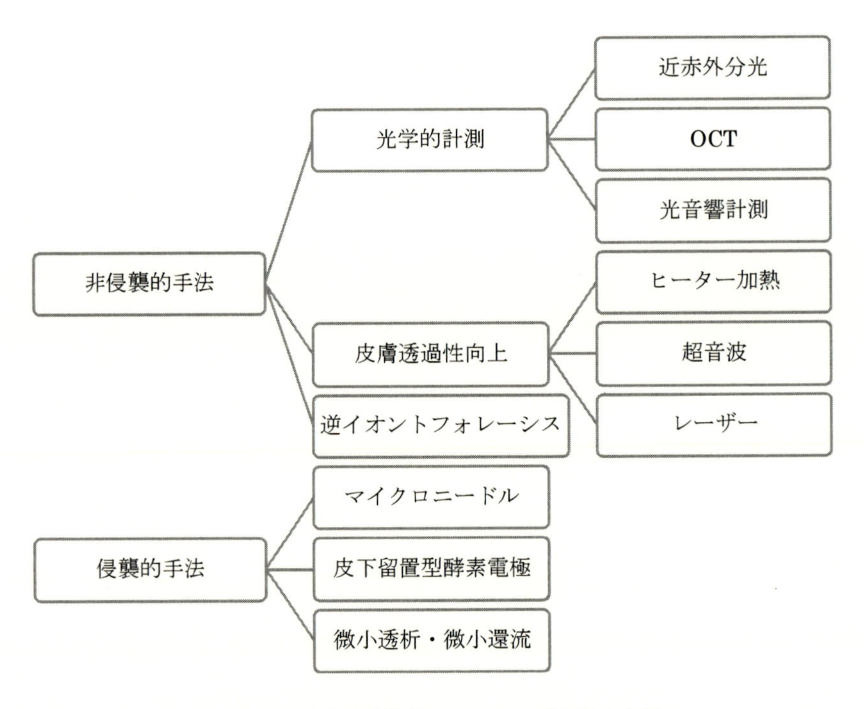

図5.5.1　皮膚中組織液のセンシング方法の分類

*　Noriko Tsuruoka　東北大学　大学院工学研究科　助教

系の働きにより，糖の量が調整されているためである。食後など過剰に糖が存在するときは，インスリンの作用により肝臓や筋肉でグリコーゲンに変えられたり，脂肪組織で脂肪として貯蔵されたりして，血糖値を空腹状態の値まで低下させる。逆に，食間などに血糖値が低下してくると，グルカゴンなどインスリン拮抗ホルモンの作用によって肝臓に蓄えられていたグリコーゲンがグルコースに分解され，血中に供給されるため，血糖値が正常範囲に保たれる。

血糖値の調整を行うインスリンが分泌されなくなる（インスリン分泌障害）もしくはインスリンは分泌されるが効かなくなる（インスリン抵抗性亢進）などのインスリン作用不足によって細胞に糖が正常に取り込めなくなり，慢性の高血糖となる疾患を糖尿病という[(1)]。糖尿病には主要な病態として１型糖尿病と２型糖尿病とがある。１型糖尿病は膵臓のランゲルハンス島でインスリンを分泌している膵β細胞の破壊により，インスリン分泌が急速・不可逆的に低下し高血糖となる疾患である。１型糖尿病が疑われる患者は血糖値を調整するためインスリンを皮下注射にて投与するインスリン療法が行われる。２型糖尿病はインスリン分泌障害とインスリン抵抗性の増大が様々な程度で生じ，慢性の高血糖状態となる疾患である。複数の遺伝因子に過食・運動不足・ストレスなどの環境因子（生活習慣の不良）や加齢が加わり発症する。

これらの血糖コントロールが必要な症例において，インスリンの注入量を厳密に調整するために，複数回の微小採血による血糖値測定が行われる。この複数回の採血は患者への負担が大きく，これを軽減するために皮下組織液中のグルコース濃度の計測が有用である。皮下組織液中のグルコース濃度は，市販されている CGMS（Continuous Glucose Monitoring System）でも多く用いられており[(2)~(5)]，血中濃度と相関したデータが得られている。

5. 5. 2　乳酸濃度のセンシングの用途

乳酸は筋肉が伸縮する際にエネルギーである ATP を生成する過程で発生する物質である。運動の際に消費される ATP は，主に ATP-CP 系，解糖系，有酸素系の3つの系により合成される。乳酸はこのうちの解糖系において生成される物質である。解糖系では，筋中に蓄えられたグリコーゲンがグルコースに分解される。グルコースは２個のピルビン酸に分解され，このときのエネルギーで２分子の ATP が合成される。

$$C_6H_{12}O_6 + 2ADP \rightarrow 2C_3H_6O_3 + 2ATP \qquad \text{（式1）}$$

通常，このピルビン酸はミトコンドリアに入り TCA 回路の反応系で完全に酸化される。運動時など，よりエネルギーが必要な状態になると糖分解が増え，ミトコンドリアにおける酸化反応量よりも過剰にピルビン酸が産生される。この余ったピルビン酸は細胞質で乳酸に分解される。発生した乳酸は筋細胞外に拡散し，血中に入る。血中に入った乳酸は，酸素を利用して分解される[(6)]。グルコースが乳酸まで分解される際のエネルギーは，有酸素系よりも合成速度が速いため，大量の ATP がすぐに必要な場合にこの合成が起こり，筋中に蓄えられたグリコーゲンがある限り，数分間持続する[(7)]。

以上のように，乳酸は運動時などにエネルギー源（ATP）を産生する際に生成される副産物である。ゆえに，運動強度が高くなったり，運動が継続したりした際に血中乳酸濃度が高くなる。血中乳酸濃度は運動強度との間に相関があり，運動強度が上がるほど乳酸濃度が増加していく。運動中の体内代謝と密接にかかわっている乳酸濃度が継続的にモニタリングできれば，トレーニングの際により効果的なトレーニングが実現できる。また，運動中に体の状態が分かるので，オーバーワークや事故の防止も可能である。エクササイズの現場で用いた場合には，乳酸濃度により運動強度を調節しながらエクササイズを行うことにより，短時間で効果的な運動を行うことができる。さらに，リハビリの現場で使用できるようになれば，心臓等に負担をかけない程度の運動ができているかのモニタリングが可能なため，心疾患罹患歴のある患者により負担の少ないリハビリが可能になると期待できる。

皮下組織液中の乳酸濃度は血中乳酸濃度に相関して変化することが報告されている[8]。皮下組織液中乳酸濃度は血管から拡散した，血中由来の乳酸であるため，採血による測定の代わりに用いるには適しているが，汗腺では乳酸が産生されるため計測の際は汗の混入を防ぐことが必要である。

5.5.3　組織液の採取方法

皮下組織中の乳酸やグルコース濃度の計測には，対象物質の近赤外領域の吸光波長を利用し，組織中を光が通過した際の吸光度を測定することで非侵襲的に物質濃度を推定する方法や皮下組織液自体または皮下組織液中の成分を体外まで回収もしくは化学センサを埋め込むことで微侵襲的に計測する方法がある。非侵襲的な計測手法は皮膚に対する光の入射の仕方や皮膚の状態，発汗の有無などが測定値に大きく影響してしまうため，血中濃度との相関を求められる用途では使用が難しい。本節では，微侵襲的に皮下組織液を採取する手法について述べる。

1)　皮膚透過率を向上させて採取する方法

皮膚の断面構造は，5.2.4 項で示した通り，表皮・真皮・皮下組織の層構造になっている。皮下組織の物質濃度を計測するには，表皮が大きなバリアとなり皮下の物質濃度の正確な計測は難しい。そのため，様々な方法で皮膚透過性を向上する研究が行われている。

M. Paranjape らは，PDMS（ポリジメチルシロキサン）製のマイクロセルの入口に微小ヒーターを搭載した皮下グルコース採取デバイスを開発した[9]。このデバイスはグルコース濃度計測用の複数のセルが作製されており，ヒーターにより表皮に微小な穴をあけ，セル内に吸引することで皮下組織液を採取する。1つのセルで1つのサンプルを測定することから，間欠的にグルコース濃度を計測する際に有用な手法である。

B. C. Nindl らは，表皮にレーザーを照射してアブレーションにより表皮を除去し，吸引を行うことで皮下から物質を回収し測定を行った[10]。980 nm のレーザー光を皮膚にあて，直径 100 μm 以下のマイクロポアを開け，吸引によって皮下組織液を回収している。

もう一つの皮膚透過性を向上させる手法として，超音波により表皮細胞に振動を与えて皮膚透過性を向上させて皮下のグルコース濃度を計測するデバイスが開発されている[11]。このデバイスは，皮膚上にカップ状のデバイスを貼り付けそこに溶液を満たした状態で超音波を照射し，吸引して皮下の物質を皮膚上の溶液内に浸み出させて計測を行う。

これらの皮膚透過性を向上させて計測を行う手法は，体外まで組織液を吸引して物質濃度計測を行うが，表皮の状態や汗の混入等の影響を受けやすいため，環境によって測定値がばらつく可能性はあるが，痛みを伴わずに計測できる方法である。また透過性が向上した皮膚は，時間がたつと皮膚が再生し元の状態に戻る。採取された組織液中の成分濃度は後述する酵素電極などにより計測される。

2)　マイクロニードルの利用

表皮のバリアを超える別の方法として，痛みを伴わないくらい細く短い針（マイクロニードル）で表皮に微小な穴をあけ，その穴を通して物質の回収を行うという研究が行われている[12],[13]。長さ200 μmほどの中空針が平面上にアレイ状に多数作製されており，これを皮膚に刺入して中央の穴から皮下組織液を採取する。針の中空穴には吸引機構を設けており，刺入した後に皮下から吸引する形で皮下組織液を採取する。また，吸引後すぐに物質濃度を計測できるように，吸引した皮下組織液がそのまま酵素電極センサ上に流れて計測できるようなデバイスも開発されている[12]。

3)　逆イオントフォレーシス

表皮のバリアを超える方法をいくつか述べたが，表皮のバリアを超えても皮下組織から組織液がしみだしてくることはなく，様々な手段で皮下から物質を回収してくる必要がある。広く用いられている方法は吸引により皮下組織液を浸みださせる方法であるが，そのほかの例として逆イオントフォレーシスという方法がある。これは，皮膚に微小な電流を流すことで，経皮的な物質の移動を促進し，皮下の物質濃度を計測する手法である。逆イオントフォレーシスによる測定対象物質の採取は，受動拡散（図5.5.2，矢印①），エレクトロマイグレーション（図5.5.2，矢印②），電気浸透（図5.5.2，矢印③）の3つの作用による。受動拡散は，物質が高濃度に集積する場所から低濃度の場所へと自発的に移動する濃度拡散による移動であるが，逆イオントフォレーシスの際の受動拡散の影響は非常に小さいため無視できる。エレクトロマイグレーションは帯電したイオンが電極に引き寄せられる現象であり，これにより測定対象物質イオンが表皮の電極側まで移動する。

一般に，水，緩衝液などの液体中にある固体の表面はマイナスに帯電している。したがって固体表面の極めて近傍ではマイナス荷電に引き寄せられる形で液体中のプラスのイオンが固体表面に集まる。その結果，マイナス荷電の固体表面にプラス荷電の薄い液体層が形成される。この正負の電荷を帯びた層を電気二重層と呼ぶ。固体表面に近いほどプラスイオンの濃度が高く，離れ

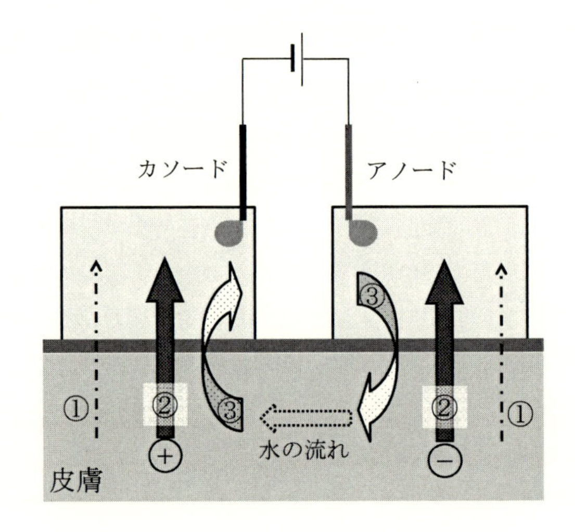

図 5.5.2　逆イオントフォレーシスの原理
（①：受動拡散，②：エレクトロマイグレーション，③：電気浸透）

るほどプラスイオン・マイナスイオンの濃度が均一になるため，液体中に電位分布が発生する。ここへ流路方向にそった電界を印加すると壁面近くのプラス荷電の薄い液体の層が電界による力を受け電界の方向へ移動する。マイクロスケールでは流体の慣性力より粘性力が支配的となるため，わずかな流体層の運動でも粘性の効果で流路全体の液体が流れる。この現象を電気浸透流といい，この流れに乗って測定対象物質が移動する。以上のような原理で，逆イオントフォレーシスによる生体成分の採取が可能となる(14)。

逆イオントフォレーシスを利用した皮下からの乳酸およびグルコースの計測は多数行われており(15)～(22)，特にグルコースの計測については，逆イオントフォレーシスを用いた腕時計型のウェアラブルセンサが製品化された(23)。

4)　マイクロダイアリシス・微小還流

皮下から物質を体外まで回収して物質濃度を計測する手法として微小透析（Microdialysis）や微小還流（Micropergfusion）と呼ばれる手法がある。これは，表皮下に流路を留置し，その流路内に液を還流させる。流路内の液と皮下との濃度差を利用して，皮下に拡散している物質を濃度拡散で流路内に拡散させ，この流路内の液の流れによって体外まで物質を運んで濃度を計測するという手法である（図 5.5.3）。

同じ原理であるが，流路表面を半透膜で覆ったデバイスを用いたものを微小透析，微小穴が開いた膜で覆った流路を用いたものを微小還流と呼ぶ。微小透析では測定対象の低分子量の物質のみを特異的に流路内に回収することができ，流路内や透析液中物質濃度センサへの高分子タンパクの付着を防ぐことができるが，皮下に留置した半透膜にタンパクが付着して，長時間皮下に留置した際に回収率が落ちてしまう可能性がある。微小還流の場合，高分子タンパク等が流路内や

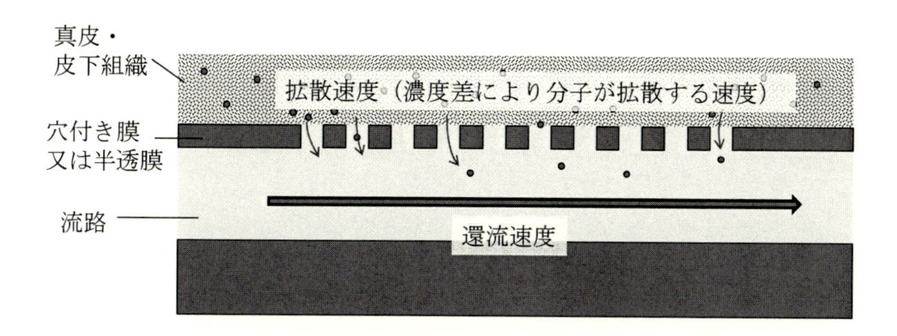

図 5.5.3　微小透析，微小還流の原理

センサに付着してしまう可能性があるが，低分子量物質だけでなく様々な物質を流路内に回収できる可能性がある。

この手法を用いた皮下組織液中の生体成分濃度センサは，乳酸・グルコースともに多くの研究が行われており，血中濃度とも有意に相関することが示さている[(24)～(33)]。また，グルコースセンサについては，CGMS 用のデバイスが市販されている[(34),(35)]。

5.5.4　酵素電極によるグルコースおよび乳酸センシング

皮下組織液中の成分濃度計測には測定対象に特異的に反応する酵素を用い，その化学反応の際に発生する電気的信号を計測することで電極周りの物質濃度を計測する酵素電極センサが多く用いられる。5.5.3 項で示した採取方法で皮下組織液や皮下組織液中の成分を回収した際に，溶液中の成分濃度の連続的な計測手法の１つとして酵素電極が用いられる。また，この酵素電極を針型に作製して皮下に留置し，長時間計測を行うデバイスが開発されている。この方式のセンサは特にグルコースの長時間計測（CGMS）用のセンサが市販されている[(3)～(5)]。乳酸濃度の計測においても針型のセンサが研究されている[(36),(37)]。

グルコース酵素電極では電極上に塗布されたグルコースオキシダーゼ（Glucose oxidase：GOD）を介して酸素と反応し，グルコン酸と過酸化水素を生じる。

$$\text{Glucose} + O_2 \xrightarrow{\text{GOD}} \text{Gluconic Acid} + H_2O_2 \qquad \text{（式 2）}$$

乳酸酵素電極では，乳酸はラクテートオキシダーゼ（Lactate oxidase：LOD）を介して酸素と反応し，ピルビン酸と過酸化水素を生じる。

$$\text{Lactate} + O_2 \xrightarrow{\text{LOD}} \text{Pyruvate} + H_2O_2 \qquad \text{（式 3）}$$

これらの反応で発生する過酸化水素を検出する最も一般的な方法は，Pt が作用極電位 0.6 ～ 0.7 V で過酸化水素の酸化触媒活性を持つことを利用した Pt 電極上での過酸化水素直接酸化法である[(38)～(42)]。さらに，過酸化水素濃度の計測に西洋わさびペルオキシダーゼ（HRP：Horseradish peroxidase）含有オスミウムポリビピリジンゲルポリマー（Os-HRP ポリマー）修飾電極を用いる方法もある（図 5.5.4）。この方法は，Pt 電極による直接酸化よりも低い電位での計測が可能となる。電流値計測を行う酵素電極センサでは，易酸化性物質が電極上で酸化されその際に不要な電流が流れてしまい妨害物質となることが報告されているが[43]，体内に含まれるアスコルビン酸等の他の化合物の酸化が起こらないため，妨害物質の影響が少なくなる[44]。また，Pt 電極での直接酸化では計測される前に過酸化水素が電極上から拡散してしまうことで感度が落ちてしまう可能性があるが，膜中の HRP が過酸化水素の拡散を防ぐため高感度での計測が可能となる[44],[45]。

酵素電極センサでは対象物質に特異的に反応する酵素を作用極上に塗布し，固定する必要があるがこの酵素の塗布方法として，ピペットによる塗布[46],[47]やブラシによる塗布[48]の他に，スタンピングによる塗布[39]，スピンコートによる塗布[40],[49]，ディスペンサーによる塗布[50]，スクリーンプリントによる塗布[51]～[53]，インクジェットプリンタ[53]～[55]による塗布等が行われている。ディスペンサーやスクリーンプリント，インクジェットプリンタによる塗布では作用極上に比較的正確な量の酵素を塗布でき，最適な塗布量による高感度化が可能である[55]。特にディスペンサーやインクジェットプリンタでは作用極上のみに酵素を塗布するため高価な酵素を無駄なく使用できる（表 5.5.1）。

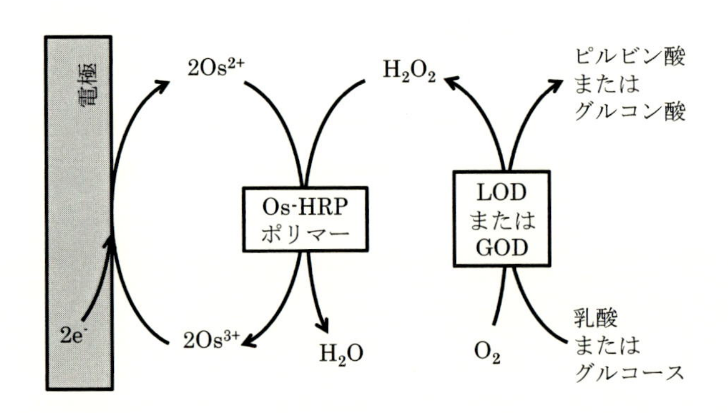

図 5.5.4　Os-HRP ポリマーをメディエーターに用いた酵素電極の原理

表 5.5.1　酵素塗布方法の比較

	必要な酵素量	膜の均一性	厚さの制御性	量産性	粘度等の調整
ピペッティング	少	△	△	×	不要
ブラシ	普通	△	△	×	不要
スタンピング	少	○	△	○	不要
スピンコート	多	○	○	○	不要
ディスペンサー	少	○	△	○	必要
スクリーンプリント	多	○	○	○	不要
インクジェットプリント	少	○	○	○	必要

参考文献

(1) 医療情報科学研究所：病気がみえるVol.3 糖尿病・代謝・内分泌　第３版，株式会社メディックメディア，pp.4, 12 (2012)

(2) B. W. Bode, T. M. Gross, K. R. Thornton, J. J. Mastrototaro：Continuous glucose monitoring used to adjust diabetes therapy improves glycosylated hemoglobin：a pilot study, *Diabetes Research and Clinical Practice,* Vol.46, No.3, pp.183-190 (1999)

(3) D. C. Klonoff：Continuous Glucose Monitoring Roadmap for 21st century diabetes therapy, *Diabetes Care,* Vol.28, No.5, pp.1231-1239 (2005)

(4) R. L. Weinstein, S. L. Schwartz, R. L. Brazg, J. R. Bugler, T. A. Peyser, G. V. McGarraugh：Accuracy of the 5-Day FreeStyle Navigator Continuous Glucose Monitoring System, *Diabetes Care,* Vol.30, No.5, pp.1125-1130 (2007)

(5) H. C. Zisser, T. S. Bailey, S. Schwartz, R. E. Ratner, J. Wise：Accuracy of the SEVEN® Continuous Glucose Monitoring System：Comparison with Frequently Sampled Venous Glucose Measurements, *Journal of Diabetes Science and Technology,* Vol.3, No.5, pp.1146-1154 (2009)

(6) 八田秀雄：乳酸サイエンス ― エネルギー代謝と運動生理学 ―，市村出版 (2017)

(7) D. R. Lamb：Physiology of Exercise：Responses and Adoptions, Macmillan Pub Co (1984)

(8) N. Ito, T. Matsumoto, H. Fujiwara, Y. Matsumoto, S. Kayashima, T. Arai, M. Kikuchi, I. Karube：Transcutaneous lactate monitoring based on a micro-planar amperometric biosensor, *Analytica. Chimica. Acta.,* Vol.312, No.3, pp.323-328 (1995)

(9) M. Paranjape, J. Garra, S. Brida, T. Schneider, R. White, J. Currie：A PDMS dermal patch for non-intrusive transdermal glucose sensing, *Sensors and Actuators A,* Vol.104, No.3, pp.195-204 (2003)

(10) B. C. Nindl, A. P. Tuckow, J. A. Alemany, E. A. Harman, K. R. Rarick, J. S. Staab, M. L. Faupel, M. J. Khosravi：Minimally Invasive Sampling of Transdermal Body Fluid for the Purpose of Measuring Insulin-Like Growth Factor-1 During Exercise Training, *Diabetes Technology & Therapeutics,* Vol.8, No.2, pp.244-252 (2006)

(11) J. Kost, S. Mitragotri, R. A. Gabbay, M. Pishko, R. Langer,：Transdermal monitoring of glucose and other analytes using ultrasound, *Nature Medicine,* Vol.6, No.3, pp.347-350 (2000)

(12) S. Zimmermann, D. Fienbork, B. Stoeber, A. W. Flounders, D. Liepmann：A Microneedle-based Glucose monitor：Fabricated on a Wafer-level Using In-device Enzyme Immobilization, *Proc. Transducers 03',* pp.99-102 (2003)

(13) E. V. Mukerjee, S. D. Collins, R. R. Isseroff, R. L. Smith：Microneedle array for transdermal biological fluid extraction and in situ analysis, *Sensors and Actuators A,* Vol.114, pp.267-275 (2004)

(14) B. Leboulanger, R. H. Guy, M. B. Delgado-Charro：Reverse iontophoresis for non-invasive transdermal monitoring, *Physiol. Meas.,* Vol.25, No.3, pp.R35-R50 (2004)

(15) G. Rao, P. Glikfeld, R. H. Guy：Reverse Iontophoresis：Development of a Noninvasive

Approach for Glucose Monitoring, *Pharmaceutical Research,* Vol.10, No.12, pp.1751-1755 (1993)
(16) G. Rao, R. H. Guy, P. Glikfeld, W. R. LaCourse, L. Leung, J. Tamada, R. O. Potts, N. Azimi：Reverse Iontophoresis：Noninvasive Glucose Monitoring in Vivo in Humans, *Pharmaceutical Research,* Vol.12, No.12, pp.1869-1873 (1993)
(17) R. Panchagnula, O. Pillai, V. B. Nair, P. Ramarao：Transdermal iontophoresis revisited, *Current Opinion in Chemical Biology,* Vol.4, No.4, pp.468-473 (2000)
(18) P. Connolly, C. Cotton, F. Morin：Opportunities at the Skin Interface for Continuous Patient Monitoring：A Reverse Iontophoresis Model Tested on Lactate and Glucose, *IEEE Transactions on Nanobioscience,* Vol.1, No.1, pp.37-41 (2002)
(19) A. Sieg, R. H. Guy, M. B. Delgado-Charro：Reverse Iontophoresis for Noninvasive Glucose Monitoring：The Internal Standard Concept, *Journal of Pharmaceutical Sciences,* Vol.92, No.11, pp.2295-2302 (2003)
(20) S. Nixon, A. Sieg, M. B. Delgado-Charro, R. H. Guy：Reverse Iontophoresis of L-Lactate：In Vitro and In Vivo Studies, *Journal of Pharmaceutical Sciences,* Vol.96, No.12, pp.3457-3465 (2007)
(21) C. T. S. Ching, P. Connolly：Reverse iontophoresis：A non-invasive technique for measuring blood lactate level, *Sensors and Actuators B,* Vol.129, No.1, pp.352-358 (2008)
(22) T. S. Ching, P. Connolly：Simultaneous transdermal extraction of glucose and lactate from human subjects by reverse iontophoresis, *International Journal of Nanomedicine,* Vol.3, No.2, pp.211-223 (2008)
(23) R. O. Potts, J. A. Tamada, M. J. Tierney：Glucose monitoring by reverse iontophoresis, *Diabetes Metab. Res. Rev.,* Vol.18 (Suppl 1), pp.S49-S53 (2002)
(24) P. Lonnroth, P.-A. Jansson, U. Smith：A microdialysis method allowing characterization of intercellular water space in humans, *Am. J. Physiol.,* Vol.253 No.2, pp.E228-E231 (1987)
(25) J. P. Shah, T. M. Phillips, J. V. Danoff, L. H. Gerber：An in vivo microanalytical technique for measuring the local biochemical milieu of human skeletal muscle, *J. Appl. Physiol.,* Vol.99, No.5, pp.1977-1984 (2005)
(26) J. de Boer, F. Postema, H. Plijter-Groendijk, J. Korf：Continuous monitoring of extracellular lactate concentration by microdialysis lactography for the study of rat muscle metabolism in vivo, *Pflugers. Arch. European Journal of Physiology,* Vol.419, No.1, pp.1-6 (1991)
(27) J. de Boer, H. Plijter-Groendijk, K. R. Visser, G. A. Mook, J. Korf：Continuous monitoring of lactate during exercise in humans using subcutaneous and transcutaneous microdialysis, *Eur. J. Appl. Physiol.,* Vol.69, No.4, pp.281-286 (1994)
(28) G. Volpe, D. Moscone, D. Compagnone, G. Palleschi：In vivo continuous monitoring of L-lactate coupling subcutaneous microdialysis and an electrochemical biocell, *Sensors and Actuators B,* Vol.24-25, No.1-3, pp.138-141 (1995)
(29) M. Ellmerer, L. Schaupp, Z. Trajanoski, G. Jobst, I. Moser, G. Urban, F. Skrabal, P.

Wach：Continuous measurement of subcutaneous lactate concentration during exercise by combining open-flow microperfusion and thin-film lactate sensors, *Biosensors & Bioelectronics,* Vol.13, No.9, pp.1007-1013 (1998)
(30) J. D. Zahn, D. Trebotich, D. Liepmann：Microdialysis Microneedles for Continuous Medical Monitoring, *Biomedical Microdevices,* Vol.7, No.1, pp.59-69 (2005)
(31) H. Ohashi, N. Kawasaki, S. Fujitani, K. Kobayashi, M. Ohashi, A. Hosoyama, T. Wada, Y. Taira：Utility of microdialysis to detect the lactate/pyruvate ratio in subcutaneous tissue for the reliable monitoring of hemorrhagic shock, *J. Smooth Muscle Res.,* Vol.45 No.6, pp.269-278 (2009)
(32) R. Schaller, F. Feichtner, H. Kohler, M. Bodenlenz, J. Plank, A. Wutte, J.K. Mader, M. Ellmerer, R. Hellmich, H. Wedig, R. Hainisch, T.R. Piebera, L. Schaupp：A novel automated discontinuous venous blood monitoring system for ex vivo glucose determination in humans, *Biosensors and Bioelectronics,* Vol.24, No.7, pp.2239-2245 (2009)
(33) N. Tsuruoka, K. Ishii, T. Matsunaga, R. Nagatomi, Y. Haga：Lactate and glucose measurement in subepidermal tissue using minimally invasive microperfusion needle, *Biomed Microdevices,* 2016 Feb；18 (1)：19. doi：10.1007/s10544-016-0049-z (2016)
(34) A. Poscia, M. Mascini, D. Moscone, M. Luzzana, G. Caramenti, P. Cremonesi, F. Valgimigli, C. Bongiovanni, M. Varalli：A microdialysis technique for continuous subcutaneous glucose monitoring in diabetic patients (part 1), *Biosensors and Bioelectronics,* Vol.18, No.7, pp.891-898 (2003)
(35) M. Varalli, G. Marelli, A. Maran, S. Bistoni, M. Luzzana, P. Cremonesi, G. Caramenti, F. Valgimigli, A. Poscia：A microdialysis technique for continuous subcutaneous glucose monitoring in diabetic patients (part 2), *Biosensors and Bioelectronics,* Vol.18, No.7, pp.899-905 (2003)
(36) Y. Hu, Y. Zhang. G. S. Wilson：A needle-type enzyme-based lactate sensor for in vivo monitoring, *Analytica Chimica Acta,* Vol.281, No.3, pp.503-511 (1993)
(37) Q. Yang, P. Atanasov, E. Wilkins：An Integrated Needle-Type Biosensor for Intravascular Glucose and Lactate Monitoring, *Electroanalysis,* Vol.10, No.11, pp.752-757 (1998)
(38) T. C. Blevins：Professional Continuous Glucose Monitoring in Clinical Practice 2010, *J. Diabetes Sci. Technol.,* Vol.4, No.2, pp.440-456 (2010)
(39) M. Hashimoto, S. Upadhyay, H. Suzuki：Dependence of the response of an amperometric biosensor formed in a micro flow channel on structural and conditional parameters, *Biosensors and Bioelectronics,* Vol.21, No.12, pp.2224-2231 (2006)
(40) G. Urban, G. Jobst, E. Aschauer, O. Tilado, P. Svasek, M. Varahram：Performance of integrated glucose and lactate thin-film microbiosensors for clinical analysers, *Sensors and Actuators B,* Vol.19, No.1-3, pp.592-596 (1994)
(41) N.G. Patel, A. Erlenko ¨ tter, K. Cammann, G.-C. Chemnitius：Fabrication and characterization of disposable type lactate oxidase sensors for dairy products and clinical analysis, *Sensors and Actuators B,* Vol.67, No.1-2, pp.134-141 (2000)

(42) 六車仁志：バイオセンサー入門，コロナ社（2003）

(43) R. Maidan, A. Heller：Elimination of Electrooxidizable Interferant-Produced Currents in Amperometric Biosensors, *Analytical Chemistry,* Vol.64, No.23, pp.2889-2896（1992）

(44) M. G. Garguilo, A. C. Michael：Quantitation of choline in the extracellular fluid of brain tissue with amperometric microsensors, *Analytical Chemistry,* Vol.66, No.17, pp.2621-2629（1994）

(45) F. Mizutani, E. Ohta, Y. Mie, O. Niwa, T. Yasukawa：Enzyme immunoassay of insulin at picomolar levels based on the coulometric determination of hydrogen peroxide, *Sensors and Actuators B,* Vol.135, No.1, pp.304-308（2008）

(46) F. Palmisano, R. Rizzi, D. Centonze, P.G. Zambonin：Simultaneous monitoring of glucose and lactate by an interference and cross-talk free dual electrode amperometric biosensor based on electropolymerized thin films, *Biosensors & Bioelectronics,* Vol.15, No.9-10, pp.531-539（2000）

(47) F. Palmisano, M. Quinto, R. Rizzi, P. G. Zambonin：Flow injection analysis of L-lactate in milk and yoghurt by on-line microdialysis and amperometric detection at a disposable biosensor, *Analyst,* Vol.126, No.6, pp.866-870（2001）

(48) R. Kurita, K. Hayashi, X. Fan, K. Yamamoto, T. Kato, O. Niwa：Microfluidic device integrated with pre-reactor and dual enzyme-modified microelectrodes for monitoring in vivo glucose and lactate, *Sensors and Actuators B,* Vol.87, No.2, pp.296-303（2002）

(49) T. Yao, T. Yano, H. Nishino：Simultaneous in vivo monitoring of glucose, l-lactate, and pyruvate concentrations in rat brain by a flow-injection biosensor system with an on-line microdialysis sampling, *Analytica Chimica Acta,* Vol.510, No.1, pp.53-59（2004）

(50) A. Silber, C. Brtiuchle and N. Hampp：Dehydrogenase-based thick-film biosensors for lactate and malate, *Sensors and Actuators B,* Vol.18, No.1-3, pp.235-239（1994）

(51) U. Bilitewski, A. Jäger, P. Rüger, W. Weise：Enzyme electrodes for the determination of carbohydrates in food, *Sensors and Actuators B,* Vol.15, No.1-3, pp.113-118（1993）

(52) W. A. Collier, D. Janssen, A. L. Hart：Measurement of soluble L-lactate in dairy products using screen-printed sensors in batch mode, *Biosensors and Bioelectronics,* Vol.11, No.10, pp.1041-1049（1996）

(53) A. L. Hart, A. P. F. Turner, D. Hopcroft：On the use of screen-and ink-jet printing to produce amperometric enzyme electrodes for lactate, *Biosensors and Bioelectronics,* Vol.11, No.3, pp.263-270（1996）

(54) J. D. Newman, A. P. F. Turner, G. Marrazza：Ink-jet printing for the fabrication of amperometric glucose biosensors, *Analytica Chimica Acta,* Vol.262, No.1, pp.13-17（1992）

(55) 鶴岡典子，松永忠雄，井上（安田）久美，末永智一，芳賀洋一：低濃度乳酸モニタリングのための酵素プリンティングによる酵素電極センサ，電気学会論文誌 E, Vol.138 No.6 pp.231-240（2018）

5.6 涙，唾液のセンシング

平野　研*

5.6.1 ペーパー流体デバイスによる涙のセンシング

涙液は常に1分間に2μL流れているため，生理活性物質の濃度の時間変化をみることができる体液として注目されている。主に糖尿病管理のための涙液グルコースのセンシングが半導体デバイスを中心に以前より行われているが，近年では，尿酸やドライアイ関連の成分の検出などが行われ始めている。また，涙液の採取のし易さや日常的なモニタリングを行うための低コストで検出できるデバイスとして，ペーパー流体デバイス（紙チップ）（5.6.3項参照）を組み合わせた研究開発が進められているので，これらについて以下に述べたい。

尿酸の検出は，痛風の診断指標として重要な役割を果たしている。痛風は，尿酸が関節中で結晶化するために起こる関節炎を主な症状とする疾患である。血液中の尿酸の濃度が7.0mg/dLを超えると高尿酸血症となり，この状態が続くと痛風が発症するリスクが高くなる。これまで涙液等の分析には，質量分析法[1]，2価の鉄還元アスコルベートアッセイ[2]，アンペロメトリック電気化学センサ[3]等が貢献してきたが，POCT（臨床現場即時診断）の手法としては，時間とコストなど実用面でまだ隔たりがある状況である。Parkらは，涙液を毛細管現象で採取するSchimer試験の要領で，涙液をペーパー流体デバイスに導入し，その検出領域で表面増強ラマン散乱（SERS；surface-enhanced Raman scattering）により蛍光標識なしで極めて高感度に検出するデバイスを開発している[4]。SERS検出は，セルロース繊維上に金ナノ粒子を密集させることで実現しており，尿酸に限らず他の生理活性物質の検出も期待されている。ヒト涙液に適用したところ，SERS検出を用いたことで，尿酸を生理学的レベル（25-150μM）で定量検出が可能であった。また，痛風性関節炎の診断に関して，ヒトの涙液中の尿酸レベルは血液の尿酸レベルと強い相関を示していることも明らかにしている。

ドライアイは，マイボーム腺機能不全（MGD；Meibomian gland dysfunction）または涙腺機能障害（LGD；lacrimal gland dysfunction），もしくは両障害により生じる涙液生成の低下または急速な涙液層蒸発によって引き起こされる。涙液電解質の測定は，MGDとLGD等において，重症度段階やサブタイプを区別するために用いられている[5],[6]。そのため，涙液電解液の正確な測定はドライアイ診断の定量データを提供するとともに，POCTでの涙液成分の分析を行うことで，低コストでの診断や障害の早期診断に役立つことが期待されている。Yetisenらは，一度の涙液の採取で，3成分の電解質およびpHを一度に定量可能なペーパー流体デバイスを開発している[7]。セルロース繊維上のセンシング領域は，1価および2価の電解液の検出を行うためにfluorescent crown ethers, o-acetanisidide, seminaphtorhodafluorで官能化されており，それらの蛍光出力はスマートフォンで読み取り測定することが可能である。人工涙液ではあるが，

* Ken Hirano　(国研)産業技術総合研究所　健康工学研究部門　主任研究員

Na^+，K^+，Ca^{2+}イオンおよびpHについて，診断に必要な生理学的濃度範囲で検出可能であった。

5.6.2 FETデバイスによる唾液中ストレスマーカーの検出

WHOは，2030年にうつ病が癌を抜き，疾病の第1位になると予測している。国内においては，精神障害の労災補償件数が右肩あがりを続け，日本は先進国中で1位の自殺国となっている。世界的に精神疾患が社会に与える影響は，より深刻化が進んでいる。うつ病は，過労や社会的，生活的な心理的ストレスがきっかけとなり，そのストレスで脳の働きのバランスが崩れることで，発症すると考えられている。そのためストレスは精神疾患の未病状態であり，早期に原因を取り除くことで，未然に発症を防ぐことができる(8)。個々人のストレスをモニタリングすることは，ストレス状態の自覚を促し，診断のみならずうつ病等の精神疾患予防や早期発見，精神的健康の保持増進に繋がる。2015年には，企業が職場のメンタルヘルス問題に取り組むきっかけとしてストレスチェック制度の義務化がスタートした(9)。ストレスチェック制度は，問診による1次予防としているため，被検者が実体と反しストレスに自覚がない場合，問診結果として反映されづらいなどの問題もある。そこでストレスを数値指標として示す試みは，本人が自覚していないストレスによる心身的な負担を把握し，精神疾病や自殺の発生を未然に防ぐ上で重要である。血中のストレスマーカーは他の体液と比べ高い濃度で存在しているため，比較的検出しやすいものの侵襲的な採血を伴う。唾液でも血中ほど濃度は高くないもののストレスマーカーの検出が可能であるため，非侵襲で被検者への負担が少なくストレスの日常的なモニタリングを行うのに好適である。そこで，FETデバイスを用いた唾液中からのストレスマー検出について以下に紹介したい(10)～(12)。

唾液からのストレスマーカーの検出には，質量分析器(13)やELISA(10)などが用いられている。しかし，POCT（臨床現場即時診断）の手法として用いるには，時間とコストなど実用面でまだ隔たりがある状況である。そこで，産業技術総合研究所の脇田らは，FETデバイスを用いた唾液中からのストレスマー検出（唾液ストレスチェッカー）の研究開発を行っている(10)～(12)。自律神経系の応答の異常を早期に計測できる指標として，唾液中に分泌される硝酸イオン（NO；一酸化窒素）を用いている。唾液硝酸イオン検出用のバイオセンサ膜は人工レセプタ（イオンチャネル系）に材料設計した硝酸イオン対化合物を用いており，ここへ唾液を導入することでISFET（ion-selective field-effect transistor）により，硝酸イオン濃度に応じたゲート電極と唾液の界面電位の変化に起因した電流を検出するものである。唾液一滴の量で検出が可能であり，μM（ppm）オーダーの低濃度まで測定可能である。ヒトの唾液試料を用いた結果，イオンクロマトグラフィによる測定値と良い絶対値の一致が得られている。FETデバイスは，インクジェット等を用いた印刷エレクトロニクス技術でも実現されており(14)，今後フレキシブルでウエアラブルな高感度バイオセンシングのデバイスへの展開も期待されている。

5.6.3　マイクロ流体デバイスを用いた体液センシング

マイクロ流体デバイスは，人が行っていた化学・生化学操作を手のひらサイズのチップ上に集積化したデバイスである。μTAS（micro total analysis systems）やLab-on-a-Chip（チップ上の実験室）とも呼ばれる。μmサイズの微小流路が集積回路の配線のように張り巡らされ，電気の代わりに溶液が流れ，各素子にあたる各溶液操作（分離・濃縮・反応・検出・培養など）に接続され集積化されていると考えると分かりやすい。バイオ，化学，環境，食品，医療，創薬，ヘルスケア（POCT）など広い分野での発展が期待されている。またマイクロ流体デバイスの利点として，溶液操作や検出の集積化だけでなく，環境負荷・時間・コストの削減，高い反応効率，小型（省スペース），可搬性，使い捨て，自動化（省力化）などが挙げられる。このようなデバイスは，集積回路と同じく半導体の微細加工技術により作製されており[15]，その利点を活かして電気回路と流体デバイスの融合も行われている。デバイスの作製には半導体の微細加工技術を用いることからガラス，シリコーンゴム（主にPDMS；ポリジメチルシロキサン），Si，高分子ポリマーなどが基材として用いられている。一方で，近年，ハーバード大学のグループが紙を材料とした安価な分析・診断用の流体デバイスを報告した[16,17]。安価に作製できることで，発展途上国の医療に大きく貢献すると期待されている。このペーパー流体デバイスは，紙の上に親水部分と疎水部分のパターンをフォトリソグラフィやインクジェット等により形成し，親水部を液体が流れる流路として利用する。安価で使い捨てができることから，POCTなどの分野でも利用が期待され，現在盛んに研究が行われている（5.6.1項参照）。

これらマイクロ流体デバイスの利点を考えると，体液センシングに用いない手はない。事実，世界的に盛んに研究が始められており[18]，血液1滴からの血清分離・miRNA精製等，尿・血清・羊水からのエクソソーム単離による癌診断等，涙液による尿酸・ドライアイ分析（5.6.1項参照），汗によるグルコース・pH・発汗量・乳酸等の検出，各種疾病マーカー（癌，心筋梗塞等）の高速検出などである。さらに，最近の1細胞解析に向けて，1細胞の分取や捕捉に基づく，1細胞質量分析や癌転移に関わるCTC（血中循環腫瘍細胞；血液1mL中に数個しかない）の分離・分析などより最先端なデバイスへと進化している。ここで，人類の科学や医療の発展を考えると，科学史からみても，構成する最小単位を観て計測することで成されてきたと感じる。よって，1分子検出を基礎とした次世代DNAシーケンサーを好例として，将来行き着く先は，1分子解析の技術が医療技術（体液センシング）の中心になることも不思議ではないと感じる。事実，マイクロ・ナノ流体デバイスを用いてDNA等の生体分子1分子から計測分析の研究開発が進められており[19,20]，遠い将来ではなく実現する可能性があると感じる。

参考文献

(1) N. Perumal, S. Funke, N. Pfeiffer, F. H. Grus："Proteomics analysis of human tears from aqueous-deficient and evaporative dry eye patients", *Sci. Rep.*, vol.6, 29629 (2016)

(2) C. K. M. Choy, I. F. F.r Benzie, P. Cho："Ascorbic acid concentration and total antioxidant activity of human tear fluid measured using the FRASC assay", *Invest. Ophthalmol. Visual Sci.*, vol.41, pp.3293-3298 (2000)

(3) Q. Yan, B. Peng, G. Su, B. E. Cohan, T. C. Major, and M. E. Meyerhoff："Measurement of tear glucose levels with amperometric glucose biosensor/capillary tube configuration", *Anal. Chem.*, vol.83, pp.8341-8346 (2011)

(4) M. Park, H. Jung, Y. Jeong, and K.-H. Jeong："Plasmonic schirmer strip for human tear-based gouty arthritis diagnosis using surface-enhanced raman scattering", *ACS Nano*, vol.11, pp.438-443 (2017)

(5) D. R. Korb and J. V. Greiner："Lacrimal gland, tear film, and dry eye syndromes", Springer, New York, pp.293-298 (1994)

(6) L. T. Jones："The Lacrimal Secretory System and its Treatment", *Am. J. Ophthalmol.*, vol.62, pp.47-60 (1966)

(7) A. K. Yetisen, N. Jiang, A. Tamayol, G. U. Ruiz-Esparza, Y. S. Zhang, S. Medina-Pando, et al.："Paper-based microfluidic system for tear electrolyte analysis", *Lab on a Chip*, vol.17, pp.1137-1148 (2017)

(8) NHK「うつ病の原因には「ストレス」「脳内の変化」「体質」の３つがある」；https://www.nhk.or.jp/kenko/atc_203.html

(9) 岡田邦夫,「健康経営のすすめ～ストレスチェック制度の運用を含めて～」, 日本WHO協会フォーラム講演録（2016年4月28日）

(10) 脇田慎一, 田中喜秀, 永井秀典：「ストレスマーカーの迅速アッセイ」, ぶんせき, No.6, pp.309-316 (2004).

(11) 脇田慎一, 田中喜秀, 永井秀典：「唾液ストレス計測用バイオチップ」, 日薬理誌, Vol.141, pp.296-301 (2013)

(12) 産総研先端フォトニクス・バイオセンシングオープンイノベーションラボラトリHP；https://unit.aist.go.jp/photobio-oil/ja/groups/index.html

(13) 一般財団法人材料科学技術振興財団「涙液・唾液中の成分分析」MST技術資料, No.C0487 (2017)

(14) 南豪, 時任静士：「有機トランジスタを用いた化学・バイオセンサ」第12回JST/CIC東京「新技術説明会」資料,（2015年11月19日）

(15) 北森武彦：「早わかりマイクロ化学チップ」, 丸善 (2006)

(16) A. W. Martinez, S. T. Phillips, M. J. Butte, and G. M. Whitesides："Patterned paper as a platform for inexpensive, low-volume, portable bioassays", *Angew. Chem. Int. Ed.*, vol.46, pp.1318-1320 (2007)

(17) 渡慶次学：「紙を使った分析・診断チップの現状と可能性」, 機能紙研究会誌, No.50, pp.43-46 (2011).

(18) Proceedings of the 22nd International Conference on Miniaturized Systems for Chemistry and Life Sciences (μTAS2018), (2018)
(19) 外山滋：「ナノ化学センサ特集Ⅰ　ナノポアを利用したバイオセンシング」, *Chemical Sensors*, Vol.23, No.4, pp.144-151 (2006)
(20) 平野研：「1分子DNAの操作・解析 — 静電気力・レーザー光圧力とマイクロ・ナノ流体デバイスが織りなす新技術 — 」, 静電気学会誌, Vol.42, No.4, pp.156-159 (2018).

5.7　水分量のセンシング

外山　滋*

5.7.1　皮膚水分量センサ

皮膚，なかでも角質層は生体のバリヤーとして重要な役割を果たすが（図5.7.1），その保水機能はバリヤーを果たす上で重視されている[1]。皮膚の保水性は特に化粧品の評価の分野などで重視されている他[2]，医療面においても皮膚の湿潤な状態が褥瘡の形成に関与していることが指摘されている[3]~[6]。また，褥瘡予防のために24時間の経時的変化を自動記録装置で測定することの重要性が示唆されている[7]。

そこで，皮膚の湿潤性の客観的な管理評価方法として様々な機器が開発されている[8]。皮膚の水分量を調べるには様々な方式があり，近赤外光を利用する方法[9]，電極により高周波電流インピーダンスを調べる方法[10]，静電容量を測定する方法などがある[11]。

このうち近赤外方式は水の光吸収が近赤外領域で相当程度あることを利用するものである。波長領域の定義はやや曖昧であるが，おおよそ可視光より長波長の700nmより2500nmあたりまでが近赤外領域となる。赤外領域（波長では4000nm以上）では吸収スペクトルに官能基に対応する鋭いピークが得られるのに対し，近赤外領域ではブロードな（半値幅が広い）吸収となる。どちらも分子振動に起因する吸収であるが，赤外吸収が基準振動に対応しているのに対し，近赤外吸収はその倍音や結合音に対応している。これは分子振動が厳密には調和振動ではないことに起因する。近赤外領域では上記の様に吸収ピークがかなりブロードであるものの，検出器や光学系が小型で単純化することが可能であるため（特に可視光に近い領域において），装置の小

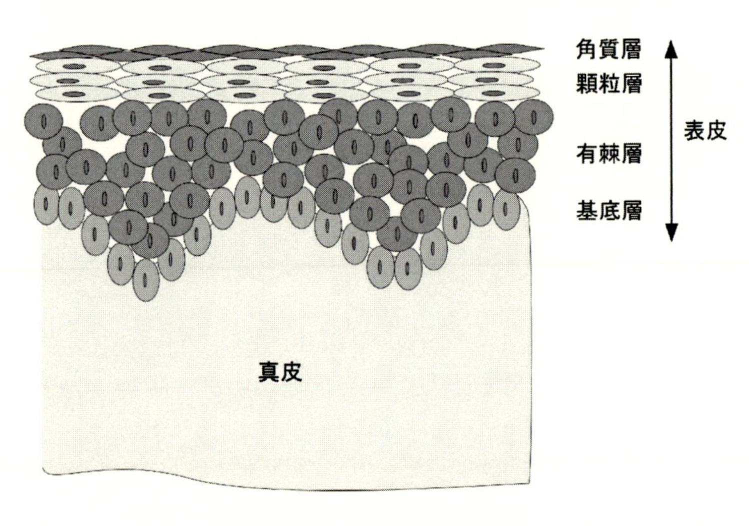

図5.7.1　皮膚構造の概略

* Shigeru Toyama　国立障害者リハビリテーションセンター研究所　生体工学研究室長

型化が可能となる。水の場合は960nm, 1430nm, 1910nm付近で吸収があるが[12]，長波長でより大きな吸収となっている。このうち1920nmの吸収帯域はOH基の吸収が大きいのに対して他の官能基の吸収が比較的小さいので水分を高感度に計測しやすい[9]。

インピーダンス方式と静電容量方式はいずれも一対の電極を用いるが，インピーダンス方式が皮膚に電極端子を直接接触させて測定するのに対し，静電容量方式は櫛型形状の電極上に絶縁層が形成されており，この絶縁層を介して皮膚に接触させるものである。インピーダンス方式の測定機として代表的な物にSkicon（I.B.S. Co.）がある。この装置の元となっている田上らの装置では，3.5MHzの交流を加えて測定を行っている[10]。また，静電容量方式として代表的な測定機にCorneometer（Courage-Khazaka Electronics, GmbH）がある。Clarysらは両方式の装置の比較を何度も行っている[13]。それによると，*in vitro* 実験（セルロースフィルターを用いたモデル皮膚実験）において両者とも水分量と測定値との間には正の相関があること，静電容量法では水分組成の影響を受けにくいのに対しインピーダンス法では多いに受けること，*in vitro* 実験においてモデル皮膚に含浸させた液体の誘電率は両者ともに影響を受けること，インピーダンス法では表面近く（15μm以下）の影響が大きいが静電容量測定法ではやや深部（45μm）まで影響を受ける（深部は相対的に小さいが）こと，被験者実験において身体の様々な所を測った結果両装置の測定値には大きな相関があることなどが報告されている。

ところで電極タイプのセンサは上記の物の他に，日々の肌のチェックを目的としてスティック形状の比較的安価（数千円程度）な物が多数市販されている（図5.7.2）。こうした安価な市販センサの中には水分量と合わせて油分のチェックができる物もある。どちらのタイプのセンサも電極部分がバネで引き込む様になっており，一定の圧力を皮膚に加えながら安定して測れる様に工夫されている。静電容量方式の物は電極がくし形になっている一方で，インピーダンス方式の物は球形の二つの電極が一定の距離を離して配置されている物が多い。いずれのタイプのセンサも数kHz～数百kHzで数V程度の交流を電極間に加え，その際の電流を測定している。

なお，最近はウェアラブルな皮膚水分量センサに関する研究が行われている。単純に一対の電

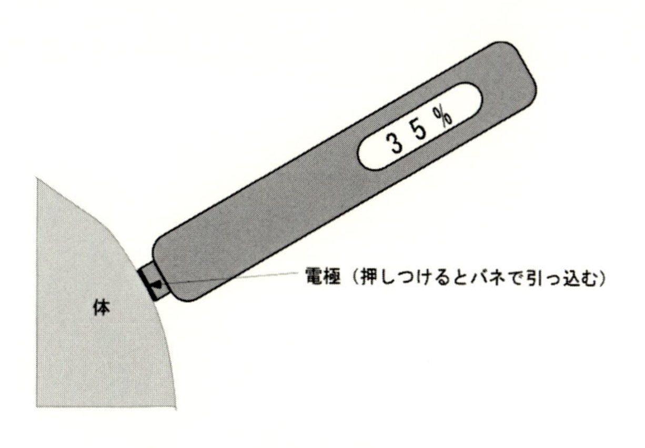

図5.7.2　簡易型皮膚水分計イメージ

極が形成されたシート状のものがある一方で[14]，ストレッチャブルなセンサも開発されている。イリノイ大学のWebbらはエラストマー上に電極を多数形成したストレッチャブルな皮膚貼り付け型センサを発表している[15]。また，ノースカロライナ州立大学のYaoらは銀のナノワイヤーメッシュからなる電極をPDMSシート上に形成した皮膚に貼り付けるタイプのセンサを開発している[16]。こうしたセンサが実際のところどの程度の耐久性を有するかわからないが，長時間にわたりその機能を発揮できるのであれば今後期待できるものと思われる。

5.7.2 血漿浸透圧センサ

脱水症は体内の水分が減少し電解質濃度が高まる異常な状態であるが，しばしば高齢者や幼児，手術後の患者などで問題になる症状である。脱水症が原因で頭痛，めまいがおきることがあるが，甚だしくは意識障害を起こし，死に至るケースもある。そこで，その早期検出が重要となるが，これには室内環境測定値などから無拘束的に測定する手段，血流量等から非侵襲的に計測する手段などがある。また，場合によっては血漿浸透圧を測定する方法がある。ここでは病院の患者などに対象を絞った場合に有効であるものと考えられる最後の方法について解説する。

血漿浸透圧の正常値は275-290 mOsm/Lの範囲にあり[17]，これを簡易に測定する測定機としては凝固点降下を利用するオズモメーターという装置がある[18]。水溶液の凝固点は溶けている溶質の種類によらず溶質のモル濃度に比例して下がるので，これを利用して溶質濃度を知ることができる。一方で浸透圧はファントホッフの法則により溶質のモル濃度に比例するので，これら二つの法則を利用すれば凝固点より浸透圧を知ることが可能である。装置の使用方法としては0.1 mL程度のサンプルをサンプルチューブに入れ，これを液体のまま過冷却状態にしてから，液中に針で刺激を与えることで瞬時に凝固させる。この凝固時の温度をサーミスターにより測定することで浸透圧を推定するものである。しかし，オズモメーターは卓上に置ける程度のサイズではあるが持ち歩いて使用する物ではない。場面にもよるが，持ち運びが可能な小型な測定機があれば脱水症の状態評価に役立つものと思われる。

臨床的には血漿浸透圧の簡便な推定法として，血中のNa^+，K^+，グルコース，血清尿素窒素（BUN：Blood Urea Nitrogen）などから簡単な計算式により概算する方法が知られている[17]。以下は同文献から抜粋した計算式である。

$$\begin{aligned}\mathrm{Posm}(\mathrm{mOsm/L}) &= 2([\mathrm{Na}^+]+[\mathrm{K}^+])(\mathrm{mEq/L}) \\ &\quad + [\mathrm{Glucose}](\mathrm{mg/dL})\,/\,18 \\ &\quad + [\mathrm{BUN}](\mathrm{mg/dL})\,/\,2.8 \\ &\quad + [\mathrm{X}]\end{aligned} \qquad \text{（式 1）}$$

この式(1)において［X］は特定の物質の関与が疑わしい場合に考慮されるものとされている。なお，式(1)はあくまで近似式であり，参考とする文献によって微妙に異なり，$[K^+]$を考慮しない計算式なども見受けることがある。

この計算式を利用して，それぞれの成分に対応する化学センサからなる複合センサを用意し，それぞれのセンサの測定結果を総合して浸透圧を推定する方法が提案されている[19],[20]。これらの化学センサのうち，Na^{+}やK^{+}などのイオンを測るセンサはイオン選択膜によって生じる電位変化を測定するものである。イオン選択膜にはイオンを包含する物質（イオノフォア）が含まれており，この物質自体は疎水性であるため，疎水的なイオン選択膜環境にイオンを取り込むことができる。これにより膜を挟んでイオン濃度に応じた電位差が生じる。イオノフォアの代表としてはノナクチンなどがあるが，これは環状構造を持つ一種の抗生物質である。また，この様なイオノフォアには天然由来の物だけでなく，クラウンエーテルの様に人工的に作られた物もある。また，中性物質であるグルコースや尿素窒素は酵素反応と電極反応とを組み合わせた酵素センサによって測定することが可能である。グルコースに関してはグルコース酸化酵素やグルコースデヒドロゲナーゼなどを利用したセンサが実用化されており，糖尿病患者の自己血糖管理用に様々な種類の物が市販されている。また，尿素窒素に関しては，尿素を測定するセンサとしてウレアーゼ，グルタミン酸デヒドロゲナーゼ，グルタミン酸オキシダーゼの3種の酵素を同時利用することで尿素検出が可能なセンサが提案されている[20]。

現在では簡易臨床検査機器としてiSTAT（Abbott Point of Care Inc.）[21]の様に超小型で同時に多項目の測定結果を出す機器は既に実現されているので，原理的には血漿浸透圧を推定することは容易であると思われる。

また，同じくハンディなデバイスを目指しながら別の原理，すなわち血液の導電率で浸透圧を近似的に推定しようという研究もある。浸透圧は溶液中に溶解している分子やイオンの濃度にほぼ比例する関係にあると言って良い。正確にはそれぞれの溶解種の活量を考慮する必要があるが，近似ということであれば差し支え無いという考えに基づく。ところが，この場合でも直接に

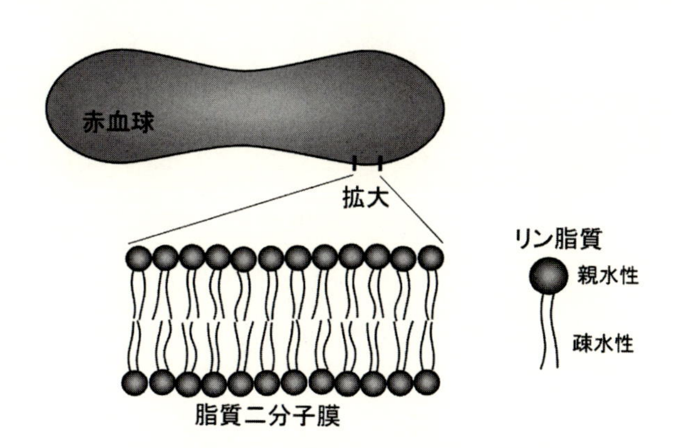

図5.7.3　赤血球を包む細胞膜を微視的かつ単純化した構造
細胞膜は基本的にはリン脂質を主とする脂質二分子膜でできている。脂質分子の多くは2本のアルキル鎖（二重結合が途中に入る場合もある）を有しているため，この膜は中央部が疎水的であり，ここをイオンが通り抜けることは容易ではないため通常はほぼ絶縁膜に近い。

血液を対象にしようとすると，赤血球などの血球の存在が問題となる。赤血球を含む細胞の外側はリン脂質を主とする脂質二分子膜（lipid bilayer）に包まれている（図 5.7.3）。有名な生体膜モデルとしては流動モザイクモデル[22]があるが，この図はそれを単純化したものである。これは電気的に見ればほぼ絶縁膜であるため，周波数が比較的低い 1 MHz 以下の交流測定であれば血球そのものがほぼ不導体として振る舞うこととなる。すなわち，血液中に電流を流そうとすると血球がその邪魔をすることになるので，血球の存在比（ヘマトクリット値）に応じて電流が減少することとなる。

ところが血球を分離しようすると，通常は遠心分離が必要になるために装置が大型化する。そこで，微小流路上で血球分離を行うことが試みられている[23]。しかし，この場合でもポンプによる駆動が必要となる。そこで，血液を毛細管現象のみで使用可能な血球分離フィルターがあれば装置を大幅に小型化できる可能性あり，フィルターの形状を工夫して分離を試みているものがある[24]。これとは別の方法でポンプが不要な血球分離フィルターを作製し，分離後の血漿に対して電極にて導電率測定を行うことが試みられている[25]。この血球分離フィルターの構造はポリリジンを吸着コートさせたガラスビーズを管内に詰めたものである。ビーズ径が赤血球より 1 桁近く大きい 50 μm もあるので，ビーズの間を詰まらせることなく毛細管現象のみで血液が通り抜ける。しかし，ビーズの表面にあるポリリジンが正電荷を帯びているので，負電荷を帯びた血球細胞が吸着する（図 5.7.4）。ポリリジンはディスポーザブルな細胞培養器具のコーティングに使用される様に細胞接着性を有する。そして，これにより一定の距離を血液が通り抜けるとそ

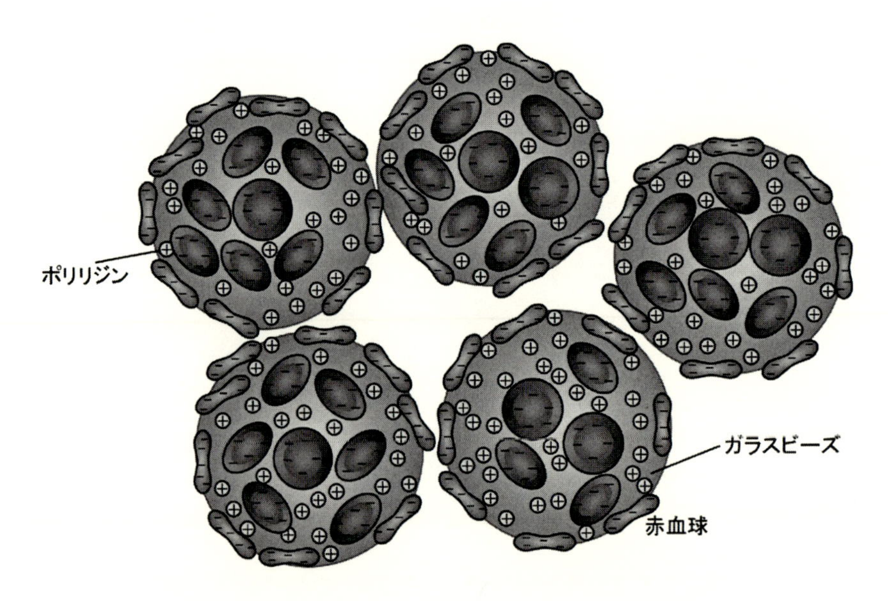

図 5.7.4 フィルター内のガラスビーズへの血球吸着の様子

細胞膜には酸性のリン脂質分子（例えばフォスファチジルセリン）などが含まれるので，プロトンが解離して負の電荷を帯びている。一方でポリリジンはアミノ基があるので正電荷を帯びている。

の間に全ての血球が吸着されて血漿が得られることになる。このフィルターを用いればポンプ等の作動部を有さないために，原理的には血糖値センサ同様の使い捨て型センサが期待できる。これによりヘマトクリット値に左右されることなく血漿浸透圧と直線的相関のある測定が可能なことが示されている。

ところで，溶液の導電率を測るためには交流にする必要がある。電極の表面付近にはコンデンサーと同様に界面電気二重層が形成される。直流の場合は電極表面での酸化還元電流が支配的であり，これは電極材料の種類や表面状態や溶液の組成などに影響を受けるばかりでなく，電気化学反応の結果として電極表面や表面付近のイオン組成などが変化するために経時的にも一定の値が得られなくなる。一方で，交流の場合は電気二重層の充放電電流が支配的になり，周波数が数kHz 以上となるとほぼコンデンサーと抵抗（溶液の抵抗）からなる回路と見なすことができる。

参考文献

(1) 安部隆：“皮膚と水”, *Journal of Japan Oil Chemists' Society,* vol.34, pp.413-419 (1985)

(2) 高橋元次：“肌の生理測定と化粧品有用性評価への応用”，日本化粧品技術者会誌，vol.34, pp.5-24 (2000)

(3) B. M. Bates-Jensen, H. E. McCreath, A. Kono, N. C. R. Apeles, and C. Alessi：“Subepidermal moisture predicts erythema and stage 1 pressure ulcers in nursing home residents：a pilot study”, *Journal of the American Geriatrics Society,* vol.55, pp.1199-1205 (2007)

(4) L.-C. Gerhardt, V. Strässle, A. Lenz, N. Spencer, and S. Derler：“Influence of epidermal hydration on the friction of human skin against textiles”, *Journal of the Royal Society Interface,* vol.5, pp.1317-1328 (2008)

(5) G.-M. Rotaru, D. Pille, F. Lehmeier, R. Stämpfli, A. Scheel-Sailer, R. Rossi, *et al.*：“Friction between human skin and medical textiles for decubitus prevention”, *Tribology international,* vol.65, pp.91-96 (2013)

(6) M. Ferguson-Pell, H. Hirose, G. Nicholson, and E. Call：“Thermodynamic rigid cushion loading indenter：A buttock-shaped temperature and humidity measurement system for cushioning surfaces under anatomical compression conditions”, *Journal of Rehabilitation Research & Development,* vol.46, pp.945-957 (2009)

(7) 瀬戸正子，神田清子：“ねたきり老人の病床気候の検討：おむつ交換による皮膚温・皮膚湿度の変化”, (1987)

(8) C. J. Borzdynski, W. McGuiness, and C. Miller：“Emerging Technology for Enhanced Assessment of Skin Status”, *Journal of Wound Ostomy & Continence Nursing,* vol.44, pp.48-54 (2017)

(9) 江川麻里子：“皮膚の水分油分の高感度可視化”, *Medical Imaging Technology,* vol.30, pp.17-21 (2012)

(10) H. Tagami, M. Ohi, K. Iwatsuki, Y. Kanamaru, M. Yamada, and B. Ichijo：“Evaluation of the skin surface hydration in vivo by electrical measurement”, *Journal of Investigative Dermatology,* vol.75, pp.500-507 (1980)

(11) A. O. Barel and P. Clarys：“In vitro calibration of the capacitance method (Corneometer CM 825) and conductance method (Skicon-200) for the evaluation of the hydration state of the skin”, *Skin research and technology,* vol.3, pp.107-113 (1997)

(12) 尾崎幸洋，河田聡，近赤外分光法 vol.32：学会出版センター (1996)

(13) P. Clarys, R. Clijsen, J. Taeymans, and A. O. Barel：“Hydration measurements of the stratum corneum：comparison between the capacitance method (digital version of the Corneometer CM 825®) and the impedance method (Skicon-200EX®)”, *Skin Research and Technology,* vol.18, pp.316-323 (2012)

(14) S. D. Milne, I. Seoudi, H. Al Hamad, T. K. Talal, A. A. Anoop, N. Allahverdi, *et al.*：“A wearable wound moisture sensor as an indicator for wound dressing change：an observational study of wound moisture and status”, *International wound journal,* vol.13, pp.1309-1314 (2016)

(15) R. C. Webb, A. P. Bonifas, A. Behnaz, Y. Zhang, K. J. Yu, H. Cheng, *et al.*：“Ultrathin conformal devices for precise and continuous thermal characterization of human skin”, *Nature materials,* vol.12, p. 938 (2013)

(16) S. Yao, A. Myers, A. Malhotra, F. Lin, A. Bozkurt, J. F. Muth, *et al.*：“A wearable hydration sensor with conformal nanowire electrodes”, *Advanced healthcare materials,* vol.6, p. 1601159 (2017)

(17) 菅野一男，平田結喜緒：“血漿浸透圧”, *medicina,* vol.31, pp.226-227 (1994)

(18) 鈴木明：“浸透圧計”，検査と技術，vol.6, pp.759-762 (1978)

(19) Y. Ikariyama, O. Takei, S. Yamauchi, and S. Toyama：“Dehydration Sensor：Estimation of Blood Osmosis by Biosensor Fusion”, in *The 10th International Conference on Solid-State Sensors and Actuators (Transducers '99)*, Sendai, Japan, 1999, pp.1340-1343

(20) O. Takei, S. Toyama, R. Usami, K. Horikoshi, S. Yamauchi, and Y. Ikariyama, *Fabrication and Evaluation of Amperometric Urea Sensor,* vol.IV. Pennington, New Jersey 08534-2896, USA：The Electrochemical Society, Inc. (1999)

(21) K. A. Erickson and P. Wilding：“Evaluation of a novel point-of-care system, the i-STAT portable clinical analyzer”, *Clinical Chemistry,* vol.39, pp.283-287 (1993)

(22) S. J. Singer and G. L. Nicolson：“The fluid mosaic model of the structure of cell membranes”, *Science,* vol.175, pp.720-731 (1972)

(23) 小林大造，加藤大貴，古賀裕之，森本賢一，福田允，木下良治，*et al.*：“標本の特性変化に適応可能な直列多段型血球分離デバイス”, 電気学会論文誌 E (センサ・マイクロマシン部門誌), vol.129, pp.380-386 (2009)

(24) S. Khumpuang, T. Tanaka, F. Aita, Z. Meng, K. Ooe, M. Ikeda, *et al.*：“Blood plasma separation device using capillary phenomenon”, in *TRANSDUCERS 2007-2007 International Solid-State Sensors, Actuators and Microsystems Conference,* 2007, pp.1967-1970

(25) S. Toyama, M. Nakamura, R. Usami, and S. Kato："Development of a conductometric sensor to approximately estimate the plasma osmotic pressure of blood using a novel glass-bead-based blood cell filter", *Sensors and Materials,* vol.22, pp.211-221 (2010)

5.8 まとめ

小野寺　武*

本章では，超高齢化社会に際し，健康寿命の延伸に資する可能性のある，血液・血清，尿，汗，唾液，皮膚組織液を測定対象とし，がんなどの疾病や健康状態を検知するためのセンシング技術をまとめた。特に，表面プラズモン共鳴センサ，局在プラズモン共鳴センサ，フォトニック結晶デバイス，酵素電極，あるいはマイクロ流体デバイスにより，特定のターゲット分子を検出するセンサについて詳述した。また，脱水症や皮膚の水分量を測る水分量センサ，血漿浸透圧センサについてまとめた。水分量を測定するセンサは，製品化されているものが多いが，体液中の特定の化学物質を対象としたセンサは，研究レベルの事例が多く，製品化例はまだ少ない。物理センサが成熟してきており，化学センサに対する期待が高まっている。体液中の特定の化学物質を対象としたウェアラブルなセンサや家庭で簡便にモニタリングできる装置の出現に期待したい。

*　Takeshi Onodera　九州大学　大学院システム情報科学研究院
情報エレクトロニクス部門　准教授

コラム

クレオパトラのワインとお肌の水分

小野寺　武*

地球上の水分子が何個あるか数えるなどということはできないが，地球上の水分子の数はおよそ10^{47}個あるらしい。いや10^{43}個だとか10^{49}個だとか見積もっている人もいる。いずれにしても，途方もない数である。誰が最初に発案したのか不明のようだが，有名な思考実験がある[(1)]。ワインの歴史は古く，紀元前8000年頃と言われており，世界3大美女のうちの一人，紀元前69年生まれのクレオパトラ（7世）も当然ワインを飲んでいたに違いない。実際には，水の分子は区別が付かないし，変化もしないので確かめようもないが，小さなグラスに注がれたワインの中の水分子は，クレオパトラの体に吸収され，体外に排出され，土や河川，海，雨に混じり，世界を循環する。今現在の水道からコップ一杯の水をくむと，その中に，10個は，クレオパトラの飲んだワインに入っていた水分子があるという，それである。

地球上の水をすべて集めて球状にすると，直径が1384 km，体積は$1.4\times10^9\,\mathrm{km}^3$となり，地球の大きさからする1/100程度と微々たるものである。地球上の水のほとんどは，海水であるが，実際には，海水も地球の表面付近にしかないのである[(2)]。

さて，地球以外の星から液体としての水は見つかっているのだろうか？　恒星の数は，1つの銀河に1000億個あり，銀河自体1000億個あり，10^{22}個になるという[(3)]。地球上の水分子の数よりは少ないようである。ただし，観測できる宇宙の外側にも星があるかもしれないし，別の宇宙もあるかもしれない…。その数には，愕然とするが，太陽のような温度の高い恒星では液体の水は存在しにくいだろう。それでは，惑星は，どうだろうか。火星には液体の水があるとの根拠を示す論文が発表されている[(4)]。ちなみに，惑星は，地球が位置する銀河だけで，それでも数百億個あるらしいので，実際はもっとあるのかもしれない。また，木星や土星の衛星には氷の状態では存在しているようである。

*　Takeshi Onodera　九州大学　大学院システム情報科学研究院
情報エレクトロニクス部門　准教授

地球の水の起源は，地球誕生の後に，水を持った小惑星が衝突してできた，という説がある。小惑星リュウグウに到達したはやぶさ2の観測に関するニュースによると，リュウグウの表面には，OH基を含む鉱物が存在しているという。分析方法は，近赤外分光法である[5]。リュウグウのお肌も人のお肌と同じ原理の分析でOH基の光の吸収を見ていたのである。宇宙の誕生から138億年，太陽系ができて48億年，地球に岩石ができてから40億年，細菌のような生命が誕生して35億年であるから，40〜35億年前から地球に水が存在したようである。今現在の水道から汲んだコップ一杯の水に入っているクレオパトラのワインの10分子も，自分のお肌にある水分子も，地球上にある水分子も同じく，水を含む小惑星が宇宙のどこかから長い旅をして地球に到達し生まれ，数十億年もの長い時を経たものと考えると，これまた愕然とするとともに，なんともいえない不思議な気分になりますな。

参考文献

(1) 東京大学濱口研究室，分子の不思議：
http://hamalab.com/invitation/wonderworld.html（2019年3月アクセス）

(2) Rob Waugh, Not such a wet planet：Picture shows how all the water on Earth would fit into one 860-mile-wide ball, mail online（2012）：
https://www.dailymail.co.uk/sciencetech/article-2141321/Waterworld-Ball-dust-like--water-Earth-fit-860-mile-wide-bubble.html（2019年3月アクセス）

(3) 松原隆彦：宇宙の誕生と終焉：最新理論で解き明かす！ 138億年の宇宙の歴史とその未来，p.206，SBクリエイティブ（2016）

(4) R. Orosei, S. E. Lauro, E. Pettinelli, A. Cicchetti, M. Coradini, B. Cosciotti *et al.*: "Radar evidence of subglacial liquid water on Mars," *Science*, vol. 361, pp. 490–493（2018）

(5) 宇宙航空研究開発機構プレスリリース，小惑星探査機「はやぶさ2」観測成果論文のScience誌掲載について：
http://www.jaxa.jp/press/2019/03/20190320a_j.html（2019年3月アクセス）

暮らしと人を見守る水センシング技術

2019年6月14日　第1刷発行

監　　修　暮らしと人を見守る水センシング技術研究調査委員会　（T1121）
発 行 者　辻　賢司
発 行 所　株式会社シーエムシー出版
東京都千代田区神田錦町1－17－1
電話 03(3293)7066
大阪市中央区内平野町1－3－12
電話 06(4794)8234
http://www.cmcbooks.co.jp/
編集担当　深澤郁恵／町田　博

〔印刷　倉敷印刷株式会社〕

ISBN978-4-7813-1428-0 C3054 ¥65000E